“名著导读”阅读书目

方洲树人／主编

昆虫记

［法］ 让·亨利·法布尔／著
陈筱卿／译

時代文藝出版社
SHIDAI WENYI CHUBANSHE

图书在版编目（CIP）数据

昆虫记 / (法) 让-亨利·法布尔著 ; 陈筱卿译. --
长春 : 时代文艺出版社, 2020.6 (2023.12重印)
（“名著导读”阅读书目）

ISBN 978-7-5387-6328-7

Ⅰ. ①昆… Ⅱ. ①让… ②陈… Ⅲ. ①昆虫学－青少
年读物 Ⅳ. ①Q96-49

中国国家版本馆CIP数据核字(2023)第054713号

出品人　吴　刚
主　　编　方洲树人
责任编辑　孟宇婷
封面设计　上智博文文化传媒

“名著导读”阅读书目

昆虫记

[法] 让-亨利 · 法布尔 著　陈筱卿 译

出版发行 / 时代文艺出版社
地址 / 长春市福祉大路5788号　龙腾国际大厦A座15层　邮编 / 130118
总编办 / 0431-81629751　发行部 / 0431-81629758
官方微博 / weibo.com/tlapress
印刷 / 三河市祥达印刷包装有限公司
开本 / 690mm × 960mm　1 / 16　字数 / 286千字　印张 / 18
版次 / 2020年6月第1版　印次 / 2023年12月第10次印刷　定价 / 29.80元

图书如有印装错误　请寄回印厂调换

前言

“名著导读”：读书的好帮手

统编语文教材已在全国的中小学投入使用，这对广大中小学生来说是一件大好事。新版语文教材对学生的课外阅读给予了前所未有的重视，这提示我们，阅读课外书不再是语文学习可有可无的要求，而是学生学好语文和提高语文素养必须要做的事，也是学好其他各门学科的基础。

大家都知道广泛阅读课外书的重要性，但普遍缺少一套行之有效的阅读整本书的方法体系。那么这套体系藏在哪里？就藏在新版语文教材中。小学语文教材推荐图书的栏目叫“快乐读书吧”，初中语文教材推荐图书的栏目叫“名著导读”。这两个栏目，一方面为学生推荐了必读书目，另一方面也为广大师生勾勒出了阅读整本书的方法体系。比如做夹批、旁批、摘抄、读书笔记；再比如阅读小说，要学会把握人物形象和梳理情节等。

与小学阶段多读书、读好书相比，到了初中阶段，阅读一定数量的经典文学作品便成了必然。下面我们专门把初中阶段“名著导读”中提到的读书方法，按通用阅读法、文体阅读法、专题探究阅读法为大家梳理出来。

一 通用阅读法

不论阅读什么作品，都有一些通用的阅读方法需要掌握。除了小学阶段常见的字词积累之外，初中阶段需要掌握更复杂、更深层次的阅读方法。

（一）摘抄和做笔记

摘抄就是摘录书中的词语、句子等。做读书笔记包括概括全书要点，并记录自己阅读时产生的疑问、感想等。

（二）圈点勾画和批注

圈点勾画是指阅读时利用符号在文章的字、词、句、段上做出标记。如用圈点标记出精警之处，用波浪线画出重要语句等。

批注是指把批语和注释随手写在书中的空白处，以帮助理解和思考。根据位置不同，批注又分为“旁批”“眉批”“尾批”“夹批”等。

（三）精读和跳读

学生在阅读一些长篇作品时，可以根据兴趣和读书目的的不同，采取精读或跳读的方法。比如《西游记》就适合精读与跳读两种方法并用。

（四）快速阅读

当读者急于想知道故事的结局时，可以采用快速阅读的方式，以便尽快了解全书的内容。快速阅读时，首先，要心无旁骛，集中全部精力。其次，以默读为主，眼睛的视域要宽广。最后，要善于抓住故事的发展脉络和重要信息，同时忽略不重要的细节。

（五）选择性阅读

在读整本书，特别是大部头作品时，学生可以根据兴趣选择吸引自己的章节，选择自己感兴趣的问题，或根据自己的读书目的，有针对性地选择阅读内容。

二 文体阅读法

在阅读经典文学作品时，要首先看看这部作品属于什么文体，了解不同文体的特征。因为每一种文体都有区别于其他文体的独特性。对于不同文体，就要使用不同的阅读方法。

（一）科普作品

科普作品以向大众普及科学知识为主要目的，一般深入浅出，用简明易懂的语言说明复杂、抽象的事理，以利于科学知识的传播。阅读《昆虫记》等科普作品时，除了要了解作家的生平事迹和书的梗概，在阅读过程中，也要懂得如何借助工具书或相关资料查询专业性较强的概念、术语，更要注意体会积极探索的科学精神。

（二）纪实作品

纪实作品是记录人与事真实情况的作品。其基本特点是用事实说话，或记录历史或叙写现实，其内容必须是真实的，不能凭空虚构。所以学生在阅读纪实作品时，最基本的要求是明确作品所写的事实。

（三）诗歌

无论是古诗词，还是现代诗歌，都是用高度凝练的语言，形象地表达作者的丰富情感，并具有一定的节奏和韵律。因此，学生在阅读诗歌时，首先，要注意诗歌的表现形式。比如一般分行写，有些押韵，有些不押韵。其次，品味诗歌的语言。诗歌的语言更为精简优美，更有利于情感的抒发。最后，要学会把握诗歌中的意象。

（四）小说

1. 中国古典小说

古典小说往往以其高超的叙事艺术、精湛的描写技巧以及富有表现力的语言而为人称道，特别是以“四大名著”为代表的古典白话小说在这些方面更是堪称典范。所以学生在阅读古典小说时，要了解早期白话小说的题材特点及其艺术手法，比如在叙事角度上，白话小说一般采取全知全能的视角；阅读时还要分析人物形象，体会语言风格。此外，学生在阅读《儒林外史》等讽刺作品时，要体会作者的批判精神，还要学会欣赏讽刺笔法；最后，要联系现实，深入理解和思考作品的现实意义。

2. 外国经典小说

外国小说作品众多，有各种流派，反映了不同国家人民的社会生活、风俗民情等。因此，学生在阅读《简·爱》等外国小说时，除了要关注小说的故事、人物、主题等基本元素，还要了解小说的创作背景，理解小说的文化内涵，关注小说的叙事角度，并体会小说的语言特点。

三 专题探究阅读法

除了以上阅读方法，每册教材的“名著导读”下都有“专题探究”的板块。以七年级上的《朝花夕拾》为例。《朝花夕拾》一书中的专题探究分别是：(1) 探寻鲁迅先生的童年，了解他从百草园到三味书屋的生活情况。(2) 在书中，鲁迅先生还记录了自己生命中出现的一些人物，如长妈妈、寿镜吾老先生等。学生在阅读时，可以任选一个人物，梳理文章中描述他的语句，分析其性格特点，学习、借鉴鲁迅描写人物的方法。(3) 了解鲁迅先生的儿童教育观念，看看他对儿童教育的思考和看法。

下面我们用表格的方法来展示初中的读书方法体系：

“名著导读”七至九年级阅读方法表

<table>
<tr><th>年级</th><th>阅读方法</th></tr>
<tr><td>七年级</td><td>学会以下阅读方法：
1. 如何阅读经典作品。
2. 采取精读与跳读并用的方法。
3. 圈点勾画和批注。
4. 快速阅读。

进行以下专题探究：
1.《朝花夕拾》：(1) 探寻鲁迅的童年；(2) 了解其笔下的人物；(3) 理解鲁迅的儿童教育观念。
2.《西游记》：(1) 讲述西天取经故事；(2) 介绍唐僧师徒的性格特点；(3) 虚构新的取经故事。
3.《骆驼祥子》：(1) 给祥子写小传；(2) 探寻祥子的悲剧原因；(3) 话说“洋车夫”；(4) 探讨独特的“京味儿”文化。
4.《海底两万里》：(1) 写航海日记；(2) 介绍尼摩船长；(3) 绘制潜水船简易图。</td></tr>
<tr><td>八年级</td><td>学会以下阅读方法：
1. 阅读科普作品的方法。
2. 阅读纪实作品的方法。
3. 选择性阅读：根据不同兴趣和目的有选择性地进行阅读。
4. 摘抄和做笔记。

进行以下专题探究：
1.《昆虫记》：跟法布尔学如何观察、如何探究和如何写作。
2.《钢铁是怎样炼成的》：(1) 保尔·柯察金的成长史；(2) 保尔·柯察金的形象分析；(3) 体会“红色经典”的现实意义。</td></tr>
</table>

九年级	学会以下阅读方法： 1. 阅读诗歌的方法。 2. 阅读中国古典小说的方法。 3. 阅读外国经典小说的方法。 进行以下专题探究： 1.《艾青诗集》：(1) 探讨诗歌的意象；(2) 分析诗歌的艺术手法；(3) 举办诗歌朗诵会。 2.《水浒传》：(1) 探究《水浒传》中的情节；(2) 为《水浒传》的人物立传；(3) 分析章回体小说的艺术特点。 3.《儒林外史》：(1) 故事会；(2)《儒林外史》讽刺艺术探究；(3) 续写故事。 4.《简·爱》：(1) 探究简·爱的形象；(2) 思考爱的真谛；(3) 欣赏与排演话剧等。

为了让学生快速掌握以上阅读方法，我们以一些经典内容为例，把这些阅读方法以插件的形式穿插在书中。这样既不会破坏文本的完整性，又能为学生起到示范作用。另外，我们不仅在正文后面附有读后感，而且设计了独立的小册子，小册子可以让学生以小练习的形式复习各种阅读方法。

我们相信，在老师的指导下，通过这样点面结合的阅读，学生一定会快乐地走入那神奇、广博的阅读世界。

目录

Contents

译序……001

荒石园……003

松毛虫……015

● 专题探究……035

昆虫的装死……037

昆虫的“自杀”……048

绿蝇……056

蝉和蚂蚁的寓言……067

蝉出地洞……078

螳螂捕食……087

天牛……095

萤火虫……104

Contents

● 专题探究 ……………………………………118
灰蝗虫…………………………………………120
绿蚱蜢…………………………………………130
大孔雀蝶………………………………………135
小阔条纹蝶……………………………………149
意大利蟋蟀……………………………………158
田野地头的蟋蟀………………………………161
● 专题探究 ……………………………………168
圣甲虫…………………………………………170
圣甲虫的梨形粪球……………………………181
圣甲虫的造型术………………………………190
西班牙蜣螂……………………………………196
米诺多蒂菲……………………………………203
南美潘帕斯草原的食粪虫……………………211
粪金龟和公共卫生……………………………218
隧蜂……………………………………………224
隧蜂门卫………………………………………232
老象虫…………………………………………238
纳尔仓那狼蛛…………………………………247
朗格多克蝎……………………………………262

读后感…………………………………………277

译　序

陈筱卿

19 世纪末到 20 世纪初，在法国，一位昆虫学家的一本令人耳目一新的书出版了。全书共十卷，长达两三百万字。该书随即成为一本畅销书，其书名按照法文直译为《昆虫学回忆录》，但简单、通俗地称为《昆虫记》。该书出版后，好评如潮。法国著名戏剧家埃德蒙·罗斯丹称赞该书作者时说，“这个大学者像哲学家一般地去思考，像艺术家一般地去观察，像诗人一般地去感受和表达”。罗曼·罗兰也称赞，“他观察之热情耐心，细致入微，令我钦佩，他的书堪称艺术杰作。我几年前就读过他的书，非常喜欢”。英国生物学家达尔文夸奖说，他是“无与伦比的观察家”。作家周作人也说，“见到这位‘科学诗人’的著作，不禁引起旧事，羡慕有这样好的书看的别国少年，也希望中国有人来做这翻译编纂的事业”。鲁迅先生早在“五四”以前就已经提到过《昆虫记》这本书，想必他看的是日文版。当时法国和国际学术界称赞该书作者为“动物心理学的创始人”。总之，这是一本根据对昆虫的生活习性详尽、真实的观察而写成的不可多得的书。书中所记述的昆虫的习性、生活等各方面的情况真实可信，而且作者描述时文笔精练清晰。因而，该书被称为“昆虫的史诗”，作者也被赞誉为“昆虫的维吉尔”。

该书作者就是让-亨利·法布尔（1823—1915）。他出身寒门，一生勤奋刻苦，锐意进取，自学成才，用十二年的时间先后获得业士、双学士和博士学位。但这种奋发上进并未得到法国教育界、科学界的权威们的认可，以至虽一直梦想着能执大学的教鞭而终不能遂愿，只好屈就中学的教职，以微薄的薪金维持一家七口的生活。但法布尔并未气馁，除兢兢业业地教好书以外，他利用业余时间对昆虫进行细心的观察研究。他的那股钻劲、韧劲简直到了废寝忘食的程度。他对昆虫的那份好奇、那份爱，非常人所能理解。他笔下的那些小虫子，一个个活灵活现，栩栩如生，充满着灵性，让人看了之后觉得十分可爱，就连一般人讨厌的食粪虫都让人看了觉得妙趣横生。

该书堪称鸿篇巨制，既可视为一部昆虫学的科普书籍，又可称之为描写昆虫的文学巨著，因而法布尔既被人称为大博物学家，又被称为大文学家。为此，在他晚年，也就是1910年，曾获得诺贝尔文学奖的提名。该书于1879年到1907年间陆续发表，最后一版发表于1919年到1925年间。后来，便一再地以选本的形式出版发行，取名为《昆虫的习性》《昆虫的生活》《昆虫的漫步》，受读者欢迎的程度可见一斑。我的这本译本是根据作者的十卷本《全集》，经仔细选取后翻译的。选本虽无《全集》十卷本那么广泛全面，但却萃取了其中的精华。我劝大家不妨拨冗一读这本老少咸宜的书，你定会从中感觉出美妙、朴实、有趣来的。它既可以让你增加许多昆虫方面的知识，又可以让你从中了解到作者那种散文诗般美好的语言。与此同时，你也会从字里行间看到作者的那份韧劲，那份孜孜不倦，那份求实精神，那份不把事情弄个水落石出、明明白白绝不罢休的博物学家感人至深的精神。

荒 石 园

那儿是我所情有独钟的地方，是一块不算太大的地方，是我的Rocerat in vofis（拉丁文，意为“钟情宝地”），周围有围墙围着，与公路上的熙来攘往（形容人来人往非常热闹拥挤。熙，xī；攘，rǎng）、喧闹沸扬（像沸腾的水一样。喧闹，形容人声吵闹。沸，fèi）相隔绝，虽说是偏僻荒芜的不毛之地，无人问津，又遭日头的暴晒，但却是矢车菊（一种欧洲野生花卉，蓝色花序，灰白色茎枝，叶片羽状分裂。矢，shǐ）科植物和膜翅目昆虫（具有两对膜质透明翅膀，身体分头、胸、腹三节，有六足的昆虫）们所喜爱的地方。因无人问津，我便可以在那里不受过往行人的打扰，专心一意地对沙泥蜂和石泥蜂等去进行艰难的探索。这种探索难度极大，只有通过实验才能完成。我无须在那里耗费时间，伤心劳神地跑来跑去，东寻西觅（mì），无须慌急慌忙地赶来赶去，我只是安排好自己的周密计划，细心地设置下陷阱圈套，然后，每天不断地观察记录所获得的效果。是的，“钟情宝地”，那就是我的夙愿（久已有的愿望。夙，sù），我的梦想，那就是我一直苦苦追求但每每总难以实现的一个梦想。

一个每天都在为每日的生计操劳的人，想要在旷野之中为自己准备一个实验室，实属不易。我四十年如一日，凭借自己顽强的意志力，与贫困潦倒（生活贫困精神失意颓丧。潦，liáo）的生活苦斗着，终于，有一天，我的心愿得到了满足。这是我孜孜不倦（指工作或学习勤奋，不知疲倦。孜孜，zīzī勤勉、不懈怠）、顽强奋斗的结果，其中的艰苦繁难我在此就不赘述（多余地叙述。赘，zhuì）了，反正，我的实验室算是有了，尽管它的条件并不十分理想，但是，有了它，我就必须拿出点时间来侍弄它。其实，我如同一个苦役犯，身上锁着沉重的锁链，闲暇（闲空。暇，xiá）时间并不太多。但是，愿望实现了，总是好事，只是稍嫌迟了一些，我可爱的小虫子们！我真害怕，到了采摘梨桃瓜果之时，我的牙却啃不动它们了。（比喻句，用吃水果的心情比喻建实验室的心情：生怕建得过晚，等投入使用时自己已力不从心，也失去了研究环境。）是的，确实是来得晚了点：当初那广阔的旷野，而今已变成了低矮的穹庐（qiónglú，原本指游牧民所住的毛毡帐子，因为帐子中央隆起，四周下垂，形似天空，因而经常用于形容天的形状），令人窒息憋（biē）闷，而且还在日益地变低变矮变窄变小。对于往事，除了我已失去的东西而外，我并无丝毫的遗憾，没有任何的愧疚，甚至对我那消逝而去的光阴，而且，我对一切都已不再抱有希望了。世态炎凉我已遍尝，体味甚深，我已心力交瘁（精神和体力都极度疲劳。瘁，cuì），心灰意冷，我每每禁不住要问问自己，为了活命，吃尽苦头，是否值得？我此时此刻的心情就是这样。

我放眼四周，只见一片废墟，唯有一堵断墙残垣（坍塌的墙壁。垣，yuán）危立其间。这个断墙残垣因为石灰沙泥浇灌凝固，所以仍然兀立（直立。兀，wù）在废墟的中央。它就是我对科学真理的执着追求与热爱的真实写照。啊，我心灵手巧的膜翅目昆虫们；啊，我的这份热爱能否让我有资格给你们的故事追加一些描述呀？我会不会心有余而力不足啊？我既然心存这份担忧，为何又把你们抛弃了这么长的时间呢？（作者用三个连续的设问句，剖白自己的内心：他对昆虫的热爱依旧，但时间飞逝，令他遗憾又焦急。）有一些朋友已经因此而责备我了。啊，请你们去告诉他们，告诉那些既是你们的也是我的朋友们，告诉他们我并不是因为懒惰和健忘，才抛弃了你们的。告诉他们我一直在惦记着你们。告诉他们我始终深信节腹泥蜂的秘密洞穴中还有许多尚待我们去探索的有趣的秘密，告诉他们飞蝗泥蜂的猎食活动还会向我们提供许多有趣的故事。然而，我缺少时间，又是单枪匹马，孤立无援，无人理睬，何况，我在高谈阔论、纵横捭阖（纵横：合纵连横。捭阖：开合，战国策士游说的一种方法。指在外交上、政治上运用手段分化或拉拢，此处指与人论辩。捭，bǎi；阖，hé）之前，必须先考虑生计的问题。我请你们就这么如实地告诉他们吧，他们是会原谅我的。

还有一些人在指责我，说我用词欠妥，不够严谨，说穿了，就是缺少书卷气，没有学究味儿。他们担心，一部作品让读者谈起来容易，不费脑子，那么，该作品就没能表达出真理来。照他们的说法，只有写得晦涩难懂（意义隐晦，不顺口，难以理解。晦，huì)，让人摸不着头脑，那作品就是思想深刻的了。你们这些身上或长着螫针（蜂、蝎子等用来刺人或动物的毒针。螫，shì）或披着鞘翅（瓢虫、金龟子等昆虫的前翅，质地坚硬，主要用于保护后翅与背部。鞘，qiào）的朋友，你们全都过来吧，来替我辩白，替我作证。请你们站出来说一说，我与你们的关系是多么的亲密，我是多么耐心细致地观察你们，多么认真严肃地记录下你们的活动。我相信，你们会异口同声地说："是的，他写的东西没有丝毫的言之无物的空洞乏味的套话，没有丝毫不懂装懂、不求甚解的胡诌瞎扯，有的却是准确无误地记录下来观察到的真情实况，既未胡乱添加，也未挂一漏万（形容列举不周，选了一个，但遗漏很多）。"今后，但凡有人问到你们，请你们就这么回答他们吧。

另外，我亲爱的昆虫朋友们，如果因为我对你们的描述没能让人生厌，因而说服不了那帮嗓门儿很大的人的话，那我就会挺身而出，郑重地告诉他们说："你们对昆虫是开膛破肚，而我却是让它们活蹦乱跳地生活着，对它们进行观察研究；你们把它们变成了又可怕又可怜的东西，而我则是让人们更加喜爱它们；你们是在酷刑室和碎尸间里干活，而我却是在蔚蓝色的天空下，边听着蝉儿欢快的鸣唱边仔细地观察着；你们是使用试剂测试蜂房和原生质（细胞内生命物质的总称），而我则是在它们各种本能得以充分表现时探究它们的本能；你们探索的是死，而我探究的则是生。因此，我完全有资格进一步地表明我的思想：野猪把清泉的水给搅浑了；原本是青年人的一种非常好的专业——博物史，因越分越细，相互隔绝，互不关联，竟至成了一种令人心生厌恶、不愿涉猎（接触、学习。涉，shè）的东西。诚然，

读懂说明方法

举例子：举出他人对自己指责的具体言论，具体有力地说明自己在写作《昆虫记》中受到的责难之多，蕴含着作者的愤怒不平之气。

做比较：将自己的做法和其他研究昆虫学者的做法进行比较，突出强调了自己做法的与众不同，作者的确为昆虫研究开辟了一条新的道路。

我是在为学者们而写，是在为将来有一天或多或少地为解决“本能”这一难题做点贡献的哲学家们而写，但是，我也是在，而且尤其是在为青年人而写，我真切地希望他们能热爱这门被你们弄得让人恶（ě）心的博物史专业。这就是我为什么在竭力地坚持真实第一，一丝不苟，绝不采用你们的那种科学性的文字的缘故。你们的那种科学性的文字，说实在的，好像是从休伦人（17世纪时北美洲印第安人中的一支）所使用的土语中借来的。（作者用几组生动的对比，写出了自己对博物学诚挚的热爱，他想让这门学科变得亲切、平易、令人喜欢。）这种情况，并不鲜见。

然而，此时此刻，我并不想做这些事。我想说的是我长期以来一直魂牵梦绕着的那块计划之中的土地，我一心想着把它变成一座活的昆虫实验室。这块地，我终于在一个荒僻的小村子里寻觅到了。这块地被当地人称为“阿尔玛”，意为“一块除了百里香（一种可以做成调味香料的灌木）恣意（任意；任性。恣，zì）生长，几乎没有其他植物的荒芜之地”。这块地极其贫瘠（形容土地薄，不肥沃。瘠，jí），满地乱石，即使辛勤耕耘，也难见成效。春季来临，偶尔带来点雨水，乱石堆中也会长出一点草来，随即引来羊群的光顾。不过，我的阿尔玛，由于乱石之间仍夹杂着一点红土，所以还是长过一些作物的，据说，从前，那儿就长着一些葡萄。的确，为了种上几棵树，我就在地上挖来刨去，偶尔会挖到一些因时间太久而已部分炭化（植物有机体残留在土壤中，积累起来，形成泥炭、草炭的过程）的实属珍稀的乔本植物的根茎来。于是，我便用唯一可以刨得动这种荒地的农用三齿长柄叉来叉刨叉挖的。然而，每每都会感到十分遗憾，据说最早种植的葡萄树没有了，而百里香、薰（xūn）衣草也没有了。一簇（cù）簇的胭脂虫栎（一种小乔木，灰白色树皮，卵圆形绿叶，会结一种像橡子一样的果实。栎，lì）也见不着了。这种矮小的胭脂虫栎本可以长成一片矮树林的，它们确实长不高，只要稍微抬高点腿，就可以从它们上面迈过去。这些植物，尤其是百里香和薰衣草，能够为膜翅目昆虫提供它们需要采集的东西，所以对我十分有用，我不得不把偶尔被我的农用三齿长柄叉刨出来的又给栽了进去。

在这儿大量存在着的，而又无须我去亲手侍弄的是那些开始随着风吹的土粒而来的，而后又长年积存起来的植物。最主要的是犬齿草，那是十分讨厌的禾本植物，三年炮火连天（炮火充满天空，形容激烈的战争场面）、硝烟弥漫的战争（战场上，爆炸后的烟雾到处都是。形容战争激烈。硝，xiāo）都没能让它们灭绝，真是“野火烧不尽，春风吹又生”。数量上占第二位的是矢车菊，全都是一副桀骜（jié' ào）不驯的样子，浑身长满了刺，或者长满着棘（jí），其中又可分为两年生矢车菊、蒺藜（jíli）矢车菊、丘陵（líng）矢车菊、苦涩矢车菊，而尤以两年生矢车菊数量最多。各种各样的矢车菊相互交织，彼此纠缠，乱糟糟地簇拥在一起，其中可见一种菊科植物，形同枝形大烛台似的支棱（竖起，翘起）着，凶相毕露，被称之为西班牙刺柊（zhōng），其枝杈（chà）末梢长着很大的橘红色花朵，似火焰一般，而其刺茎则是硬如铁钉。长得比西班牙刺柊要高的是伊利大刺蓟（jì），它的茎孤零零地“独立寒秋”，笔直硬挺，高达一两米，梢头长着一个硕大的紫红色绒（róng）球，它身上所佩带的利器，与西班牙刺柊相比，毫不逊色。也别忘了，还有刺茎菊科类植物。首先必须提到的是恶蓟，浑身带刺，致使采集者无从下手；其次是披针蓟，阔叶，叶脉顶端是梭镖（suōbiāo，装上长柄的两边有刃的尖刀）状硬尖；最后是越长颜色越黑的染黑蓟，这种植物缩成一个团，形状如插满针刺的玫瑰花结。这些蓟类植物间的空地上，爬着荆（jīng）棘的新枝丫，结着淡蓝色的果实，枝条长长的，像是长着刺的绳条。如果想要在这杂乱丛生的荆棘中观察膜翅目昆虫采蜜，就得穿上半高筒长靴，否则腿肚子就会被拉得满是条条血丝，又痒又疼。当土壤留下春雨所能给予的水分，墒情（土壤湿度的情况。墒，shāng）尚可时，角锥（zhuī）般的刺柊和大翅蓟细长的新枝丫便

读懂说明方法

举例子：举出犬齿草的例子，具体有力地说明它难以清除的特点，给人深刻印象。

打比方：将橘红色的花朵比作火焰，生动形象地说明了花朵的颜色之鲜艳。

举例子：举出观察昆虫采蜜时的穿着，具体有力地说明了观察的不易。

读懂说明方法

会从由两年生矢车菊的黄色头状花序铺就的整块地毯上生长出来。这时候，在这片荒凉贫瘠的艰苦环境下，这种极具顽强生命力的荆棘必定会展现出它们的某些娇媚（mèi）来的。四下里矗（chù）立着一座座狼牙棒似的金字塔，伊利里亚矢车菊投出它那横七竖八的标枪来。但是，等到干旱的夏日来临时，这儿呈现的是一片枯枝败叶，划根火柴，就会点着整块土地。这就是我意欲从此永远与我的昆虫们亲密无间地生活的美丽迷人的伊甸园，或者，更确切地说，我一开始拥有这片园子时，它就是这么一座荒石园。我经过了四十年的艰苦努力，顽强奋斗，最终才获得了这块宝地。

我称它为美丽迷人的伊甸园，看来我这么说还是恰如其分（fèn）的。这块没人看得上眼的荒地，可能没一个人会往上面撒一把萝卜籽的，但是，对于膜翅目昆虫来说，它可是个天堂。荒地上那茁壮成长的荆棘蓟类植物和矢车菊，把周围的膜翅目昆虫全都吸引了来。我以前在野外捕捉昆虫时，从未遇到过任何一个地方，像这个荒石园那样，聚集着如此之多的昆虫，可以说，各行各业的所有的膜翅目昆虫全都聚集到这里来了。它们当中，有专以捕食活物为生的“捕猎者”，有以湿土“造房筑窝者”，有梳理绒絮的“整理工”，有在花叶和花蕾中修剪材料备用的“备料工”，有以碎纸片建造纸板屋的“建筑师”，有搅拌泥土的“泥瓦工”，有为木头钻眼的“木工”，有在地下挖掘坑道的“矿工”，有加工羊肠薄膜的“技工”……（用一连串人类职业，比喻不同种类的膜翅目昆虫，生动形象，昆虫们的情态如现眼前。）还有不少干什么什么的，我也记不清了。

举例子：举出在荒石园出现的昆虫，具体有力地说明了荒石园是观察昆虫活动的好地方。

这是个干什么的呀？它是一只黄斑蜂。（设问句，自问自答，引出下文对荒地昆虫的描写。）它在两年生矢车菊那蛛网般的茎上刮来刮去，刮出一个小绒球来，然后，它便得意扬扬地把这个小绒球衔（xián）在大颚（è）间，（拟人手法，使黄斑蜂的姿态神情活灵活现）弄到地下，制造一个棉絮袋子来装它的蛋和卵。那些你争我斗、互不相让的家伙是干什么的呀？那是一些切叶蜂，腹部下方有一个花粉刷，刷子颜色各异，有的呈黑色，有的呈白色，有的则是火红火红的颜色。它们还要飞离蓟类植物丛，跑到附近的灌木丛中，从灌木的叶子上剪下一些椭圆形的小叶片，把它们组装成容器，来装它们的收获物——花粉。你再看，那些一身黑绒衣服的，都是干什么的呀？它们是石泥蜂，专门加工水泥和卵石的。我们可以在荒石园中的石头上，很容易地看到它们所建造起来的房屋。还有那些突然飞起，左冲右突，大声嗡鸣的，是干什么的呀？它们是沙泥蜂，它们把自己的家安在破旧墙壁和附近向阳物体的斜面上。

现在，我们看到的是壁蜂。有的在蜗牛空壳的螺旋（luóxuán）壁上建造自己的窝；有的在忙着啄一段荆条，吸去其汁液，以便为自己的幼虫做成一个圆柱形的房屋，而且，房屋中用隔板隔开，隔成一层一层的，俨然（形容很像。俨，yǎn）一幢楼房；有的还在设法将一个折断了的芦苇那天然通道派上用场；还有的，干脆就乐享其成地免费使用高墙石蜂空闲着的走廊。让我们再来看看：那是大头蜂和长须蜂，其雄蜂都长着高高翘起的长触角；那是毛斑蜂，它的后爪上长着一个粗大的毛钳（qián），是它的采蜜器官；那些是种类繁多的土蜂；此外，还有一些隧（suì）蜂，腰腹纤细。我就先这么简要地提上一句，不一一赘述，否则我得把采花蜜的昆虫全都记录下来了。我曾经把我新发现的昆虫呈送给波尔多（法国西南部的一个中心城市）的昆虫学家佩雷教授，他问我是否有什么特别的捕捉方法，怎么会捕捉到这么多既稀罕鲜（xiǎn）见而又全新的昆虫品种？我并不是什么捕捉昆虫的专家学者，更不是一心一意地在寻找昆虫、捕捉昆虫、制作标本的专家学者，我只是对研究昆虫的生活习性颇感兴趣的昆虫爱好者。我所有的昆虫全都是我在长着茂密的蓟类植物和矢车菊的草地上捉到的，并喂养着它们。

真是机缘巧合，与这个采集花蜜的大家庭在一起的还有一群群的捕食采蜜者的猎食者。泥瓦匠们在我的荒石园中垒（lěi）造园子围墙时，遗留下来不少的沙子和石头，这儿那儿地随意堆放着。由于工程进展缓慢，拖了又拖，一开始就运到荒石园来的这些建筑材料便这么遗弃着。渐渐地，石蜂们选中石头之间的空隙（xì）投宿过夜，一堆一堆地挤在一起。粗壮的斑纹蜂遇到袭击时，会向你迎面扑来，不管侵袭者是人还是狗。它们往往选择洞穴较深的地方过夜，以防金龟子的侵袭。白袍黑翅的鹡鸰鸟（jílíngniǎo，一种约十厘米长的鸟，头顶黑色，前额白色，后背和胸前黑色，翅膀边缘和腹部白色），宛如身着多明我会（又称布道兄弟会，俗称黑农兄弟会，是天主教四大托钵修会之一。多明我会的服装是外穿黑披风，内为白色长袍）服装的修士，栖息在最高的石头上，唱着它那并不动听的小曲短调。离它所栖息的石头不远，必定有它的窝巢，大概就在某个石头堆中，窝巢内藏着它的那些天蓝色的小蛋蛋。不一会儿，这位“多明我会修士”不见了踪影，消失在石头堆中了。我对这个鹡鸰鸟却是颇有点怀念，而对于那长耳斑纹蜂，我却并不因它的消失而感到遗憾。

沙堆却是另一类昆虫的幽居之所。泥蜂在那儿清扫门庭，用后腿把细沙往后蹬（dēng）踢，形成一个抛物形；朗格多克飞蝗泥蜂用触角把无翅螽斯（zhōngsī，又被称为蝈蝈，一种善于跳跃的昆虫）咬住，拖入洞中；大唇泥蜂正在把它的储备食物——叶蝉藏入窖中。让我心疼不已的是，泥瓦匠终于把那儿的猎手们全都给撵（niǎn）走了，不过，一旦有这么一天，我想让它们回来的话，我只需再堆起一些沙堆来，它们很快也就归来了。

居无定所的各种沙泥蜂倒是没有消失。我在春季里可看见某些品种的沙泥蜂，在秋季里又可看见另一些品种的沙泥蜂，飞到荒石园的小径草地上，跳来飞去，寻找毛虫。各种蛛蜂也留在了园中，它们正拍打着翅膀，警惕（对可能发生的危险情况保持敏锐的感觉。惕，tì）地飞行着，朝着隐蔽的角落，去捕捉蜘蛛。个头大的蛛蜂则窥伺（kuīsì，暗中观望动静，等待时机）着狼蛛（又称纳尔仓那蛛；纳尔仓那是法国南部海岸一城市名），而狼蛛的洞穴在荒石园中则有的是。这种蜘蛛的洞穴呈竖井状，井口由禾本植物的茎秆（gǎn）中间夹着蛛丝做成的护栏保护着。往洞穴底部看去，大多数的狼蛛个头很大，眼睛闪烁发亮，让人看了直起鸡皮疙瘩（gēda）。对于蛛蜂来说，捕捉这种猎物可是非同小可的事啊！好吧，让我们观观战吧。在这盛夏午后的酷热之中，蚂蚁大队爬出了“兵营”，排成一个长蛇阵，到远处去捕捉奴隶（lì）。让我们不妨（fáng）忙里偷闲，随着这蚂蚁大军前行，看看它们是如何围捕猎物的吧。那儿，在一堆已经变成了腐殖质（动植物残体在土壤中经微生物分解而形成的有机物质，能改善土壤，增加肥力）的杂草周围，只见一群长约一点五法寸（法国长度单位，一法寸约为27.07毫米。）的土蜂正没精打采、懒洋洋地飞着，它们被金龟子、蛀犀（zhùxī）金龟子和金匠花金龟子的幼虫吸引住了，那可是它们丰盛的美餐啊，所以便一头钻进那堆杂草中去了。

值得观察研究的对象简直是太多太多了，而且，光是这里，也只是提到了一部分而已！这座荒石园，人去楼空，房屋闲置，遗弃，地也撂荒（放荒，即停止耕作，使土地恢复荒芜状态。撂，liào）了。没有人住的这座荒石园，成了动物的天堂，没有人会伤害它们了，它们也就占据了这儿的角角落落。黄莺在丁香树丛中筑巢搭窝；翠鸟在柏（bǎi）树那繁茂的枝叶间落户安家；麻雀把碎皮头和稻草麦秆衔到屋瓦下；南方的金丝雀在它们那建在梧（wú）桐树梢（shāo）的没有半个黄杏大的小安乐窝里鸣叫；红角鸮（一种体长约二十厘米的小型猫头鹰，羽毛为红褐色至灰褐色。鸮，xiāo）习惯了这儿的环境，晚间飞来唱它那单调歌曲，声似笛音；被人称之为雅典娜鸟（希腊神话中雅典娜的圣鸟是猫头鹰。猫头鹰也是智慧的象征）的猫头鹰也飞临此地，发出它那刺耳的咕咕声响。这座废弃屋前有一个大池塘。向村子里输送泉水的渡槽，顺带着也把清清的流水送到

读懂说明方法

摹状貌：抓住狼蛛的眼睛进行描写，使狼蛛的形象鲜明地留在读者心中。

读懂说明方法

这个大池塘中。动物发情的季节，两栖动物（脊椎动物的一纲，通常没有鳞甲、毛发，四肢有趾，没有爪，体温随气温高低而改变，卵生，幼时水生，长大后可生活在陆地上。青蛙、蝾螈都是两栖动物）便从方圆一公里处往池塘边爬来。灯芯（xīn）草蟾蜍（chánchú，即癞蛤蟆，吃昆虫、蜗牛等，对农业有益）——有的个头大如盘子——背上披着窄小细长的黄绶带（一种彩色丝带，斜挂在肩上表示某种身份。这里是借此比喻蟾蜍身上的黄色条纹），在池塘里幽会（相爱的男女秘密约会。这里用了拟人手法）、沐浴；日暮黄昏时，“助产士”雄蟾蜍的后腿上挂着一串胡椒（jiāo）粒似的雌蟾蜍的卵：这位宽厚温情的父亲，带着它珍贵的卵袋从远方蹦跳而来，要把这卵袋没入池塘中，然后再躲到一块石板下面，发出铃铛般的声响；成群的雨蛙躲在树丛间，不想在此时此刻哇哇乱叫，而是以优美动人的姿势在跳水嬉戏。5月里，夜幕降临之后，这个大池塘就变成了一个大乐池，各种鸣声交织，震耳欲聋（lóng），以致你若是在吃饭，就甭想在饭桌上交谈，即使躺在床上，也难以成眠。（用侧面描写的方式，强调蛙鸣声的嘈杂。）为了让园内保持安静，必须采取严厉的措施。不然又怎么办？想睡而又被吵得无法入睡的人，当然心就会变硬的。

膜翅目昆虫简直无法无天，竟然把我的隐居之所也给侵占了。白边飞蝗泥蜂在我屋门槛（kǎn，门框下部挨着地面的横木）前的瓦砾（lì）堆里做窝，为了踏进家门，我不得不特别小心，否则，一不留神，就会把它的窝给踩坏，正在忙活的“矿工们”将会遭灭顶之灾。（飞蝗泥蜂显然给作者带来了麻烦，但出于对昆虫的怜爱，作者小心地对待他们，一颗热爱自然生命的心灵跃然纸上。）我已经有整整二十五年没有看到过这种捕捉

列数字：举出具体的数字说明时间跨度之大，体现了作者所见到的这种昆虫的罕见。

蝗虫的高手了。记得我第一次看见它时，是我走了好几里地去寻找的；其后，每次去寻访它时，都是顶着那8月火热的骄阳前去的，忍受着那艰难的长途跋涉（爬山蹚水，形容旅途艰苦。跋，bá）。可是，今天，我却在自家门前见到了它们，它们竟然成了我的好芳邻了。（作者将给自己带来麻烦的蜂称为“芳邻”，可见他对昆虫深切的爱意。）关闭的窗户框为长腹蜂提供了温度适宜的套房；它那泥筑的蜂巢，建在了规整石材砌成的内墙壁上；这些捕食蜘蛛的好猎手归来时，穿过窗框（kuàng）上本来就有的一个现成的小洞孔，钻入房内。百叶窗的线脚上，几只孤身的石蜂建起了它们的蜂房群落；略微开启着的防风窗板内侧，一只黑胡蜂为自己建造了一个小土圆顶，圆顶上面有一个大口短细颈脖。胡蜂和马蜂经常光顾我家，它们飞到饭桌上，尝尝桌上放着的葡萄是否熟透了。

这儿的昆虫确实是又多又全，而我所见到的只不过是一小部分，而且非常不全。如果我能与它们交谈的话，那么，我就会忘掉孤苦寂寥，情趣盎然。这些昆虫，有些是我的新朋，有的则是我的旧友，它们全都在我这里，挤在这方小天地之中，忙着捕食、采蜜、筑窝搭巢。另外，若是想要改变一下观察环境，这也不难，因为几百步开外便是一座山，山上满是野草莓丛、岩蔷薇丛、欧石楠树丛；山上有泥蜂们所偏爱的沙质土层，有各种膜翅目昆虫喜欢开发利用的泥灰质坡面。我正是因为早已认准了这块风水宝地，这笔宝贵财富，才逃避开城市，躲到这乡间里来的，来到塞里尼昂（法国埃罗省的一个市镇）这儿，给萝卜地锄草，给莴苣（wōjù，一种蔬菜，叶子长圆形，花金黄色）地浇水。

人们花费大量资金，在大西洋沿岸和地中海边建起许许多多的实验室，以便解剖（为研究人体或动植物体各器官的构造，用特制的刀、剪把人体或动植物体剖开。剖，pōu）对我们来说并无多大意义的海洋中的小动物；人们耗费大量钱财，购置显微镜、精密的解剖器械、捕捞设备、船只，雇用捕捞人员，建造水族馆，为的是了解某些环节运动的卵黄（蛋黄）是如何分裂的。我直到如今都没弄明白，这些人搞这些有什么用处？为什么他们偏偏就对陆地上的小昆虫瞧不上眼、不屑（xiè）一顾？这些小昆虫可是与我们息息相关的，它们向普通生理学提供着难能可贵的资料。它们中有一些在疯狂地吞食我们的农作物，肆无忌惮（任意妄为，没有一点顾忌。惮，dàn）地在破坏着公共利益。我们迫切地需要一座昆虫学实验室，一座不是研究三六酒（旧时一种八十五度以上的烧酒，取三份烧酒，兑三份水，即成六份普通烧酒）里的死昆虫，而是研究活蹦乱跳的活昆虫的实验室，一座以研究这个小小的昆虫世界的动物之本能、习性、生活方式、劳作、争斗和生息繁衍（fányǎn，逐渐增多）为目的的昆虫实验室，而我们的农业和哲学又必须对之予以高度的重视。彻底掌握对我的葡萄树进行吞食、蹂躏（róulìn，用暴力欺侮、侵害）的那些昆虫，可能要比了解一种蔓足纲（是节肢动物门甲壳动物亚门的一纲，通常指藤壶、茗荷、龟足、花笼等终生固着生活的种类和少数寄生生活的类型）动物的某一根神经末梢结尾是个什么状态更加重要。通过实验来划分清楚智力与本能的界限，通过比较动物系列的各种事实，以揭示人的理性是不是一种可以改变的特性等这一切，应该比了解一个甲壳动物的触须有多少要重要得多。为了解决这些大的问题，必须动用大批的工作人员，可是，就目前来说，我只是孤军一人在奋战。当下，人们的注意力放在了软体动物和植虫动物（以往的分类体系中的一类，特征是固着于一处而非运动性，被认为是介于植物和动物的中间型。海绵动物、腔肠动物和棘皮动物属于此类）的身上了。人们花费大量的资金购置许许多多的拖网去探索海底世界，可是，对自己脚下的土地却漠然处之，不甚了解。我在等待着人们改变态度的同时，开辟了我的荒石园这座昆虫实验室，而这座实验室却用不着花纳税人的一分钱。

松 毛 虫

这种毛虫已经拥有自己的一部历史，撰（zhuàn）写者为雷沃米尔先生。（在展开叙述之前，作者先提及前人的研究成果，来表示对前人努力结果的敬重。）但是，由于条件所限，这位大师所撰写的这部松毛虫的历史存在着无法避免的缺憾。他所研究的对象是通过驿车（古代传递政府文件的交通工具。驿，yì）从千里之外的波尔多，从荆棘丛生的荒野之中运来的。这种昆虫离开了它原来的生活环境，它向这位历史学家所提供的生活习性等方面的情况就大打了折扣。研究昆虫的习性，就必须就地进行，在它生活的区域进行长期的观察，因为它只有在自己的生活环境中才能尽显其天性。

而雷沃米尔先生用来进行实验和研究的对象，来自法国的西南部，对巴黎的气候环境非常陌生、不习惯，使研究者难以了解到它的许多生动有趣的情节。雷沃米尔先生当时研究松毛虫就是这么个情况。后来，他对另一种外来的昆虫——蝉——进行研究时，情况依然如此。不过，他从荆棘丛生的荒野中所收集到的昆虫窝巢却是颇有研究价值的。

我所处的环境却对我的研究十分有利，于是，我对松树上成行成串地爬行着的松毛虫重新进行了观察研究。我在自己那荒石园昆虫实验地种了一些树，还特别地种了不少的荆棘，有几棵松树长得十分挺拔兀立，其中有阿勒普松和奥地利黑松。这些松树与荒野里的松树没有任何的不同。松毛虫占领它们，在上面编织了自己的大袋囊（náng）。这些树的叶子全都被它们糟蹋、破坏得够呛，仿佛遭了火灾似的，令人气愤不已。为了保护树叶，我每年冬天都得仔仔细细地进行检查，用一根分叉的长板条一点一点地捋（lǚ，用手指顺着移动、抚摩，使物体顺溜或干净），彻底清除松毛虫的窝巢。

为了观察的方便，我把三十来个松毛虫的窝安放在离我家大门几步远的地方。如果这些窝仍不够用，附近的松树仍可向我提供必要的补充。

我首先观察的是松毛虫蛾卵，雷沃米尔书中没有提到过它。8月上旬，我便站在松树前，观察与我眼睛视线同一水平高度的松树树干，很快便会发现，这儿那儿，在松针丛中，一些微微呈白色的小圆柱体把郁郁葱葱的青枝绿叶给弄得斑斑点点的。那就是松毛虫蛾卵，一个圆柱体就是一个松毛虫蛾母亲的一个卵群。

松树的松针成双成对地聚在一起。一对叶子的叶柄被如同手笼（冬天暖手的用具，形如笼，两边开口。笼，lóng）那样的圆柱体形物体包裹（guǒ）着。该物体长三毫米，宽四五毫米，外表如丝一般柔软光滑，白中略显橙黄色，覆盖着鳞片。鳞片像屋瓦似的叠盖着，排列虽然较为整齐，但却不呈几何秩序，外观上看着犹如榛（zhēn）树未曾开花的柔荑花序（由花组成的密集的穗状花序，杨树、柳树的花序就是柔荑花序。荑，tí）一般。

鳞片几近椭圆，白色，半透明，底部略呈褐（hè）色，另一端则呈橙黄色。鳞片下端又短又尖，较为细小，散乱，上端则较宽大，像是被截（jié）去一段似的紧固在松针上。无论是风吹还是用刷子反复地刷，都无法让鳞片脱落。从下往上轻轻地扫拂这如同手笼似的圆柱体，那鳞片就会像是受到反向摩擦（mócā）的浓毛一般竖立起来，并一直保持着这种竖立状；如果再朝相反方向摩擦，它们就立即恢复原状。另外，轻轻触摸鳞片的话，它们有如丝绒一般的柔软。（作者不仅描写了圆柱体的形态，还写出触感，使读者能更清楚地了解这个物体。）它们一丝不乱、一片一片地互相贴附着，形成一个保护虫卵的保护层。一滴雨水、一颗露珠都无法渗透进这个“瓦片”保护层。

这个保护层是如何形成的呢？（设问句放在段首，引发读者思考，使读者关注下文的内容。）松毛虫蛾母亲蜕去身体的一部分来保护自己产下的卵。它把自己蜕下的皮壳为它的卵做成一个暖暖和和的被套。我们不妨在此引述一段雷沃米尔大师的话：

雌松毛虫蛾身体的尾部有一块发光片。我第一次发现时，它的形状与光泽就引起了我的注意。我拿一根大头针去触碰它，观察它的结构。大头针刚这么一触碰，便立即产生一个令我颇为惊奇的小小的现象：我看见大量的闪闪发亮的小碎片分离开来，四处散落，有的向上飘去，有的向两旁飞落，其中最坚固的那一片，随着一些小片片轻轻地落在了地上。

我所称之为小碎片的那些东西，全都是薄而又薄的薄片，有点像是蝴蝶翅膀上的鳞片，但却比后者要大得多。雌松毛虫蛾尾部那块引人注目的板片，其实是一个鳞片堆，是一个奇妙的鳞片堆。雌松毛虫蛾似乎是用这些鳞片来覆盖住自己的虫卵的。这是我自己的推断，因为它们并没有告诉我它们是不是用这些鳞片来覆盖自己的虫卵，也没有告诉我其尾部的这个鳞片堆是派什么用场的。不过，可以肯定的是，它们的这个鳞片堆绝不是毫无用处，只是个装饰，而是有其用途的。

是啊，大师，您说得很对。这么既厚实又整齐的鳞片堆是不会无端地长在昆虫的尾部的。任何事物的存在都必然有其存在的理由。您用大头针一触碰就飞落的这些鳞片应该是用来保护其蛾卵的。您的推测合情合理。

我用镊（niè）子轻轻一夹，真的夹到了一些有鳞片的浓毛。蛾卵显现出来，像一些白色珐琅质（牙冠表面的一层硬组织，光滑坚硬。珐琅，fàláng）小珠珠似的。它们紧紧地挤贴在一起，形成九个纵向列队。我数了数其中的一个列队，共有三十五个蛾卵。这几排蛾卵几乎一模一样。圆柱体上卵的总数在三百个左右。一个松毛虫蛾母亲拥有一个多大的家庭啊！

一个纵向列队的卵与相邻的两个纵向列队的卵精确无误地交叉贴靠着，不留一点空隙。看上去，犹如用珍珠制作的工艺品，小巧玲珑，巧夺天工，令人惊叹！不过，把它比作排列整齐的玉米更为确切。它就像一个微缩玉米棒，但其排列的几何图形更加优美、漂亮。（细致入微的描写中，可见作者观察之细。）松毛虫蛾的“穗儿”上的颗粒略呈六角形，是虫卵相互挤压造成的。它们彼此牢牢地黏（nián）合在一起，无法分隔开来。如果卵块遭受破坏，它就一片片、一块块地从松针上脱落下来。这些小块全都是由好多的蛾卵组成的，而产卵时产下的珠状物便由一种如漆（qī）一样的黏性物质给黏结起来。保护性鳞片那宽阔的基部就固定在这片“漆”上。

天气晴朗，风和日丽时，观赏松毛虫蛾母亲制作这种如此齐整美观的杰作，观赏卵刚刚产下，这位母亲用一片片从尾部脱离的鳞片来为卵制作“屋顶”，真的是非常有趣的事情。卵并不是呈纵列产下的，而是呈圆形、环状产下的，这一点是显而易见的。这些“环”叠合在一起，让卵粒交替地排列着。产卵是从下面，从接近松树复叶的下端开始的，在上面宣告结束。最早产下的是最下面的圆环的卵，最后产下的则是最上面的那个圆形的卵。鳞片全是纵向排列，而且被朝向树叶的那一端固定住。鳞片的安排布置不会有任何的差异。

让我们仔细欣赏一番我们眼前这座漂亮的“建筑物”吧。无论年老年少，无论有才无才，人人见了这个娇小玲珑的松毛虫蛾穗子，都会啧啧称赞的。让我们印象最深的，并非那像珐琅一般美丽的“珍珠”，而是它们那极其整齐划一、呈几何图形的组合排列。一只小小的松毛虫竟然也在遵循协调一致、和谐有序的规律。

如果米克罗墨加斯（伏尔泰的一部哲理小说中的主人公，类似于英国作家斯威夫特的小说《格列佛游记》中的主人公格列佛）想到再一次地离开西里乌斯（天狼星）的世界，前来访问我们所居住的行星的话，他会在我们中间找到美吗？伏尔泰（1694—1778，法国启蒙运动思想家、作家、哲学家）的书中的描写，让我们看到米克罗墨加斯是如何做的：他把项圈上的一颗钻石取下，制成一个放大镜，用来观察一艘在他的大拇指上搁浅了的三层战舰；他与全体水兵交谈；一片指甲碎片被弯成一个顶篷，把战舰遮盖起来，并且充作聋人的助听器；一根小小的牙签以它那细而长的尖触碰那艘战舰，让其一端翘起至一个图瓦兹（法国旧时的长度单位，一图瓦兹约等于 1.95 米），碰到巨人的嘴唇；这根小牙签充作受话器。从这场著名的交谈中，可以得出如下的结论：如果想要正确地评判事物，观察事物的新面貌，最要紧的是更换太阳。（与后文形成呼应，法布尔在记录昆虫行为、形态的同时，也在思考哲学、美学上的问题。这里的“更换太阳”，是指离开旧时的星系，去探索别的星系的世界。可引申为“更换视角”。）

这个叙利亚人很可能对我们的艺术之美毫无概念。在他眼里，我们雕塑艺术的杰作，包括出自菲迪亚斯（约公元前 490—前 430，希腊著名的雕刻家）的雕刻刀的杰作，只不过是大理石的或者青铜的玩偶而已。我们的风景画被认为是滥用绿色的令人厌恶的蹩脚画，我们的歌剧音乐被认为是浪费钱财制造噪声的音乐。

当然，米洛岛（希腊岛屿名）的维纳斯（罗马神话中的爱与美的女神）和贝尔维德尔（梵蒂冈收藏艺术珍品的宫殿）的阿波罗（希腊罗马神话中司阳光、智慧、音乐、诗歌的神，即太阳神）是绝妙的上等雕塑。但是，要欣赏这些雕刻艺术就需要具有特殊的眼光特殊的见解。米克罗墨加斯看到这些雕刻艺术，对人类的身体之柔弱感到怜悯。在他看来，美是需要有别于我们那青蛙似的肌肉组织的其他东西的。（我们人类的肌肉肢体，不过是青蛙一般的东西，而美，远不是人类可怜的形体能展示的。）

相反，我们来让米克罗墨加斯看看那种有缺陷的风车。毕达哥拉斯（公元前580—前500，古希腊哲学家，数学家）是埃及贤哲们的语录传播者，他教给我们如何观看直角三角形的基本特征。他是一位好心的巨人，但对事物却一无所知，所以我们应该向他阐释（阐述并解释。阐，chǎn）风车的意义何在。等他的思想开了窍之后，他就会完全像我们一样，发现那其中有着真正的美，当然喽，这种真正的美并不是存在于外观上，而是存在于三种长度间那永恒的关系中。（这里指勾股定理。）然后，他便会完全同我们一样地去赞赏使体积均衡的几何学。

因此，有一种严肃的美存在着，它属于理性范畴（人的思维对客观事物普遍本质的概括、反映。畴，chóu），它在各个阶层中都是相同的。它在所有太阳的照射下都是相同的，无论这太阳是单一的还是繁复的，是白色的还是红色的，是黄色的还是蓝色的。（与前文形成呼应，使论点完整，浑然一体。）这种普通的美就是秩序。世间万物都被制作得恰到好处。这句话非常的伟大。它的真实性随着对事物奥妙的探索而更加显现。这种秩序，这种普遍的平衡基础，是一种盲目的机制产生的无法避免的结果吗？它是否如柏拉图（公元前427—前347，古希腊哲学家）所说，进入了一个永恒的几何学家的规划之中了？它是一个至高无上的美学家的美吗？而这样的美正是世间万物存在的理由。

花瓣的弯曲部分为什么那么整齐匀称？金龟子鞘翅的雕镂（lòu）花纹为什么那么精巧雅致？这种精巧雅致与它自身的暴力行为中的粗野力量能够相兼相容吗？

凡此种种，都是一些并无多大必要的思考，都是因将从那儿诞生的松毛虫的卷状物引发出来的。世界之谜当然可以在我们的这座荒石园昆虫实验室找到答案。所以，我们让米克罗墨加斯去考虑他的哲理问题吧，我们还是回到我们那平凡的观察上来。（重提前文的典故来结束话题，使话题完整，又不破坏文章的总体结构。）

松毛虫蛾在精巧地穿缀珍珠的技艺方面存在着一些对手，其中包括纳斯特里虫蛾。这种虫蛾的毛虫因其“服装”的缘故，被人称之为“号衣”（旧时兵卒、差役穿的衣服）。它的卵像手镯似的聚集在不同性质的树木的枝丫周围，尤其是苹果树和梨树。谁要是头一次见到这种极其美妙的工艺品，自然而然地就会联想到心灵手巧的穿缀珍珠的少女。（虫卵本是令人不愉快的东西，作者却看到它的美丽之处，足见他用寻找美丽的眼光审视昆虫的心态。）我儿子小保尔每次看见这种小巧玲珑、惹人喜爱的“手镯”时，都会惊讶得双目圆睁，惊叹不已。

纳斯特里虫蛾的环饰较短，特别是它没有壳套，所以让人想到另一种圆柱体来。这种圆柱体已经剥除了鳞片覆盖层。我们先别在它身上多费笔墨，还是来谈我们的松毛虫吧。

松毛虫蛾9月开始孵（fū）卵，有的稍早点，有的稍晚些，但相差时间不多。为了利于跟踪观察新生幼虫最开始的活动情况，我便在实验室的窗子上放了几根上有虫卵的树枝。树枝枝杈的下端浸在一杯水中，以使枝杈保持一段时间的新鲜。

八点钟光景，阳光照到窗子上之前，小毛虫便离开虫卵，我如果稍稍掀起正在孵化的圆柱体的鳞片，就会发现一些黑黑的脑袋正在轻轻地咬破并推开已经撕碎的顶板。这些小东西在慢慢地露出自己的身子。

孵化后，从外观上看去，有鳞片的圆柱体与它在住满着居民时似乎一样的整齐、新鲜。只是在把小碎片稍微掀起来时，才会发现里面根本就没有小虫子了。虫卵仍旧排列整齐，好似一个个稍稍打开的、略带半透明的白色杯状物。它们现在缺少无边圆帽状的盖子。这个盖子已经被新生幼虫给破坏撕裂了。

这些细小微弱的创造物只有一毫米长。它们呈淡黄色，满身纤毛。其纤毛有短有长，短的呈黑色，而长的则呈白色。它们的脑袋黑黑亮亮的，直径是身子的两倍。下颚一开始就很有劲，能咬很硬的食物，与它的大脑袋相得益彰。脑袋大，有硬腭，这就是松毛虫新生幼虫的主要特征。

它们一出生就开始吃食了。幼小的毛虫在摇篮似的鳞片中间漫无目的地爬动一段时间之后，其中的大部分都往摇篮里的松针上爬去。这些松针是它们出生的那个圆柱体的轴心，并且向外伸出去。另外的一些小毛虫便向邻近的松针上爬。它们在松针上啃噬（一点一点地咬下来。噬，shì），形成一道道被叶脉所限定的细小的凹（āo）陷的条纹。

三四条吃饱了的小毛虫，排成一条线，一起在爬行，但很快便又各自分开，各逛（guàng，闲游）各的。我们只要稍微地打扰它们一下，它们便会轻轻地晃动身体的上半部，脑袋一冲一冲地轻轻晃动着，如同被一点一点放松的弹簧似的。

当阳光照到那喂养幼虫的窗户时，这个小小家庭的成员们在体力得到充分的恢复以后，便退往其出生的双叶基地，乱糟糟地聚集在一起，开始吐丝作茧。它们开始制作一个极其精细的气泡，这气泡倚靠在相邻的几个松针上。这是小虫子们的帐篷，它们在一张很稀疏的网下面，在毒日下午休。下午，阳光从窗子上移开之后，它们全都爬出隐蔽地，一边在四周分散开来，一边在半径仅大拇指那么大的范围内结队爬行，然后再开始啃噬松针。

这样，虫卵在破裂之后不到一小时的时间里，松毛虫幼虫就变成了成串的爬行者和纺纱工。（将松毛虫比喻为纺纱工，非常生动形象。）即使在恢复了体力之后，它们也还是怕光的，我们很快便会发现，它们要等到日落之后才会前往叶丛中去。

我们的纺纱工极其瘦弱，但却十分勤劳，它在二十四小时内所制作的丝球竟然大若榛子（榛树的果实，小圆球形直径约一厘米），而它在两个星期里所制作的丝球则会大若苹果。但这并不是它过冬的居所，只不过是个临时的隐蔽之所。这个隐蔽之所不够坚实，建筑材料十分低劣。在气候宜人的季节里，这种建筑就可以了，无须更高的要求。松毛虫幼虫尽情地啃噬这座建筑物的小梁和小柱，以及包在丝墙里的松针。它在小柱间拉起一条条的线绳，食宿无忧。这个居所条件不错，小虫子不用外出，免得遭遇危险。对于这些幼小的松毛虫来说，这吊床也是它们的食品柜。

支撑的松针被啃噬到叶脉后，就干枯了，很容易脱离枝杈。这时候，松毛虫小家庭举家搬迁，到别处去搭建新的帐篷。新帐篷建好后，使用寿命与前一顶帐篷一样长。这些临时性建筑一再地修建，而且搭建处的位置越来越高，以致这个被圈在下面树枝上的松毛虫家庭，最后迁移到树枝的上端，甚至到达树枝梢头。

幼虫的毛淡白色，非常密实，竖起来非常丑陋瘆人（使人害怕，可怕。瘆，shèn）。几个星期之后，它们会进行第一次蜕（tuì）皮。然后，长出浓密而漂亮的毛来。在其背部表面，除前三个体节外，其他的体节都装饰着一幅由六块裸露（luǒlù，没有东西遮盖）的醋栗色（这里指棕黑色。栗，lì）小板拼成的镶嵌（xiāngqiàn）画，凸显于黑色的皮肤上。六块小板中，两块最大的在前面，两块在后面。几近点状的小板在这个四边形的两边各有一块。一个橙黄色的毛栅栏把这些小板块给围了起来。毛栅栏的毛呈辐射状，几乎是倒伏着的。腹部和胸侧的毛较长，呈淡白色。

在这件深红色细木镶嵌工艺品（一种用各色、各种质地的木料镶嵌拼合、组成图案的木工艺品，这里用来形容松毛虫好看的花色）中央，矗立着两簇短小的纤毛。它们聚在一起，形成平展展的冠（guān）毛，像一粒金色的点，在阳光下闪亮着。这时候，松毛虫已长大，长约二十毫米，宽约四毫米。它已到中年，穿的就是上面的这套服装。

时近寒冬，已是 11 月份了。该修建坚固御（yù）寒的住所了。松毛虫在松树的高处挑选一个松针密集而又恰如其分的枝梢，开始编织丝网，把枝梢覆盖住。这张网使毗邻（pílín，邻近）的松针向内弯曲，接近中轴，最终隐没在编织物中。这么一来，松毛虫便替自己圈起了一个半丝半叶的居所，可以御寒了。

到 12 月初时，居所大功告成，有两个拳头那么大，体积达到两升。这儿是居所的轴心，道路宽阔，枝杈有的有瓶颈那样粗。松毛虫在其间无秩（zhì）序地爬上爬下，慢慢腾腾，一批松毛虫尚未散开，另一批松毛虫又与之聚集在一起，一片乱糟糟忙乱乱的状况。这就是松毛虫共同体，枝杈挤在一起覆盖着它们。这个松毛虫共同体渐渐地又分散开来，爬到邻近的枝杈上去，啃噬松针。每只松毛虫在路上爬过去时都在不停地吐丝，宽阔的下行路在它们返回时便成了上行路了。由于它们这么日复一日地在这条路上爬来爬去，这条路上覆盖着大量的构成连续鞘套的线。它们这么做，是为了加固建筑物，使之具有深厚的根基，并与固定不动的树杈连成一体。

该建筑群的上部包括鼓凸成卵形的居室，下部包括柄和蒂，还包括围绕着支撑物并把它的抗力增至其他系杆的抗力中的壳套。

每个未经松毛虫长期居住、没有变形的居室中央，都显露出一个不透明的白色大壳，由一个半透明的薄纱套围着。中央的大壳由密实的线组成，房间的隔板是一块厚厚的莫列顿双面起绒呢（产于法国的一种双面绒的毛织物。呢，ní，毛织物）。大量的未被触动的绿松针作为围墙隐没于其中；这堵松针围墙可达两厘米厚。

在圆屋顶顶端有一些半开着的圆孔，数量不等，直径如普通铅笔杆儿一般。那是居室的屋门，松毛虫从那儿爬进爬出。这个白色大壳四周，有一些没有被啃噬的松针露出，直立着。每根松针梢都有一些丝线伸出，形成一个曲线，可做秋千用。这些丝线松弛地交织在一起，形成一个轻柔的帷幔（wéimàn，挂在较大屋子里或舞台上的遮挡用的幕），一个优美舒适的宽阔游廊。

那儿有宽阔的平台。白日里，松毛虫便爬到平台上晒太阳，小憩一会儿。它们相互挤靠着，脊椎弯成圆圈。上面张着的网恍（huǎng）若华盖（古代帝王所乘车子上伞形的遮蔽物），既可减弱太阳的强光，又可防止睡觉的松毛虫在风儿摇动枝杈时跌落下去。

我们沿着经脉把这居室剪开来观察。首先给人留下深刻印象的是，被圈于其中的松针未被触动，仍然在茁（zhuó）壮地生长着。幼小的松毛虫在它们的临时住所里啃噬被丝套罩住的松针，直至枯萎。而那圈围墙的松针则是它们居室的房梁屋架，是不可触动的，一旦啃噬，致其干枯，北风一吹，房倒屋塌（tā）。松树上的纺织工们对这种危险心知肚明，不敢掉以轻心，即使饥肠辘辘（饥饿时肠中发出的声音。辘，lù），也不敢去锯梁（jùliáng）毁屋。

上午十点光景，松毛虫爬出晚上居住的居室，来到灿烂阳光照射着的平台上。平台就在由松针梢支撑着的游廊下面。松针梢之间有一段距离的间隔。松毛虫每天上午都爬到平台上，互相挤在一起睡觉，互相焐（wù，用热的东西接触凉的东西使之变暖）着，舒适惬意（满意，称心，舒服。惬，qiè），还不时地懒洋洋美滋滋地摇晃一下脑袋，以表示心满意足。晚上六七点钟，它们休息够了，活动一下身子，彼此分手，各自回到自己的居室里去。

这种景象让人看着十分着迷。只见一条条鲜艳的橙黄色斑纹在一大块白丝绸上蠕动（像蚯蚓爬行那样动。蠕，rú），如波浪般此起彼伏。有的往上拱，有的往下爬，有的往左右散去，有的结成短短的队列，成行成串地爬行。一个个全都十分庄重豪迈，但却是毫无秩序地爬动着，一边不停地把始终挂在嘴唇上的丝绒粘在所经过的地方。

松毛虫把薄薄的一层丝与先前的那层丝并列起来，以增加居室的厚度。邻近的绿色松针被丝网钩拉住，弯进建筑物内。尽管这些松针的尖端不受拘（jū）束，但从这一点辐射开来，扩大丝网，并把丝网连接成更大的曲线。每天晚上，如果天气很好，你就会看到居室表面熙熙攘攘，一片繁忙，松毛虫一干就是两个小时，让居室更加坚固。

松毛虫的这种未雨绸缪（趁着天没下雨先修缮房屋门窗，比喻事先做好准备。绸缪，chóumóu），对严冬如此这般的防范，难道它们已预见到冬季的难熬（áo）了吗？当然不是。尽管几个月的生活经验让它们懂得了点什么，那只不过是经验告诉它们家门口就有美味可口的食物，以及在平台上可以美滋滋地沐浴在阳光下休憩（qì）。而直到此时此刻为止，没有任何情况让它们预知冬季来临，寒风凛冽（lǐnliè），冰霜雪剑，日子很不好过。但这些对冬天的苦日子一无所知的松毛虫竟然如此警惕，似乎对冬天将给它们带来什么样的灾难一清二楚。它们那股忙于加固居室的干劲，似乎在说："松树摇动它那积满霜的枝形大烛台时，我们在这儿你挨着我、我靠着你地睡着觉，真是舒服惬意啊！让我们加油干吧！"（作者在这里假设了松毛虫的心态，使松毛虫的形象生动可爱起来。）

为了密切地跟踪观察松毛虫的生活习性，我在暖房里放了六个虫窝。每个虫窝由充作其轴心和屋架房梁的树杈固定在沙土上，高度有两件衣服的下摆加在一起那么高。幼虫像是分配口粮似的，接受一束小小的松树枝杈。这些细枝嫩（nèn）叶被啃噬之后，会很快地重新生长出来。我每天晚上都要提着灯笼去查看我的这些寄宿者，由此而获得了大量的第一手资料。（作者介绍自己观察动物的细节，可见研究一件事物，需要付出很多心血。）

松毛虫的晚餐通常一直要延长到深夜，直到吃得肚子圆鼓鼓的才返回自己的窝里去。然后，还要在自己的这个居室里的室面上再纺织一会儿。等到全体松毛虫全都返回室里来，那已经是快到凌晨一点了。

一方面，作为饲养者，我的任务是每天必须更换那些已经被啃噬到最后一根针叶的细小枝杈；另一方面，作为博物学者，我要了解松毛虫的饮食变化到了什么程度。松毛虫对树林里的松树、海洋松树和阿勒普松树并不加以区别，它们在其上照爬不误，但却从来不在其他针叶树上爬行。可是，似乎所有被树脂（这里指松香）的香气弄得十分芳香的树叶对它们都挺合适的。在我的荒石园昆虫实验室里，生长着各种松树代用品：冷杉、紫杉、侧柏、刺柏和柏树。可是，尽管这些树也含有树脂的香气，松毛虫却不去啃噬。只有一种针叶树——雪松例外。我的这些寄宿者在吃雪松树叶时，并没显露出丝毫的厌恶的感觉。为什么雪松可以，其他的就不能充作替代品呢？这我还不清楚。松毛虫的胃同人的胃一样的谨小慎微，这其中必定有什么奥秘。

我们再来研究一下松毛虫居室的结构吧。我在虫窝中部打开一道缝隙。由于劈开的莫列顿双面起绒呢的天然抽缩，这道缝隙（fèngxì，裂开的空处）在窝里的中部微微张开，宽约两指，上下两部分都缩成了纺锤体。此时正是白天，松毛虫都在圆屋顶上成堆成堆地打盹（dǔn）儿，其居室内空无一人，我可以放心地用剪刀剪裁，不会造成松毛虫的死亡。

天黑了，松毛虫依然没有警觉，帐篷上的裂口并未造成它们的惊恐，它们仍旧在它们的居室表面上爬来爬去的。它们照样在忙乎着，像平时一样地在纺线。它们的行为方式没见一丝一毫的变化。有几条松毛虫在行进中倒是爬到了裂缝的边缘，但它们并不惊慌，并不着急，并无密合起裂缝的意思。它们只是在犹豫着，看看如何越过面前的这个艰难的通道，好继续爬行闲逛。它们在自身长度所允许的范围之内，尽量地把丝线吐得远远的，固定住，以便勉勉强强地越过这道危险的障碍。

它们终于越过了深渊，然后便沉着冷静地继续在缺口边上行进着。这时，又有一些松毛虫爬了过来，像利用人行小桥似的利用已经搭在缺口上的丝绒，爬过缺口，并且还在上面留下了自己吐出的丝线。这么一来二去的，裂缝下面便多了一张纤细的薄纱，薄得几乎看不出来，刚刚够当地居民在上面穿梭往来的。同样的情况在随后的几个晚上重复发生着。渐渐地，这个裂缝便被一张薄薄的蜘蛛网似的网给闭合上了。

冬末时节，不再有什么事了。我用剪刀剪开的窗子仍然半开着，只是有张网在封闭着。在这块有裂隙的织物上，未见一处织补了的地方，未见一片莫列顿双面起绒呢添加在两边裂片之间，屋顶仍旧未被整修完整。这要是在露天野地里，而不是在我的玻璃暖房中，那么，这帮愚蠢的纺织工很可能就被冻死在它们的有裂缝的居室里了。

我重复做了两次这一实验，结果都一样，这就说明，松毛虫并未意识到有裂缝的居所之危险。它们似乎并没有意识到自己的劳动成果遭到了破坏。它们并没有把自己的丝节约下来，用到修补自己的居室上来，在那儿编织与室内其他墙壁一样坚固厚实的布料。

我又一次地去打扰我的寄宿者们了。但这一次，我不是搞破坏，而是让它们受益。我很快就发现，住在冬季住所的居民往往比住在由幼小的松毛虫编织的临时掩蔽所里的居民数量要多。我还发现，这些虫窝到了最后，体积大小不同，差别很大，最大的比五六个小的加在一起还要大。这种差异的原因何在？

松毛虫是各式各样的贪馋者所利用的另一个有机物工厂。（言外之意，松毛虫是食虫的动物们捕食的对象。为了不全军覆没，秋季它们分成小虫群，冬季聚在一起。）因此，它们一旦孵化，数量便急骤（紧急；迅速猛烈。骤，zhòu）减少。一口鲜美的食物使几十个幸存者留在了小球状物所形成的薄网周围。松毛虫家庭在这张网里度过秋高气爽的季节，然后，很快就得考虑度过严冬的牢固的帐篷的问题了。这时候，家庭人丁兴旺是大有好处的，人多力量大，联合起来好办事。

我猜想，存在着一个容易合并几家人家的办法。它们把自己吐出的丝连成的丝带作为在树上爬动的向导。它们在沿着这条丝带返回时，在上面急速转弯。而这么一转，可能就不再是这同一条丝带了，而是另一条与原来的那一条别无二致的丝带，而这另一条则是通向邻居家的路。迷路的松毛虫仍傻乎乎地在上面爬着，并不知道自己已经是上了另一条道了。

这突然而至的陌生者是否能受到邻家的盛情接待呢？这一点尚需观察。晚上，我把住满了一窝住户的细枝杈剪下来，放在邻近虫窝的松树针叶上，而这松针粮食垛上，松毛虫同样是占得满满的，大大地超载了。于是，我便把驻扎着第一个虫窝的那簇青枝绿叶整个儿地插在第二个满是虫子的枝叶旁，让两簇枝叶的边沿稍微有点交叉混杂。然后，我发现，原住户与外来者没有发生任何的争斗，各自相安无事，埋头吃食。吃饱归巢时，各自又都平平静静地往自己的窝里爬去，如同一直生活在一起的兄弟姐妹似的，睡觉前，大家忙着纺织，把被子弄厚实一些，然后爬进窝内。第二天，第三天，情况需要的话，我就继续这么做。这样一来，我轻而易举地就把第一个虫窝给完全倒空了，让里面的松毛虫悉数进到第二个窝里去了。松毛虫真是宽厚仁爱的虫子，很愿意接纳新的居民。（这里用了拟人手法，刻画出松毛虫之间和睦相处的情况。）纺织工越多，出的活就越多，这真是一条十分正确的为人处世的规矩。而被送走的松毛虫，对自己的旧居并无依恋不舍的表示，它们到了别人家里，就像是在自己的家里一样。它们根本就没有尝试要返回原先的窝里去。这绝不是回家的路途遥远所致，因为两处居所相距不足两件衣服下摆的长度。

松毛虫此时此刻尽管彼此和平共处，相安无事，但是它们也同其他昆虫一样，也会因利害所致排斥异己（排挤、清除和自己意见不同或不属于自己集团派系的人）的。松毛虫蛾母亲将要离群索居，唯恐会失去自己将在上面产卵的松树针叶。雄蛾扑扇着翅膀，为争得它们所垂涎（因想吃而流口水，比喻看见别人的好东西表现出贪婪。涎，xián）的雌蛾而争斗。这毕竟是它们在交尾期里经常发生的打斗，对于这些温厚宽容的虫子来说，也还算是比较激烈的。

松毛虫几乎是无性的，这是它们相互间得以和睦相处的主要原因。可是，光凭这一点还不够。完美的和谐还需要在全体成员之间平均分配力量、才能、劳动本领等。（法布尔从松毛虫行为的观察扩大到了对社会秩序的思考。）这些条件也许支配着其他的昆虫，而松毛虫则全都具备上述条件。所以，尽管同一个窝里可能生活着成百上千的松毛虫，但它们在上述条件方面，几乎是难分伯仲（比喻人或事物不相上下，难分优劣高低。伯仲，兄弟长幼的顺序。仲，zhòng）的。所有的松毛虫力气相同，身材相同，服装相同，纺织本领相同，干劲相同，它们把自己丝壶里装着的东西全都吐出来，用于集体的福利事业。在干活的时候，人人卖力，个个争先，从不懒散拖沓（tuōtà，做事拖拉，不爽利）。除了因完成自己的职责而感到满足之外，没有别的什么可以刺激它们的。松毛虫的队伍里，没有能干与笨拙（不聪明，不灵巧。拙，zhuō）之分，没有强大与弱小之分，没有贪馋与克制之分，没有勤劳与懒惰之分，没有注意节约的与大肆挥霍（huīhuò，任意花钱、浪费）之分。这是一个真正平等的世界，可惜的是，这只是松毛虫的世界。

现在，我们再来说说松毛虫爬行时那有趣的行进行列。因为巴汝奇（法国著名作家拉伯雷的名著《巨人传》中的人物）心怀叵测（怀着难以揣测的恶意。叵，pǒ）地把一只头羊扔进大海，弄得商人丹德诺（法国著名作家拉伯雷的名著《巨人传》中的人物）的羊全都跟着这只头羊跳进了大海。按照拉伯雷的说法，这是因为绵羊是世界上最愚蠢、最荒谬（miù）的动物，天性让它们总是跟在头羊的后面盲目走着。松毛虫则并非因为愚蠢荒谬，而是出于需要，它们比绵羊更加盲从，第一条松毛虫爬到哪儿，其他的松毛虫全都排成整整齐齐的行进行列，像朝圣者似的，整齐肃穆地往前爬去，中间绝不会出现空当。它们的行进行列犹如一条连绵不断的细带子。每一条虫子都与自己身前身后的两条松毛虫首尾相接。领头的松毛虫随心所欲地游游荡荡，爬出一条复杂多变的曲线来，其他的松毛虫则一丝不苟地沿着它那弯来绕去的线路爬行。可以说，古希腊前往埃略西斯城去朝拜墨忒耳神庙（位于雅典西北部的埃略西斯城的谷物女神之庙。古希腊时期，每年不断地会有大批的朝圣者前往朝拜，排成长长的队伍，整齐肃穆）的朝觐者的宗教仪式行列，与之相比，也略逊一筹（比较起来稍微差一点。逊，xùn；筹，chóu）。不过，松毛虫只是在绷得紧紧的“钢丝绳”上走钢丝，它一边在前进，一边在铺设钢丝轨道。领头的那条松毛虫不断地在吐丝，把丝固定在它随心所欲地弯来绕去的道路上。它留下的丝路细得很，即使用放大镜去细细观察，也只能是依稀可辨（模模糊糊的，但基本上能看出来。辨，biàn）。

第二条松毛虫踏上这座独木桥时，也同时在吐丝，从而使桥的厚度增加了一倍。第三条松毛虫又继续替桥加固加厚，就这么一个接一个地用它们的丝在这座桥上涂上胶质物。最后，这个松毛虫行进队伍过去之后，身后就留下了一条狭窄的带子，这带子晶莹白亮，在阳光下闪烁着。这是一项与大家息息相关的工程，每条松毛虫都为之献出了自己宝贵的丝。那么，它们为什么这么浪费自己的丝呢？（使用设问句，自问自答，带动读者思考，增强文章趣味。）我从它们前进的方式悟出了两个理由。松毛虫是在夜间去啃噬松针的。它们在暗暗的黑夜里，爬出位于枝梢的居室，沿着裸露的树枝，一直下到下一根尚未被啃噬的分枝，随着上一根被啃得干干净净，下一根的位置就越来越低，松毛虫必须爬到那根尚未被触动的小树枝上，在绿色丛中分散开来，分头啃噬。等到用餐完毕，夜晚更加的寒冷了，该返回窝里去躲藏起来。沿着直线爬行，这段归程并不算长，还不足两臂相加的长度，但是，我们的这些爬行者却是无法跨越的。它们必须从一个十字路口下到另一个十字路口，从松针下到小枝杈，从小枝杈下到小枝，从小枝下到大枝，再从大枝经过一条同样是拐来拐去的小路，爬回自己的居室。这条归途，漫长曲折，变化多端，靠视觉认路根本就不可能。松毛虫头的两侧有五个视觉点，在放大镜下面，它们都显得极其细小，难以辨认，所以这些视觉点是看不远的。再说，夜里黑漆漆的，它们的这种近视透镜又能起什么作用？

另外，松毛虫的嗅（xiù）觉极其迟钝，靠嗅觉引路也是不可能的。我做实验时，有几条饥不择食的松毛虫就为我提供了佐证，这些饿了很久的松毛虫，经过一根小松树枝的时候，没有显露出丝毫贪馋和止步不前的迹象。是触觉在为它们提供信息，尽管饿得不行，只要自己的嘴唇没有偶然触到这个丰饶的牧场，没有一条松毛虫会止步不前的，它们不会向嗅到的食物爬去，而只是在挡道的小枝上停留下来。

那么，视觉和嗅觉全都被排除了，还剩下什么在引导松毛虫回到自己的窝里去呢？那就只有它们沿路吐丝所织成的那条丝带了。在克里特岛的迷宫中，忒修斯（希腊神话中的雅典国王）要是没有得到阿里亚德涅（希腊神话中克里特岛之王弥诺斯的女儿，忒修斯的情人）给他的一团线绳的话，他是不可能走出那座迷宫的。松树上的那一大堆横七竖八、乱七八糟的松针同弥诺斯迷宫（希腊神话中著名建筑师代达罗斯在克里特岛上所修建的迷宫）一样，错综复杂，无法爬出来，在黑夜里，尤其如此。因此，松毛虫是借助自己铺设的那一条细窄的小丝路在松针丛中爬行而不致迷路的。在归途中，每一条松毛虫都轻而易举地便找到了自己的那根丝线，或者相邻的那条丝线。

这条小丝带与邻近的松毛虫群织成的一条条丝带交织在一起，形成一个扇形。这个分散开来的部落渐渐地集合在那条共同的带子上，排成直行，呈仪式队列，而这条带子的起始点或者称之为终极点，就是松毛虫的居室，饱饱地大啃大嚼（jiáo）了一顿的这个松毛虫商队，沿着这条丝带，一定不会迷路，可以顺利地回到自己的家园。

白日里，哪怕是在寒冬腊（là）月，每当天气晴和的时候，松毛虫有时甚至会长途跋涉，进行探险。它们从树上下到地上，结队行进五十来米。它们这并不是外出觅食（指动物到处搜寻食物吃），因为它们出生地的那棵松树上仍旧枝叶繁茂，未被吃光啃尽，已经被它们吃尽了的那根小枝与整棵大松树比较起来，算不了什么。而且，尽管黑夜尚未完全结束，但它们已开始停止咀嚼（jǔjué，含在嘴里细细嚼烂）了。它们下到地上来，根本没有什么特殊的目的，只不过是进行一下有益健康的散步，看看周围有些什么新鲜玩意儿，也许还想查看一下那块沙土地，因为它们以后将要在那沙土地上换形变态。很显然，它们这种大规模的活动，起引导作用的仍旧是那小丝带。离家这么远，那丝带的作用就更不可小觑（不可以轻视。觑，qù）。所以，每只松毛虫都必须尽力地吐丝，为这丝绸之路尽自己的一份力量。每行进一步，一个个全都不遗余力（把全部力量使出来，一点不保留）地在吐丝铺路，这已经成了一条不成文的规定了。

如果结队行进的这宗教仪式行列很长，那么这丝绸之路就很宽很阔，容易找到。不过，在返回时，找起来也要费点周折的。因为，我已经说过了，行进中的松毛虫不是整个身子直直地翻转过来的，它们是无法做一个一百八十度的转弯的。所以，为了踏上原先的路，松毛虫就不得不像画鞋带似的行进着。领头的松毛虫随心所欲地决定这条丝带的弯曲程度和长短宽窄。它是在摸索之中前行，行动路线游移不定，弄得众松毛虫不得不风餐露宿（形容旅途或野外生活的艰苦）。但这也无大的妨碍，因为松毛虫会聚集在一起，蜷（quán）缩成团，彼此紧紧地依偎（yīwēi，亲热地靠着，紧挨着）着，一动不动。等到第二天，旭日东升，再去探路。寻找的过程有快有慢，但最终还是会很走运的，它们弯弯曲曲地爬来爬去，往往突然之间便碰到了那条来路。一些领袖找到了回归路，众松毛虫便急匆匆地上路了，紧赶慢赶地往家园赶去。

另外，这些用来铺设路径的细丝，用途十分明显。为了免遭寒冬劳作时必然会遇到的寒风霜雪的侵袭，松毛虫会为自己建造过冬的隐蔽所。这时的松毛虫已经孤孤单单，丝囊中存货严重不足。于是，众松毛虫便积少成多，集腋成裘（狐狸腋下的皮虽然很小，但是聚集起来就能缝成一件皮袍。比喻积少成多。腋，yè；裘，qiú），成千上万的松毛虫通力合作，共同修建宽敞（chǎng）持久的工程。

工程耗时费力。松毛虫每晚都在对工程进行加固、扩大。每条松毛虫无论住得远住得近，都会凭借丝线的指引奔往干活的地点，从上下左右，从一簇或另一簇细枝赶来。丝线是这个群体的绳带，是维护这个共同体成员的团结一致、齐心协力所不可或缺的网。

没有任何事情能够把领头的松毛虫与它的跟随者们分开。它排在仪式行列的最前头纯属偶然，它是这支爬行队伍的临时军官，是它们现任的总指挥。过一会儿，如遇到意外情况，大家分散开来，然后再依不同次序重新排列成行时，担任总指挥的可能又变成另一条松毛虫了。

领头的松毛虫在行进时，显得摇摆不定，犹豫不决，身子的前半部忽而伸向这边，忽而又伸向那边，似乎是在探测地形，寻找路径，也许因为道不熟，缺少一根引导的丝线的缘故。（作者仔细地描绘了松毛虫首领的动作，将松毛虫的情绪传达了出来。）而跟随在它身后的随从们，却是驯服而平静的，它们脚爪间的细带子让它们感到心里十分踏实，不像自己的总指挥，因为缺少这根引导线的支持，心中没底，感到惶恐（惊慌害怕。惶，huáng）。

行进行列的长短千差万别。我曾见到过在地上操练得最美的行列长达十二米，有将近三百条松毛虫。它们排列成波浪形的带子，规矩而整齐。从2月份起，我的暖房里便出现了各种大小的队列。我想试探一下，把它们的总指挥弄走，把丝线弄断，看看会出现什么样的后果。

取消行进行列的头领之后，倒也没有发生什么大的变化，第二条松毛虫立即便成为总指挥了。如果没有出现什么麻烦的话，队伍的行进速度不会有任何的改变。那第二条松毛虫一旦成为队长，立即便了解了自己的引导者的职责，开始探索着，领导众松毛虫往前爬去。

丝带断了也无伤大雅。我把行进行列中央的一条松毛虫拿开，并轻手轻脚地截掉这条松毛虫所占有的那一截丝带，还把它剩下的最后一点丝线给抹掉。这样一来，一队行进行列一分为二，成了两支队伍，互不依赖，又各有各的队长。后面的这支队伍也可能会与前头的队伍会合，因为毕竟二者之间的间隔很短，那样的话，又恢复成一个长长的行进行列了。但往往一分为二后就不再合二为一了。这两支队伍各行其是（各自按照自己以为对的去做），各走各的，随心所欲，越离越远。然而，不管怎样，两支队伍的松毛虫无论游荡到哪儿，迟早都会在截断处找到那条引路的带子，回到自己的居所中去的。

我做了上述两个实验之后，又开始思考着再做一个有概括性的实验。我打算在把连接着道路并可能改变道路的丝带破坏之后，再让松毛虫画一个封闭的圆圈。松毛虫会像火车扳过道岔（使列车由一组轨道转到另一组轨道上去的装置。岔，chà）后继续向前吗？还是在圆圈上打转儿，永远也走不到目的地？

我首先想到的是，用镊子把行进行列的尾部的丝带夹住，不让它抖动或弯曲，然后把它放到队伍的前头。如果总指挥加入这个行列，便大功告成，其他松毛虫必然是紧随其后，忠实地往前爬着。但理论上容易，操作起来却十分困难，因为这根丝带极为纤细，稍微沾点沙末，就会被沙末坠断。即使不断，只要稍有振动，后面的松毛虫就会警惕起来，缩成一团，甚至舍弃这条丝带。

更加困难的是，领头的松毛虫拒不接受为它安排的那条丝带。它对被截断的、置于其前的这条带子满腹狐疑（一肚子都是疑惑，形容疑虑很多，极不相信。狐疑，像狐狸那样多疑）。它东看西看，扭来扭去，然后便溜到旁边去。我把它又弄了回来，逼它就范，但它拼命挣扎，缩成一团，一动不动。随即，整个行进行列全都受到了它的影响，无奈之下，我只得罢休。

1896 年 1 月的最后一天，将近晌午时分，我突然间发现有一长列的松毛虫在窗台上，开始向它们所喜爱的花盆盆沿爬去。一条接一条的松毛虫缓慢地爬上那只大大的花盆。上了盆沿之后，便排成了整齐的行进行列。这时候，我又看见另外一些松毛虫也陆陆续续地爬过来了，形成了一个长长的大队。我在等待着这条细丝带闭合起来，也就是说，等着那个始终沿着盆沿边爬行的总指挥回到它在盆沿开始绕圈的起始点。一刻钟的工夫，这条环形路轨便铺设成功了。这么一来，这个连续不断的环形行进行列就不再有头领了。每条松毛虫前都有另外一条在爬行，在丝的轨迹的引导下，紧跟着前面的同伴。这条轨迹是集体努力的战果。大家都在规规矩矩地在铺设好的路上行走着，绝对服从并完全信赖原本应当为它们开路实则已被我巧妙地取消了的向导，因为每条松毛虫都既是头领又是随从了。这条丝绸之路在逐渐加厚加宽，变成了一条窄带，起点与终点相会，没有任何的支线，因为稍有一点分支，我就立即用刷子把它刷去。花盆盆沿上的松毛虫就这么不停地转着圈，致使那条丝绸之路竟然成了一条两毫米宽的丝带，非常漂亮。我计算过，它们的平均速度为每分钟九厘米。行进途中，因气温的由暖变凉或过分劳累而放慢速度。它们已经走了十小时了，也该饿了。我把一大束松枝放在近旁，绿油油的，简直就是一片天然牧场。但是，可怜的松毛虫却并没有爬向牧场，而是仍旧老老实实地沿着那条已成形的丝绸之路绕着圈子。（这个细节更加证明松毛虫视觉和嗅觉都很差。）第二天，天一亮，我就去探望它们，但它们仍旧是那么排列着，只是一动不动了。太阳出来，气温上升，它们才摆脱麻木状态，活泛（fàn）起来，又像头一天那样沿着圆圈爬行了。就这样，一连五天五夜，这支松毛虫队伍不吃不喝，只是偶尔歇（xiē）息一番，始终坚持在那条道上。最后，疲劳倦怠（juàndài，疲乏，懈怠）使它们变得混乱了。有不少松毛虫因腿脚带伤，不肯前进，行进行列的断裂现象在不断地增多，形成了好几个截段，每个截段便出现了一个首领。各个首领都在东探西寻，像是要找出一条脱身之路。但是，直到夜幕降临，所有的松毛虫又恢复成了一个行进行列，无休止的画圆行动又开始了。直到第八天，有些松毛虫头领（因为其间又出现过截段）沿着头两天探路时留下的一些短小的丝路，从盆沿上爬下来。渐渐地，其他的松毛虫也就跟随其后下了花盆，全部回到了自己的住所。

现在，我们来粗略地计算一下，松毛虫在花盆盆沿上待的时间应该是七个二十四小时。扣除它们因疲劳或夜晚的寒冷所导致的休息时间，就算去掉一半，也走了有八十四小时。按其平均每分钟爬行九厘米计算，总行程应为四百五十三米，几乎有半公里的路程。大花盆的周长为一点三五米，那么，松毛虫在这个始终走不到头的圆圈里，始终朝着一个方向转了有三百三十五次。因此，我们可以看出，松毛虫得以脱身，纯属偶然。如果不是截段的某些头领另外探了一点不长的路径的话，那么，它们就会这样走下去，至死方休。

拓展阅读 昆虫积累卡

松毛虫

类别：节肢动物门昆虫纲鳞翅目枯叶蛾科松毛虫属昆虫。

外形：成虫的外形为枯叶色。雄蛾的触角和羽状相似，雌蛾为短栉状。卵常成堆或成行排列，初产的卵为黄色、淡绿色，随时间推移变为粉红色和紫褐色。幼虫身上长毛，中胸和后胸的毛为毒毛。

习性：松毛虫将自己的毛给自己所产的卵做保护套；没有种群观念，和任何一群松毛虫都会和平相处；总是跟随领头的松毛虫行走的路线行走，领头的松毛虫的产生方式是随机的；嗅觉和视觉极为迟钝，吐丝线作为回家的路标。对森林危害极大。

专题探究

跟法布尔学观察

观察得越细致，我们对事物就了解得越深刻。在《昆虫记》这部科普著作中，可以看出法布尔对昆虫的观察是非常细致的。要学习法布尔的观察方法，可以从他对松毛虫的观察开始。

首先，在观察时要有一个有利的观察环境。如法布尔观察松毛虫时的环境就是这样："我所处的环境却对我的研究十分有利，于是，我对松树上成行成串地爬行着的松毛虫重新进行了观察研究。我在自己那荒石园昆虫实验地种了一些树，还特别地种了不少的荆棘，有几棵松树长得十分挺拔兀立，其中有阿勒普松和奥地利黑松。这些松树与荒野里的松树没有任何的不同。松毛虫占领它们，在上面编织了自己的大袋囊。这些树的叶子全都被它们糟蹋、破坏得够呛，仿佛遭了火灾似的，令人气愤不已。为了保护树叶，我每年冬天都得仔仔细细地进行检查，用一根分叉的长板条一点一点地捋，彻底清除松毛虫的窝巢。"法布尔为了观察松毛虫，找到了适宜松毛虫生长的环境"阿勒普松和奥地利黑松"，松毛虫喜欢它们，"这些树的叶子全都被它们糟蹋、破坏得够呛，仿佛遭了火灾似的"，在适宜观察对象生长的环境中进行观察，可以得到大量的不受外界干扰的纯净数据和细节，从而使观察到的情况保持最大化的真实。

其次，法布尔在进行观察时，调动了多种感官。首先是视觉，如"8月上旬，我便站在松树前，观察与我眼睛视线同一水平高度的松树树干，很快便会发现，这儿那儿，在松针丛中，一些微微呈白色的小圆柱体把郁郁葱葱的青枝绿叶给弄得斑斑点点的"。对于需要进行仔细观察的，法布尔及时动手，如"从下往上轻轻地扫拂这如同手笼似的圆柱体，那鳞片就会像是受到反向摩擦的浓毛一般竖立起来，并一直保持着这种竖立状；如果再朝相反方向摩擦，它们就立即恢复原状。另外，轻轻触摸鳞片的话，它们有如丝绒一般的柔软。它们一丝不乱，一片一片地互相贴附着，形成一个保护虫卵的保护层。一滴雨水、一颗露珠都无法渗透进这个‘瓦片’保护层”。法布尔用手抚摸鳞片，把自己的感觉细致地描绘了出来，给读者真实的感觉。

最后，法布尔在进行观察时，还动用了工具进行帮助。如在观察松毛虫时，他动用了镊子。文中提到：“我用镊子轻轻一夹，真的夹到了一些有鳞片的浓毛。”在观察其他动物时，他还借助了放大镜等工具。对工具的充分利用，使法布尔对昆虫的观察更加深入细致，进而获得了更多的真相。

除此之外，法布尔还寻找了大量的松毛虫作为观察对象，避免因观察对象的单一而使观察结果产生误差；法布尔在观察时也非常注意持续观察，以便于更充分地了解松毛虫的生活习性。正是因为法布尔对松毛虫等多种昆虫进行了立体的全方位观察，他才对昆虫世界有了一个深入的了解。因此，我们应当认真学习法布尔的多种观察方法，学会观察世界。

昆虫的装死

我研究昆虫装死的情况时，第一个被我选中的是那个凶狠的剖腹杀手——大头黑步甲。让这种大头黑步甲动弹不了非常容易：我用手捏住它一会儿，再把它在手指间翻动几次就可以了。还有更加有效的办法：我捏住它，然后把手一松，让它跌落在桌子上，在不太高的高度下，让它摔这么几次，让它感到碰撞的震动，如果必要的话，就多让它摔几次，然后，让它背朝下，仰躺在桌子上。

大头黑步甲经这么一折腾，便一动不动，如死一般。它的爪子蜷缩在肚腹上，两条触须软塌塌地交叉在一起，两个钳子都张着。在它的旁边放上一只表，这样，实验的起始与结束时间就可以准确地记录下来。这之后，只有等待，而且还得静下心来，耐心地等待着，因为它静止不动的时间是非常长的，让人等得心烦，没有耐心是成功不了的。（在行文中，作者常随手记下实验过程中的心得、感受、生活哲理。）

大头黑步甲的静止状态保持得很长，有时竟然长达五十分钟，一般情况之下，也得有二十分钟左右。如果不让它受到外界的影响，比如，这种实验正好是在盛夏酷暑时进行，我就把它用玻璃罩扣住，避开了大热天里的常客——苍蝇的骚扰，那么，它的静卧状态就是真正的完全的静止状态：无论是跗骨（构成脚跟和脚面的那部分骨头。跗，fū）也好，触须也好，还是触角也好，全都毫不颤动，看上去，它就像是僵（jiāng）死在桌子上了似的。

最后，这只看似死了的大头黑步甲复活了。前爪跗节开始在微微颤动，随即，所有的跗骨全都颤动起来，触须、触角也跟着在慢慢地摇来摆去。这就证明它确实是复活了。腿脚随后也跟着乱划乱踢起来。它的身体在腰带紧束住的地方稍稍弓起；接着重心落在头和背上；然后，它猛一用力，身子便翻转过来了。此刻，它便迈开小碎步，跑动起来，仿佛知道此处危险重重，必须逃离险区。假如我又把它抓住，它便又立刻装起死来。

我趁此机会又做了一次实验。刚刚复苏的大头黑步甲又一次静止不动了，依旧是背朝下地仰躺着。这一次，它装死的时间要比第一次来得长。当它再次苏醒时，我又进行了第三次同样的实验。随后，我又对它进行了第四次、第五次实验，一点喘息的机会都不留给它。它静卧的时间在逐渐地延长。根据我所记录下来的静卧时间，分别为十七分钟、二十分钟、二十五分钟、三十三分钟、五十分钟。

我做了许多次类似的实验，虽然结果不完全相同，但基本上有着一个共同点：昆虫连续假死时，每一次的持续时间都不相同，长短不一。这个结果使我们得知，通常情况之下，如果实验连续多次进行的话，大头黑步甲会让自己假死的时间一次比一次长。这是不是说明它一次比一次更适应这种假死状态呢？这是不是说明它变得越来越狡猾，企图让敌人最后丧失了耐心？对此我一时无法做出定论，因为我对它的探究还很不够。（根据前文的数据，表面上看，作者的推论是合理的，但他没有轻易下结论，由此可见他研究昆虫行为时谨慎认真的态度。）

要想探出它真的是在耍手腕，真的是在作假蒙人，蒙混过关，就必须采取一种非常聪明的试探方法，揭穿这个骗子的骗人招数。

接受实验的大头黑步甲躺在桌子上。它能感觉得出自己身子下面压着的是一块坚硬的物体，想要向下挖掘，根本不可能。挖掘一个地下隐蔽室，对于大头黑步甲来说简直是小菜一碟，因为它掌握着快捷强劲的挖掘工具。然而，自己身下却是一块硬东西，毫无挖掘的可能，所以它无可奈何，只能忍气吞声静静地躺在那儿，一动不动，必要的话，它甚至可以坚持一小时。如果躺在沙土地上的话，它立即就能感觉得到下面是松松散散的沙粒。在这种情况之下，它还会傻乎乎静静地躺着，不想法尽快逃之夭夭？难道它连扭动腰身都不想？没有一点往沙土地里钻的意思？

我真的希望它会有所转变，产生逃跑的念头。但是，最后，我知道自己的想法错了。无论我把它放在木头上、玻璃上、沙土上，还是松软的泥土地上，它都不改变自己的战略战术。在一片对它来说挖掘起来极其容易的地面上，它照样是静卧着不动弹，同在坚硬物体上躺着时一模一样。

大头黑步甲对不同材质物体表面采取了同样态度，并不厚此薄彼，坚持一视同仁，这一点对我们的疑惑不解稍微地敞开了一点门缝。接下来所发生的事情令这扇门大大地敞开来了。（作者以门比喻获得知识的过程，非常恰当。）接受实验的大头黑步甲躺在我的桌子上，离我很近，可以说就在我的眼皮子底下。我发现它的触角在半遮挡着它的视觉，但它那两只贼亮的眼睛看见了我，它在盯着我，在观察着我。面对着我这么个庞然大物，这个昆虫的视觉会有什么样的感应呢？

我们就认为这个正盯着我的昆虫把我看作是欲加害于它的敌人吧。这样的话，只要我待在它的面前，这个生性多疑的昆虫就会一动不动地躺着。如果它突然又恢复活动了，那它肯定是认为已经把我耗得差不多了，让我已经完全失去了耐心。那么，我还是先躲到一边去。既然它面前的这个庞然大物已经离开了，它也就用不着再装死，再耍这种花招也没什么意义了，所以，它就会立刻翻转身子，急急忙忙地溜之大吉。

我走出十步开外，到了大房间的另一头，隐蔽好，不弄出任何的动静。但是，我的这番谨慎（jǐnshèn）小心的心思全都白费了，我的那只昆虫仍旧待在原地，没有一点动静，就这么静静待了好长好长的时间，跟我在它的近旁待的时间一样长。

它真够狡猾的，想必它是发觉我仍旧待在这间房间里了，只是待在房间的另一头罢了。这也许是它的嗅觉在告诉它我并没有离去。一计不成，我就另生一计。我把它用钟形罩给扣住，不让讨厌的苍蝇去骚扰它，然后，我便走出房间，到花园里去了。房间的门窗全都紧闭着，屋外的声音传不进去，屋内也没有什么会惊扰它的，总之，一切会令它感到惊恐的东西，全都远离了它。在这么安静而不受骚扰的环境中，它会有什么反应呢？

实验的结果是，假死的时间与平时情况之下完全一样，既未增加也未减少。二十分钟过去了的时候，我进屋里去查看了一下，四十分钟过去了的时候，我又进屋里去查看了一番，但是，情况没有发生任何的变化，它仍旧是仰面朝天，一动不动地原地躺着。

这之后，我又用几只虫子做了相同的实验，但其结果都很明确地证明，它们在装死的过程中，并没有任何令它们感到危险的东西存在，在它们的周围，既没有声音，又没有人或其他昆虫。在这种情况之下，它们仍然一动不动，那想必并不是在欺骗自己的敌人。这一点得到肯定之后，我便推测其中必然是另有原因的。

那它究竟为何采取这种特殊伎俩（jìliǎng，手段或者花招，一般指不正当的手段，这里指保护自己的技巧）来保护自己呢？一个弱者、一个得不到保护的不惹是生非的人，在必要之时，为了生存而采取一些诡计，这是可以理解的；但它可是一个浑身甲胄（盔甲。胄，zhòu）、崇尚武力的家伙，为什么要采取这种弱者的手段，对此我感到很难理解。在它出没的势力范围内，它是打遍天下的无敌手。强悍（hàn）的圣甲虫和蛇金龟，都是生性温厚的昆虫，它们非但不会去骚扰它、欺侮它，相反，倒是它食品储存室里源源不断的猎物。

我又开始怀疑，是不是鸟儿对它构成了威胁？可是，它同步甲虫的体质相同，身体里浸透着一股刺鼻恶心的气味，鸟类闻了是绝不敢把它吞到肚子里去的。再说，它白天都躲藏在洞穴里，根本就不到洞外来，谁也见不到它，谁也不会打它的歪主意。而到了天黑之后，它才爬出洞外，可夜里鸟归林，河边已无鸟儿的踪影了，它也就根本不存在有被鸟类一口啄到之虑。

这么一个对蛇金龟，有时也对圣甲虫进行残杀的刽子手（旧时执行死刑的人，这里是拟人手法。刽，guì），这么一个并没有谁敢碰它的可恶而凶残的家伙，它怎么就一遇风吹草动便立刻装死呢？我百思不得其解。

我在这同一片河边地带，发现了同时在此居住的抛光金龟，也叫光滑黑步甲的昆虫，它给了我以启迪。前面所说的大头黑步甲是个巨人，相比之下，现在所提到的同是这片河边的主人的抛光金龟就是个侏儒（zhūrú，身材异常矮小的人）了。它们体形相同，同样是乌黑贼亮，同样是身披甲胄，同样是以打家劫舍（指成群结伙到人家里抢夺财物）为生。但是，相比之下算是侏儒的抛光金龟，虽然远不如其巨人同类的火力强，但它却并不懂得装死这个诡计。无论你怎么折腾它，把它背朝下放在桌子上，它会立即翻转过来，拔腿就跑。我每次试它，也只能看到它背朝下静止不动个几秒钟而已。只有一次，我实在是把它折腾得够呛，它总算是假装死去地待了一刻钟。

这侏儒与巨人的情况怎么这么不同呀？巨人只要一被弄得仰面朝天，它就静止不动了，非要装死一个钟头之后才翻身逃走。强大的巨人采取的是懦夫的做法，而弱小的侏儒则是采取立即逃跑的做法，二者反差这么大，其原因究竟在哪里呢？

于是，我便试试危险情况会对它产生什么样的影响。当大头黑步甲背朝下腹朝上一动不动地静躺着的时候，我在想，让什么敌人出现在它的面前好呢？可我又想不出它的天敌是什么，只好找一种让它感到是个来犯者的昆虫。于是，我便想到嗡嗡叫的苍蝇了。

大热天里做实验，苍蝇嗡嗡地飞来飞去，真的是让人心里很烦。如果我不给大头黑步甲罩上钟形罩，我也不在它的身边守着，那么，讨厌的苍蝇肯定会飞落在我实验对象的身上，这样，苍蝇就会帮上忙了，可以替我探听一下装死的大头黑步甲的虚实了。

当苍蝇落在大头黑步甲身上，刚刚用自己的细爪挠（náo）了挠装死的它几下，它的跗节便有了微微颤动的反应，仿佛因直流电疗的轻微振荡而颤抖一样。如果这个不速之客只是路过，稍作停留，随即离去的话，那么，这细微的颤动反应很快便会消失；如果这位不速之客赖着不走，特别是，又在浸着唾液和溢流食物汁的嘴边活动的话，那么，受到折腾的大头黑步甲就会立即蹬腿踢脚，翻转身子，逃之夭夭。

它也许是觉得，在这么个不起眼的对手面前耍花招实在没有必要，有伤自尊。它重又翻转身子离去，是因为它明白眼前的这个骚扰者对自己并不构成什么威胁。看来，我们得另请高明，让一个力量强大、身材魁梧（kuíwu，强壮高大）、让人望而生畏的讨厌的昆虫来试探一下大头黑步甲了。正好，我喂养着一只天牛，爪子和大颚都十分厉害。天牛这种带角的昆虫，我知道它是性情平和的，但大头黑步甲并不了解这个情况，因为在它所出没的河边地带，从来就没有出现过天牛这种大个儿昆虫。说实在的，看上去，这长角的天牛真的会让这蛮横的虫类望而生畏，退避三舍。对陌生者本来就存有的一种恐惧感，一定会让情况复杂起来的。

我用一根稻草秆儿把天牛引到大头黑步甲旁边。天牛刚把爪子放到静静仰卧着的那个家伙的身上，它的跗节便立即颤动起来。如果天牛非但不把爪子挪开，而且还老在它的身上摸来挠去，甚至转而变成一种侵犯的姿态，那么，如死一般躺着的大头黑步甲便一下子翻转身子，仓皇地溜走。这情景，与双翅目昆虫骚扰它时一模一样。危险就在眼前，再加上对陌生者所怀有的恐惧感，它当然会立即抛弃装死的骗术，逃命要紧。

我又做了一种实验，结果也颇让我感到欣慰。大头黑步甲仰躺在桌子上装死，我便用一件硬器物轻轻敲击桌腿，让桌子产生微微的颤动。但不能猛敲，免得桌子发生摇晃。我注意掌握力量的大小，让桌面产生的颤动仿佛是一种弹性物体所产生的颤动一样。用力过大，会惊动大头黑步甲的，它就不会保持其僵死状态了。我每轻敲一下，它的跗节便蜷缩着颤动一会儿。

最后，我们再来看看光线对它所产生的影响。到目前为止，我的实验对象都是待在我书房那弱光环境中接受我的实验的，并未接触到直射进来的太阳光。（这个细节说明，作者在实验时，尽可能控制实验条件，排除各种可能干扰结果的条件。）此刻，我书房的窗台已经洒满阳光。我要是把我的实验对象移到阳光充足的窗台上去，让这个静卧着一动不动的昆虫接触一下强光，它会有何反应呢？我刚往窗台这么一移，效果立即产生：大头黑步甲腾地翻转身子，拼命奔逃。

现在，真相大白了。吃尽苦头、被折腾得够呛的大头黑步甲，已经把自己的秘密吐露出来了。当苍蝇戏弄它，舔它沾有黏液的嘴唇，把它当作一具尸体，想吸尽所有可口的汁液的时候；当它眼前出现了那个让它望而生畏的天牛，爪子已经伸到它的腹部，像是要占有一个猎物的时候；当桌子发生轻微的震颤，它以为是大地传来的震颤，断定有敌人在自己的洞穴附近挖掘，将要来袭的时候；当强烈的阳光照射到它的身上，对自己的敌人十分有利，而对喜欢昏黑的它不利，以为自己的安全受到威胁的时候，它就会立即做出反应，抛弃装死的骗术，立即逃命。但是，当一种灾祸对它构成威胁的时候，它通常总是采取它那装死的惯技，以骗过敌人。所以说，装死是它的看家本领。

在我以上所提及的那种危在旦夕的时刻，我的实验对象是在战栗（颤抖），而不是继续在装死。在这类危险之下，它已经是方寸大乱了，慌不择路（势急心慌，顾不上选择道路。择，zé）地拼命逃遁。它那一贯的伎俩已经不见了踪影，确切地说，它根本就无计可施了。所以说，它的静止不动，并不是装出来的，而是它的一种真实状态。是它复杂的神经紧张反应造成它一时间陷于动弹不得的状态之中。随便一种情况都会让它极度地紧张起来，随便一种情况都可以让它解除这种僵直状态，特别是受到阳光的照射。阳光是促发活力的无与伦比（指事物非常完美，没有能比得上的）的强烈刺激。

我觉得，在受到震动后长时间保持静止状态这方面，可以与大头黑步甲相提并论的是吉丁中的一种，即烟黑吉丁。这种昆虫个头不小，浑身黑亮，胸甲上有白粉，喜欢在刺李树、杏树和山楂树上待着。在某些情况之下，你有可能发现它把爪子紧紧地收拢起来，触角耷拉（下垂。耷，dā）着，仿佛僵死了一般，而且可以保持一个多小时这种状态。而在其他的情况之下，它总是一遇危险便迅速逃走。从表面上看，是气候因素在起作用，但我却并没明白气候到底暗暗地发生了什么变化。在这种情况之下，一般来说，我只发现它僵直状态只是保持一两分钟而已。

烟黑吉丁在光线暗淡的地方一动不动，可我一把它移到充满阳光的窗台上，它立刻就恢复了活力。在强烈的阳光下只待几秒钟，它便把自己的一对鞘翅裂开，作为杠杆，骨碌（gūlu）一下，就爬了起来，立刻就想飞走，好在我眼疾手快，一把便摁（èn）住了它，没让它逃掉。这是一见到强光就惊喜，晒着太阳就狂热的昆虫，一到午后炎热的时候，它便趴在刺李树上晒太阳，如痴如醉，快活极了。

看见它如此喜欢酷热，我立刻便产生一种想法：如果在它装死的时候，立刻给它降温，那它又会做出何种反应呢？我猜想它会延长其静止状态。但这种方法使不得，因为一旦降温，有越冬能力的昆虫可能会被冻得麻木，随即会进入冬眠状态。

我现在需要的不是烟黑吉丁的冬眠，而是要它保持充沛的活力。所以，我要让它处于徐缓的、有节制的降温状态，要让它像在相似的气候条件下一样，依然具备它平时那样的生命行为方式。于是，我动用了一种很合适的保冷材料——井水。我家的那口水井，夏季里，水温要比外面气温低十二度，清凉清凉的。（在法布尔的时代，条件很有限，但他能利用有限的条件创造实验环境。）

我用惊扰的方法，把一只烟黑吉丁折腾得处于僵缩状态，然后，让它背朝下躺在一只小的大口瓶底上，再用盖子把瓶口盖紧盖严，放进一个装满冷水的小木桶里。为了使桶里的水保持其低温，我不断地往桶里加井水。在加入新的井水时，我小心翼翼地先把原来桶内的井水一点一点地去掉。动作必须轻而又轻，否则便会惊动瓶子里的昆虫的。

结果十分理想，我并没白费心思。那只烟黑吉丁在水中的瓶子里待了五小时，都没有动弹一下。五小时可不算短，而且，如果我再这么实验下去，它可能还会坚持很长时间的。但是，五小时已经很不错了，很能说明问题了，绝不要以为它这是在耍花招。毫无疑问，它此时此刻并不是在故意装死，而是进入了一种昏昏沉沉的麻木状态，因为我一开始把它折腾得只好以装死来对付，后来嘛，降温的方法又给它制造一种超乎寻常的延长休眠状态的条件。

我对大头黑步甲也采取了这种井水降温法，但它的表现却不如烟黑吉丁，在低温下保持休眠状态的时间没有超过五十分钟。五十分钟不算稀奇，以往没有用降温法时，我也发现过大头黑步甲静卧过这么长时间的。

现在，我可以下结论说，吉丁类昆虫喜欢灼（zhuó）热的阳光，而大头黑步甲是夜游者，是地下居民。因此，在进行“冷水处理”时，吉丁与大头黑步甲的感受就不尽相同。温度降低之后，怕冷的昆虫会惊魂不定，而习惯于地下阴凉环境的昆虫则不以为然。

我继续沿着降温的这一思路进行了一些实验，但并未发现什么新的情况。我所看到的是，不同的昆虫在低温下保持休眠状态的时间之长短，取决于它们是追求阳光者还是喜欢阴暗者。现在，我再换一种方法来试一试看。

我往大口瓶里滴上几滴乙醚（有机化合物，无色透明液体，易挥发，有特殊刺激气味，医学上用作麻醉剂。醚，mí），让它挥发，然后，把同一天捉到的一只粪金龟和一只烟黑吉丁放进瓶里。不多一会儿，这两只实验品便不动弹了，它们被乙醚给麻痹（使失去警惕性。痹，bì）了，进入了休眠状态。我赶紧把它们取了出来，背朝下地放在正常的空气之中。

它俩的姿态与受到撞击和惊扰后的姿态一模一样。烟黑吉丁的六只足爪，很规则地收缩在胸前；粪金龟的足爪则是摊（tān）开来的，不成规则地叉开着。它们是死是活，一时还说不清楚。

其实，它们并没有死。两分钟后，粪金龟的跗节便开始抖动，口须在震颤，触角在缓缓地晃动。接着，前爪活动起来。又过了将近一刻钟，其他爪子也都乱摇动开来。因碰撞震动而采取静止状态的昆虫，很快就会采取动态姿态的。

但烟黑吉丁却如死一般地躺着，好长时间也不见它动弹，一开始，我真的以为它死了。半夜里，它恢复了常态，我是第二天才看到它已经像平时一样地在活动。我在乙醚尚未充分发挥效力之前，便及时地停止了这种实验，所以没有给烟黑吉丁造成致命的伤害。不过，乙醚在它身上所起的作用要比在粪金龟身上所起的作用严重得多。由此可见，对碰撞震动和降低温度比较敏感的昆虫，同样对乙醚所产生的作用也很敏感。

敏感性上的这种微妙的差异，说明了为什么我用同样的撞击和手捏方法使两种昆虫处于静止不动状态之后，它们的表现会有这么大的区别。烟黑吉丁静卧姿态保持近一小时，而粪金龟则只待了两分钟就在摇晃自己的足爪了。直到今天为止，我也只是在少有的情况之下，才见到粪金龟能坚持两分钟的静卧姿态。（侧面体现出粪金龟活跃好动的样子。）

烟黑吉丁体形大，且有坚硬的外壳在保护身体，它的外壳硬得连大头针和缝衣针都扎不透。既然如此，为什么它那么爱装死，而无坚硬外壳保护的小粪金龟却无须装死来保护自身呢？这种情况，在不少的昆虫身上也都是存在的。各种昆虫当中，有些会长时间地一动不动，有的却坚持不了一会儿；仅仅依照接受实验的昆虫的外形、习性来预先判断其实验结果，是完全不可能的。譬如，烟黑吉丁一动不动的时间保持得很长，那么，就可以断定与它同属的昆虫，因其类别相同，就一定同烟黑吉丁的表现是一样的吗？我碰巧捉到了闪光吉丁和九星吉丁。我在对闪光吉丁做实验时，它硬是不听我的指挥。我把它背朝下地按住，它就拼命地抓我的手，抓住我捏着它的手指，只要让它的背一着地，它就立即翻过身来。而九星吉丁却不用费劲就能让它静卧着不动了，只是它装死的时间也太短了！顶多也就是四五分钟而已！

我在附近山间碎石下经常可以发现一种墨纹甲虫，身子很短小，且有一股怪味。它能持续一个多小时一动不动，可以与大头黑步甲相提并论了。不过，必须指出，在大多数情况之下，它只坚持几分钟的僵死状态，然后便立即恢复常态。昆虫能长时间地坚持一动不动，是不是它们喜欢暗黑的习性造成的？完全不是，我们看一看与墨纹甲虫同属一类的双星蛇纹甲虫就十分清楚了。双星蛇纹甲虫后背滚圆滚圆的，仰身翻倒后，立即便翻过身来。还有一种拟步行虫，脊背扁平，身体肥实，鞘翅因无中缝而无法帮它翻身，因此，静止不动，装死一两分钟之后，便在原地仰卧着拼命踢蹬、挣扎。

鞘翅目昆虫因腿短，迈不了大步，逃命时速度不快，因此，它应该比其他昆虫更加需要以装死来欺骗敌人，但实际上并非如此。我逐一地观察研究了叶甲虫、高背甲虫、食尸虫、克雷昂甲虫、碗背甲虫、金匠花金龟、重步甲、瓢虫等一系列昆虫，它们全都是静止几分钟，甚至几秒钟，便立即恢复了活力。（从作者罗列的这些名字可见，为了得到一个问题的答案，需要很多研究和实验。）还有不少种类的昆虫，根本就不采取装死这一招。总之，没有任何的昆虫指南可以让我们事先就能断定，某种昆虫喜欢装死，某种昆虫不太愿意装死，某种昆虫干脆就拒绝装死。如果不经过实验就先下断言，那纯粹是一种主观臆测（完全凭自己的想象做出的判断。臆，yì）。

拓展阅读 昆虫积累卡

大头黑步甲

类别：节肢动物门昆虫纲鞘翅目肉食亚目步甲科昆虫。

外形：身体外部有硬壳，前翅为厚而硬的角质，后翅为膜质，长着有力的下颚。

习性：装死能力非常强，一遇外部危险就躺在地面上一动不动地装死，装死时它的爪子蜷缩在肚腹上，两条触须软塌塌地交叉在一起，两个钳子都张开着。装死时间一般为二十分钟，也可以长达五十分钟，不管地面情况如何，都没有挖掘地面逃跑的意图。如果遇到阳光、苍蝇或者地面震动的情况，则马上复活。不善于飞翔，多在地面攀爬，行动迅速，捕食其他昆虫为食。

拓展阅读 昆虫积累卡

烟黑吉丁

类别：节肢动物门昆虫纲鞘翅目吉丁虫科昆虫。

外形：个头不小，身体黑亮，胸甲上有白粉，坚硬的外壳能够保护身体，外壳硬得连大头针和缝衣针都扎不透。

习性：喜欢待在李树、杏树和山楂树上；遇到危险时，把爪子紧紧地收拢起来，触角耷拉着，装死时间可以长达一小时，在水中能坚持五小时甚至更长时间；对乙醚产生的作用极其敏感，被乙醚麻醉后，烟黑吉丁的六只足爪，很规则地收缩在胸前，直到第二天才恢复正常活动；不喜欢阴暗的环境，在光线暗淡的地方一动不动，喜欢灼热的阳光，遇到光线则非常活跃。

昆虫的“自杀”

人们不会去模仿自己根本就不认识的人，也不会假扮成自己所不了解的人，这一点是显而易见的。所以说，要想装死，就必须对死亡多少有点了解。

昆虫，或者更确切地说，动物，它们对有限的生命会有预感吗？它们会在自己那极其简单的脑子里思考生命终止这一可怕的问题吗？这种对生命的最后时刻所感到的惊恐不安，既是人所感到的最大痛苦，也是人之所以伟大的一个证明。命运卑微的动物就不存在这种不安。（作者在思考昆虫行为的学理问题时，时常加入关于人生哲理的思考，增加文章深度与丰富性。）它们与意识模糊的小孩子一样，只享受现在，不考虑未来。它们摆脱了“人生苦短”的忧虑，生活在一种蒙昧无知的甜美的宁静之中。

少年时期，中学时代，我也是个淘气包。我常常与几个同学，放学之后，在回家的路上，到河边去摸那种很小的花鳅（一种体长，侧扁，带条纹花纹的鱼。鳅，qiū）。鱼儿被我们抓到之后，拼命地挣扎，没有装死的样子。我们也常去抓鸟，鸟被抓到之后，吓得浑身哆嗦（duōsuo），但也没见它装死。可有一次，我看到火鸡（我们附近养火鸡的人家很多），我便突发奇想：我要折腾折腾火鸡。圣诞将至，它将成为大家节日的盘中餐了。我便把家中的一只火鸡的脑袋别在它的翅膀下面，一边用手摁住它，不让它动弹，一边从上往下慢慢地摇晃它两三分钟。奇怪的结果出现了，我的实验对象变成了一堆没有了生气的东西，它侧着身子倒在地上，任由我摆弄它。如果不是它时而膨胀、时而瘪下去的羽毛显示它仍然在呼吸的话，我还真的以为它已经死了。它确实像只死鸟。它把自己那变得凉冰冰、足趾蜷缩起来的爪子缩到肚腹下面，让人看着十分可怜。圣诞节，平安夜，尚有几天才到，它就这么死了，那可就太早了点。但是，我白担心了。它醒了，站立起来，只是身子有点摇晃，站立不稳，而且尾巴耷拉着，没精打采的样子。但这种状况并未持续多久。不一会儿，它又恢复了常态，欢蹦乱跳起来。

这种迷迷糊糊、昏昏沉沉、麻木迟钝的状态介于熟睡与死亡之间，持续的时间有长有短。我又多次用火鸡做过实验，每一次都出现这种适当间隔的静止状态，有时持续半小时，有时则只持续几分钟工夫。同昆虫一样，想要弄清楚原因，并非易事。后来，我又用珠鸡做了相同的实验，做得非常成功。它那昏昏沉沉、迷迷糊糊、麻木迟钝的状态持续了很长时间，以致我当时都有点忐忑不安（心神不定。忐忑，tǎntè）了。它的羽毛不像火鸡那样，没有起伏，无一点生命的迹象，我真的以为它已经给憋死了。（作者虽然需要动物做实验，但他并不是个狠心冷血的人。）我用脚轻轻地把它挪动了一下，但它却一点反应也没有。我又把它挪动了一下，只见它把脑袋从翅膀底下扭出来，站立住，平衡了一下身体，立刻便飞跳着逃走了。它那麻木状态维持了半个钟头。

我后来又对母鸡、鸭子、鸽子、雏鸟、翠鸟进行了实验。母鸡、鸭子、鸽子麻木状态保持得较短，只有两分钟左右，而雏鸟和翠鸟则更短，半睡半醒状态只有几秒钟。

我们还是关注我们的昆虫吧。昆虫从静止不动状态恢复到活动状态，呈现出十分值得注意的特点。我们曾用乙醚对实验对象进行过实验，它们确实是被催眠了，一动不动。它们并不是在耍花招，这一点是毫无疑问的。它们真的是处于死亡的边缘。如果我不及时地把它们从散发着乙醚气味的大口瓶里弄出来，那它们永远不会从麻木状态中苏醒过来，最后，必死无疑。

它们身上究竟是什么在预示它们生命的恢复呢？那就是：它们脚上的跗节在微微颤动；触须在微微颤抖；触角在摇晃摆动。这就像是人一样，从酣睡（熟睡，醇畅的睡眠。酣，hān）中醒转来时，伸伸胳膊腿儿，打打哈欠揉揉眼睛。昆虫也是先摇动自己的那些细小的跗肢节和最活动的器官，以示其知觉的恢复。

如果昆虫真的是在耍花招施诡计的话，它又有什么必要去做这些细致的苏醒准备动作呢？危险一旦消除，或者被认为已经消除，它为什么不迅速站立起来，尽快逃脱，何必慢慢腾腾地做那些很不合适的假动作呢？它难道会狡猾到在最小的细节上也要假装复活不成！绝对不是这么一回事。这种看法是毫无道理的。脚上跗节的颤动，触须和触角的晃动，都明显地说明存在着一种真正的、即将消失的昏沉迷糊的状态，这种状态与乙醚麻醉所造成的后果相似，只是程度较轻而已。脚上跗节的颤动表明，被我折腾得动弹不了的实验对象，并不是民间传说或流行的理论所坚持的那样，说昆虫是在装死。它确确实实是被施行了催眠术。

经敲击物体引起的震动的影响，或者突然间遭受惊吓，昆虫便陷入一种迷迷糊糊、昏昏沉沉的麻木状态。这种状态就像是鸟儿把头埋在翅膀下面，原地晃晃悠悠地站立一会儿一样。对于我们人来说，突然看见恐怖的事情，我们会被惊呆，茫然不知所措，有时甚至因此而丧命。作为高等动物的人尚且如此，那么，反应极其敏锐（mǐnruì）的昆虫，其生理机能在遇到可怕事物的震慑（zhènshè，震惊，恐惧）惊吓时，叫它怎能承受得住，怎能不暂时就范（听从支配和控制）呢？如果惊恐程度不太严重，昆虫在片刻的痉挛（jìngluán，肌肉紧张，突然做不随意的收缩）之后，很快就会恢复常态，惊恐症状也就随之得以缓解；如果惊恐程度很严重，它就会突然进入催眠状态，好长时间僵直不动。

昆虫根本就不知道死亡是怎么回事，它又怎么会装死呢？当然是不可能的。昆虫同样也不知道自杀是怎么回事，根本不知道自杀是用来立刻终止极端痛苦的状况的一种手段。据我所知，我还没见到过有什么动物自动剥夺自己生命的名副其实的自杀实例。感情色彩较浓的昆虫，有时会任凭苦恼去折磨自己，直至神形憔悴（qiáocuì，瘦弱，面色难看），这件事情倒是有的。但是，用匕首刺死自己、用小刀割断自己的喉咙等这种事，却从未见到过。

说到这儿，我倒是想起了蝎子自杀的事来。对于蝎子是否会自杀，众说纷纭，有人认为确有其事，有人则持否定态度。有人说，蝎子被一圈火围住之后，用带毒的螫针扎自己，直到自杀成功为止。这故事究竟有多少真实的成分，我们亲自来做个实验看看。

我所住的环境为我提供了便利的条件。我在几只大泥瓦罐里铺上一层沙土，再放上几片碎瓦片，养着一群怪模怪样的昆虫。我一直在企盼着它们向我提供一些有关昆虫习性方面的事实，但它们却不肯满足我的愿望。我养的是南方的那种大白蝎，一共有十二对。附近小山上阳光充足的沙质土地带，有许多扁平的石条；每块石条下面都居住着一只蝎子，孤零零的，但这个可憎可恶的丑陋家伙却无处不在，多得不得了。这种大白蝎子恶名在外。

它的毒针到底有多厉害，我未亲身经历，所以也说不清楚。可是，我书房里就关着这群可怕的囚徒，总得与它们接触。需要去查看它们时，必然会有危险，所以我加倍小心，注意避开它们的锋芒。既然我自己没有亲自尝到过它们的厉害，我便只好向别人求教。我让曾经被蝎子蜇（zhē）过的人谈谈他们被蜇的体验。这些人主要是打柴的樵（qiáo）夫，他们长年在山上砍柴，难免会一不注意就被蝎子蜇上一下的。其中有一位曾经告诉我说：

"我吃完了午饭，靠在柴捆（kǔn）上打了个盹儿。突然间，一阵钻心剧痛把我给疼醒了。那滋味就好像是被烧红了的钢针给扎了一下似的。我赶紧伸手去摸，一把摁住了一个乱爬乱动的家伙。是只蝎子！它钻进了我的裤腿里去了，在我小腿肚子下边一点蜇了我一家伙。这只丑陋不堪的小怪物，足有人手指头那么长。喏（nuò），这么长，先生，这么长。"（作者生动地记叙了这位樵夫的说话方式，笔调真实亲切，表现出樵夫的惊叹。）

这位老实忠厚的樵夫边说边比画着，还把自己那根长长的食指伸出来。手指长的蝎子我并不觉得有什么可惊奇的，因为我在野外捕捉昆虫时，时不时地也要碰到蝎子，比手指长的有的是。

"我还想继续干活，"那位忠厚的樵夫继续对我说道，"可我浑身直冒冷汗，眼瞅着那条腿渐渐地肿胀起来，肿得有这么粗，先生，这么粗。"

他比画着肿胀的腿。然后，又张开双手，空掐（qiā）在小腿周围，比画成有一只小水桶那么粗的圈圈来。

"真的，有这么粗，先生，这么粗。我一步三挪，使出吃奶的劲，忍着剧痛，才回到家里，其实也只有四分之一里那么点路而已。小腿越肿越厉害，还在往上肿去。第二天，已经肿到这么老高的地方了。"

他用手指了指，告诉我已经肿到小腿窝儿那儿了。

"真的，先生，整整三天，我下不了床，站不起来。我咬着牙关，拼命忍着，把肿腿跷到一把椅子上。敷了好几次碱末，总算把肿给消了下去，喏，才恢复到现在这个样子。先生，您看。"

说完自己被蜇的经历之后．他也跟我讲述了另一个樵夫的故事。那人也被蝎子蜇了小腿下部。那个樵夫走出老远去砍柴，被蜇了之后，没有力气走回家去，走走便倒在了路边。后来，被几个过路人发现了，抱头的抱头，抱腰的抱腰，抱腿的抱腿，总算把他给送到了家里。“他们就像在抬死尸一样，先生。真的，就像抬死尸一样！”

这位讲述者带着乡下人的风格在叙述着，说话时比画个没完，但我却并不觉得他夸张。人要是被蝎子蜇了，那疼痛确实是难以描述的。而蝎子要是被自己的同类蜇了一下，那它很快就支持不住了。对此，我有很大的发言权，因为我亲自做过多次的观察研究。

我从我的“动物园”里取出两只强壮的大蝎子，把它俩同时放进一个大口瓶的沙土底儿上。然后，我拿起一根稻草梗儿，去撩拨（liáobō，惹逗，挑逗）它们，激怒它们，并让它们往后倒退，最后，相互遭遇上。这两个受到骚扰的大家伙，本来就怒火中烧，仇人相见，分外眼红。这怒火是我给挑起来的，但看上去，它俩都把这挑衅的罪责算到了对方的头上。双方都把自己的防御武器——钳子举起，呈月牙儿形；钳口大张，顶着对方，不让对方靠近自己；两条蝎子尾巴你一下我一下地突然伸出，从背部上方向前刺去；毒囊不断地顶撞在一起，一小滴如清水般的毒汁挂在螯针的硬尖上。

格斗进行的时间并不长。其中的一个被另一个毒针刺中，只见它，没过两三分钟，便站立不住，摇摇晃晃，倒在了地上。得胜者毫不客气，走上前去，平静如常地开始撕咬战败者的头胸前端，也就是撕咬我们想找到蝎子头却看到的只是个肚腹前口的地方。它一口一口慢慢地在撕咬，时间拖得很长。一连四五天，战胜者一直没有停止过啃噬自己的同类。它要把战败者吃掉，其理由有一点是可以谅解的：这个行为对胜利者来说是正大光明的。

我从观察中掌握了真实的情况：蝎子的毒螯针能够使自己的同类即刻毙（bì）命。现在，我想谈一谈蝎子的自杀问题，也就是有人说过的那种自杀法。如果按人们所说，蝎子被一圈火炭围住，它便会用螯针蜇自己，最后，以自愿死亡来结束这失常的状态。如果真的是这样的话，那么，这对这种野性十足的昆虫来说，应该是一件很理想的事。现在，还是让我们来看一看吧。

我用烧红的木炭围成一个圆圈，把我养着的那只个头最大的蝎子置于圈中。风助火势，木炭越烧越旺。热浪滚滚，向圈中的蝎子袭去，灼热难耐，只见它一个劲地倒退着在火圈内打转。稍不注意，身体便被火苗灼了一下，它便左一闪右一躲，突然加快倒退，不顾方位地瞎冲瞎奔，免不了身体又不时地遭到火灼。它每次想逃出重围，都被狠狠地烧了一下。它变得狂躁不安。往前冲，被烧一下，往后退，又挨火灼一下，它进也不是退也不是，既绝望又愤怒。只见它怒气冲冲地挥舞着自己的长枪，再反卷成钩子，然后伸直，平放于地，接着便把长枪举起。（生动细致地描写了蝎子的一连串动作。）它的动作迅疾而又章法不乱，简直让我眼花缭乱，惊叹不已。

现在，它该给自己一枪了，以便摆脱这进退维谷（无论是进还是退，都是处于困境之中）的境地。谁知道，它竟突然一阵抽搐（chōuchù，肌肉不经意间收缩的状况），然后便一动不动了，身体直直地平躺在地上。等了一会儿，仍不见它有所动作，像是完全僵直了。它真的死了？也许在它那让人眼花缭乱的狂舞中，有一剑刺中了自己，而我却没有看到。如果它真的是用自己的短剑刺中自己的身体，以自杀术得以解脱，那它肯定是死了。

但是，我心中总是存有疑惑。于是，我便用镊子把看上去已经死了的蝎子夹起来，放在一层清凉的沙子上面。一小时之后，这个看上去已无生命迹象的蝎子却突然复活了，与放进火圈中间之前一样的活泛，虎虎有生气。我又用第二只、第三只蝎子做了同样的实验。结果同第一只蝎子的情况完全一样：因绝望而发狂，突然间一动不动，像遭雷击似的瘫软地平躺在地上；放到清凉的沙子上时，又都突然地生机勃发了。

由此可以断定，说蝎子会自杀的人，一定是被它那突然失去生命力的假象给蒙骗了。他们看见蝎子身陷火墙的高温之中，于绝望之中变得疯狂至极，浑身抽搐，猝然（突然。猝，cù）倒地，便以为它经过垂死挣扎，终于自杀身亡了。他们过早地得出一个错误的结论，以致让蝎子在火墙中活活地给烤焦了。如果他们不是那么轻信表面现象，早点把蝎子从火墙内取出，置于清凉的沙子上，那他们大概早就会发现，表面上看似死去了的蝎子会恢复生命活力，就会得出结论说，蝎子根本就不知道什么叫自杀。

可以说，除了高级动物——人以外，任何具有生命的生物都不具有自愿结束生命的这种视死如归的精神力量。我们人，自以为具有很大的勇气和魄力从生活的苦难中自行解脱，把这种解脱视为人的崇高特质，视为一种可以进入沉思境界的优势，好像这是人优于其他动物的一种标志。然而，我们一旦真的把这种精神付诸行动，实际上则是一种懦弱的表现。（作者在记叙和说明之中插入议论，夹叙夹议，增强文章的可读性。）

谁若是想走上自杀这条道的话，最好想一想中国一位伟大的哲人——孔子在两千五百年前所说的话。这位中国哲人有一天在树林中遇到一个陌生男子，见他正往树杈上扔绳子做套，准备上吊，他便赶紧向那陌生人说了句话。伟大的哲人说："哀莫大于心死。哀皆可补，唯心死不能。勿以万事于子皆无可救。试以历多世而无争之理自服。此理为：活则无绝望之事。人能自至哀达至乐，自至难达至福。子其鼓勇若自今日起和生之所值。子其善用寸阴。"

这种中国式的哲思深入浅出，浅显易懂，但其寓意却十分深邃。它让人想起一位寓言作家的另一种哲学。寓言家写道：

> 若我被人致伤致残，
> 缺腿断臂，患痛风（一种疾病，症状是手指、脚趾、膝、肘关节疼痛肿胀），
> 只要我仍活着，
> 我便心满意足矣。

的确，中国的伟大哲人和这位寓言家说得都很有道理。生命是一种严肃的东西，不能因遇到点艰难困苦就心烦意乱，轻易就把生命抛弃。我们不应把生命视为一种享乐、一种磨难，而是应该把它视为一种义务，一种只要一息尚存都必须全力以赴地去尽的义务。

让生命的最后一刻提前到来者，就是懦夫，就是蠢货。我们有权凭着自己的意愿决定坠入死亡深渊的方式，但这并不意味着我们有权轻生遁世（独自隐居，避开世俗社会；避世，这里指轻生。遁，dùn）。相反，这种自由意志的权利恰恰向我们提供了动物毫无所知的向前看的本领。

只有我们才知晓生命的欢乐会怎样结束；只有我们才能预见自己末日的到来；只有我们才对死者表示缅怀，怀有崇敬之情。凡此种种，都是一些重大的事情，这是其他动物所想不到的。当伪劣的科学在高谈阔论，在拼命让

我们相信一只可怜的昆虫会耍花招装死的时候，我们要求这种科学应更贴近事物去进行观察研究，切莫把昆虫因恐惧而引发的昏厥（jué）状态，误以为它能装出自己根本并不知晓的状态。

只有我们人才能够清醒地认识到一种结局，只有我们人才具有想见到人世彼岸的卓越本能。地位卑微的昆虫们也在发表着自己的意见：“你们应有信心。本能是从来不会违背自己的诺言的。”

拓展阅读　昆虫积累卡

蝎子

类别：节肢动物门蛛形纲蝎目钳蝎科动物。

外形：身体瘦长，呈黄褐色，腹部和肢体的颜色较浅，两只大螯，尾巴分段且带有毒刺，雌雄异体。

习性：昼伏夜出，喜潮怕干，喜爱阴暗环境，害怕强光，为群居动物，认群。同群通常和平相处，异群相遇则互相争斗，直至杀死一方。嗅觉灵敏，对声音和震动也十分敏感。遇到外界危险时会用尾部攻击对方，将毒液注入对方体内；毒性极大；在极度危险的情况下装死以躲避危险，如身陷火墙的高温之中，会浑身抽搐，猝然倒地，但处于清凉的环境中，会立即恢复活力。

绿 蝇

读懂说明方法

摹状貌：对仰泳蝽准备抓捕时的状态进行形象的描绘，形象细致地刻画了一个耐心的捕食者形象。

我在一生中曾经怀有几个愿望，希望在自家附近能拥有一个水塘。这水塘要能避开冒失唐突（莽撞、冒失）的过路人的视线，周围还要长着一些灯芯草，水面上还得漂浮着浮萍、荷叶。空闲时，我可以坐在池塘边，柳荫下，思考那水中的生活，那是一种原始的生活，比我们现在所过的生活更加单纯、温馨与野蛮中拥有的淳朴（chúnpǔ，诚实朴素）。

我可以观察研究软体动物生活的天堂，可以观赏嬉戏的鼓甲、划水的尺蝽（chūn）、跳水的龙虱（shī）和逆风行进的仰泳蝽。仰泳蝽仰躺在水面上，摇动着它那长长的桨在划水，而它那两条短小的前腿则收缩于胸前，等着猎物的出现，准备抓捕。我可以研究正在产卵的扁卷螺，在它那模模糊糊的黏液里凝聚着生命之火，宛如朦朦胧胧的一片星云中聚集着恒星一般。（采用比喻手法，以星云比喻生命非常美丽。）我可以观察新的生命在蛋壳里旋转，勾画出螺纹，也许那就是未来哪个贝壳的轮廓。如果扁卷螺略通几何学的话，它也许能够勾画出如同地球围绕太阳运转的轨道来。

经常跑到池塘边小憩，可以产生很多的想法。可是，命运却不让我遂愿，池塘终成泡影。我尝试着用四大块玻璃构成一座小池塘，可是心有余而力不足，这个我梦寐以求（做梦时都想着寻找，形容迫切地期望着。

寐，mèi）的水族馆未能建成。

春天来临，美国山楂树开花了，蟋蟀（xīshuài）齐鸣。这时节，我脑海里又不断地浮现出我的第二个愿望。我走在路上时，看见了一只死鼹鼠和一条被石头砸死的蛇。二者的死都是人为的。鼹鼠正在掘土刨坑，驱除害虫，正巧有一农夫在翻地，他的铁锹一下子挖到了它，把它拦腰斩断，扔到一边。而那条游蛇，它是被春意融融唤醒的，来到了阳光下，蜕去旧衣，换上新衣。正在这时，被人发现。此人便说："啊！你个可恶的东西，我要为民除害。"他边说边用石头把它的脑袋砸个稀巴烂。这条保护庄稼、在消灭害虫的激烈战斗中帮助过我们的无辜（gū）的蛇，就这么一命呜呼了。

这两个动物的尸体已经腐烂。人们经过它们的身旁时，扭头便走。只有观察家停下脚步，捡起了这两具尸体，瞧了瞧，只见一群活物在其上爬来拱去，这些生命力旺盛的昆虫正在啃噬着它们。我把它们又放回原处，"殡（bìn）葬工"会继续处理这两具尸体的，它们会非常精心地负责完成自己的殡葬任务的。

我的脑海中一直浮现着一个愿望：了解清楚这些清除腐尸的清洁工的习俗，看着它们不停地在分解尸体，观察它们把死亡物质迅速地加工后收到生命的宝库中去。

我的这种愿望也许让人觉得荒诞（huāngdàn，虚妄的、不可信的），认为我不干正事，却关注腐尸烂肉和食尸虫等令人作呕（ǒu）的昆虫。请大家切勿作如是想。我们的好奇心所牵挂的最主要之点，一个是起始，一个是终结。物质是如何聚集的，如何获得生命的？生命终止时，物质又是如何分解的？如果我拥有一个小池塘，那些带有光滑螺纹的扁卷螺就可以为我的第一个问题提供宝贵的资料了；而那只腐烂了的鼹鼠将会解答我的第二个问题，它将会向我显示熔炉的功能，一切都将在熔炉里熔化，然后重新开始。

我现在可以实现我的第二个愿望了。我有场地，有我的荒石园昆虫实验室。没有人会跑到我这儿来打扰我、嘲讽（cháofěng，嘲笑讽刺）我，我的研究也得罪不了什么人。到目前为止，一切都很顺利，只是有一点小小的麻烦，因为我养了一些猫，它们会到处乱窜，如果它们发现了我的观察物，就会前来捣乱、破坏，把它们叼得乱七八糟。为了防止我的那些猫的骚扰（使

读懂说明方法

列数字：通过“三根”“一只”“一米”“一个”等数字，将空中楼阁的建造过程清晰地呈现出来，层次井然。

举例子：列举了孩子们提供的动物有很多种，具体有力地说明了孩子们对作者的帮助之大，表现了作者的满意程度之深。

不安宁、扰乱。骚，sāo），我想了一个办法：建造了一个空中楼阁，四条腿的动物上不去，只有专攻腐烂物者才能飞抵那儿。

我把三根芦苇绑在一起，做成三脚架，放在荒石园中不同的地方，每个三脚架上吊有一只陶罐，里面装满沙子，离地面一米高，罐子底部钻一个小孔，如果下雨，雨水则可从小孔中流出。我把尸体放在罐子里。我选中的尸体是游蛇、蜥蜴、蟾蜍，因为它们皮肤光滑无毛，我可以很容易地监视入侵者的一举一动。不过，毛皮动物、禽类和爬行动物，我有时也要选用。我以两个苏（苏是法国当时的货币。一法郎等于二十苏）作为酬劳，让邻居家的孩子为我提供货源。一到春天、夏天，他们便常常满心欢喜地跑到我这里来，有时用小棍挑着一条死蛇，有时用甘蓝菜叶包着一条蜥蜴。他们还向我提供用捕鼠器捕捉到的褐色家鼠，渴死的小鸡，被园丁打死的鼹鼠，被车轧死的小猫，被毒草毒死的兔子。这是一桩买家和卖家都十分满意的交易，以前村子里不曾有过，将来恐怕也不会有。4 月很快地过去了，罐子里的昆虫越聚越多。首先到访的是小蚂蚁。为了远离蚂蚁这不速之客，我才把罐子吊在空中的，可蚂蚁却对我的这番图谋嗤之以鼻（用鼻子轻蔑地吭气，表示看不起。嗤，chī）。一只死动物刚放进罐子里还没两个钟头，尚未发出尸臭，它们不知怎么就赶来了。这帮贪婪的家伙沿着三脚架的支脚攀缘（pānyuán）而上，爬进罐内，开始解剖尸体。如果此肉正合它们的胃口，那它们就会在沙罐里安营扎寨（指部队驻扎下来。也比喻建立临时劳动、工作基地。寨，zhài），挖一个临时蚁穴，以逍遥自在地处理这丰富的食物。

这一季节，正是蚂蚁工作最繁忙的时节。它们总是第一个发现死动物。并且，总是等到死尸被啃噬得只剩下一点被太阳晒得都发白了的骨头时才最后一个撤离。这帮流动大军离得老远，怎么就会知道那看不见的高高的三脚架顶上有吃的东西呢？而那帮真正的肢解尸体者则必须等到尸体腐烂，发出强烈的气味，才会得知方向的。这就说明，蚂蚁的嗅觉比其他昆虫要灵敏得多，在臭气开始扩散开来之前，它们就已经嗅到尸体所在的地点了。

当尸体搁置了两天，被太阳烤熟烤烂了之后，臭气就散发出来了。这时候，啃尸族也就纷纷地赶了来。只见皮蠹（dù），腐阎（yán）虫、扁尸甲、埋葬虫、苍蝇、隐翅虫等一窝蜂地向尸体冲上去，啃噬它，消耗它，几乎把它吃个精光。如果光是蚂蚁在打扫战场的话，它们只能一点一点地搬，打扫卫生的工作要拖得很久。但上述的那帮昆虫，干起活来雷厉风行（像雷一样猛烈，像风一样快，形容做事声势猛烈且行动迅速），很快就能完成清扫任务。有些使用化学溶剂的昆虫，其效率更加的高。

读懂说明方法

做比较：将不同动物吃尸体的速度进行对比，突出强调了使用化学溶剂的昆虫食用尸体的速度更快。

最值得一提的当然是苍蝇那一类昆虫，它们简直就是高级净化器。苍蝇的种类繁多，如果时间允许的话，这些骁勇善战（勇猛矫健，善于战斗。骁，xiāo）的勇士每一位都值得我们去仔细观察，大书一笔。但这会让读者们感到厌烦的。我们只需了解几种苍蝇的习性，便可知其他种类的苍蝇的习性了。在此，我只把自己的观察研究范围局限在绿蝇和麻蝇身上。

绿蝇浑身上下一片闪亮，是大家都司空见惯的双翅目昆虫。它那通常呈金绿色的金属般的光泽，可以与最漂亮的鞘翅目昆虫——金匠花金龟、古丁、叶甲虫等——一比高低。当我们看到如此华丽的服装竟然穿在清理腐烂物的清洁工身上，总不免会觉得十分惊诧

读懂说明方法

（chà）。经常光顾我那些吊着的沙罐的是三种绿蝇：叉叶绿蝇、食尸绿蝇和居佩绿蝇。叉叶绿蝇和食尸绿蝇呈金绿色，为数不多，而居佩绿蝇则是闪着铜色光亮。这三种绿蝇，眼睛都是红红的，眼圈则是银色的。

个头最大的是食尸绿蝇，但干起活来最内行的当属叉叶绿蝇。4 月 23 日，我正巧碰见一只叉叶绿蝇在产卵。它落在一只羊的脖颈椎那儿，把卵产在那里面。它一动不动地在那里足足地待了一个钟头，把卵全部产了进去。我影影绰绰地看见它那红眼睛和白面孔。我小心翼翼地把它产下的卵全部收集起来。

我本想数一下究竟有多少个卵，但此刻却没法去数，因为它们聚在一起，密密麻麻，难以计数。只能把这个大家庭养于一只大口瓶中，等它们在沙土地里变成蛹之后再数。我发现了一百五十七只蛹，这肯定只是一小部分，因为我后来又对叉叶绿蝇以及其他的绿绳进行过观察，发现它们总是分好几次产下一包一包的卵，这真可以组建一支大兵团了。

列数字：用"一百五十七只"，准确地说明了绿蝇产卵数量之多。

我之所以说绿蝇分好几次产卵，是因为我观察到以下的一些情景，可以作证。我把一只经多日暴晒、有些发软的死鼹鼠平放在沙土上。它的肚皮边缘有一处鼓胀起来，形成一个穹隆（qiónglóng，高起成拱形的样子）。绿蝇和其他双翅目昆虫从来不在裸露的表面产卵，因为脆弱的胚芽经受不住暴晒，所以必须把卵产在阴暗隐蔽的地方。

在目前的情况之下，唯一的入口就是死鼹鼠肚腹下的那个褶皱（zhězhòu，皱纹）。今天，只有在那个地方才有产卵者在产卵。一共有八只绿蝇。只见绿蝇或单个或几个地潜入这个理想的穹隆下面。爬进穹隆的绿蝇在里面需要待上一段时间，在外面的绿蝇则要等待。等待者十分焦急，一次次地飞到洞口去张望，看看产房里的情况，是否已经产下了小宝宝。（在作者笔下，没有表情的绿蝇似乎也有了人的神情。）产房里的产妇终于出来了，停在死鼹鼠身上歇息，等着下一轮再进入产房继续产卵。产房中进来了新的绿蝇，它们也得在里面待上一段时间，然后才把床位让给下一批产妇，自己则去外面晒晒太阳，养精蓄锐。整个上午，只见它们就这么进进出出，忙个不停。

由此得知，绿蝇产卵是分几次的，中间有几次休息的时间。当绿蝇感到已成熟的卵尚未进入输卵管时，它就会待在太阳底下，不时地飞起来转上一圈，然后落在死鼹鼠身上凑凑合合地吃点喝点。当成熟的卵进入输卵管时，它们便会尽快地找到合适的产房生下宝宝，卸去重负。因此，整个产卵过程需要持续两天。

我谨慎小心地把其身下有绿蝇在产卵的死鼹鼠掀起来，看见绿蝇正在产卵，十分忙碌（lù）。它们用输卵管的尖端，迟疑地在摸索着，想尽量地把卵排在卵堆的最深处。当红眼产妇神情严肃地生产时，有不少蚂蚁正在它的周围忙着打劫，许多蚂蚁在离开时，嘴里都叼着一只蝇卵。我还看见一些胆大包天的抢掠（lüè）者竟然爬到输卵管下面去抢掠。产妇并不予以理睬，任由它们去胡作非为，大概它心里有数，自己肚子里有的是卵，抢走那么一点算不了什么，无伤大雅，何必大动肝火。

确实，幸免于难的卵已足以保证绿蝇产妇组建一个兴旺发达的大家庭了。过了几天，我又回到那座妇产医院，掀起那具死鼹鼠看了看。在那具尸体下面恶臭的脓（nóng）血里，许多只小虫子在蠕动着。蛆（qū）虫的尖脑袋冒出了浪尖，晃动一下，立即又缩进到浪谷里去。这里真的是像波浪滚滚的海洋。掀起死鼹鼠的腰间部位之后，那景象让人恶心、发毛，但是，必须经受住

读懂说明方法

打比方：将尸体下面的脓血比作海洋，生动形象地说明了脓血对于蛆的重要作用。

考验。否则以后见到更可怕的情景就难以支撑住了。（作者敢于探看令自己心里厌恶恐惧的东西，可见他对研究绿蝇是多么执着。）

我们现在见到的产房是一条死蛇组建的。它盘成一个旋涡（xuánwō）状，占满了整个罐子的底部。只见不少的绿蝇纷纷飞来，而且，还有一些在继续飞来，壮大这支产妇大军。产房里不见你争我斗地抢床位现象，产妇们都自顾自地在生产。死蛇那一圈圈盘旋所造成的缝隙是最最理想的产卵处所，这里可以避开毒日头的暴晒。金色的苍蝇相互间紧挨着，排列成一根链条。它们尽量地在把输卵管往缝隙里插，连翅膀被揉皱翘到头上也在所不惜，生产是头等大事，哪儿还顾得上这种打扮上的小事？它们一个个全都静声静气的，红红的眼睛看着外面，所排成的链条，时而会出现几处断裂，那是因为有几个产妇离开了自己的产床，飞到死蛇产房旁边散步，等待下一批卵子成熟进入输卵管之后，再回到断裂处，再次产卵。

尽管链条常常出现断裂，但生产速度并没减下来。仅仅一个上午，那螺旋状的缝隙中，就布了一层密密麻麻的卵。可以把这些卵成块地剥离下来，上面一尘不染。我用纸做了个小铲子，铲下来一大堆白色的卵，把它们放进玻璃管、试管和大口瓶里，然后，再放上一些必要的食物。

卵的长度约一毫米，呈圆柱形，表面十分光滑，两头略显圆圆的，二十四小时之内便可孵出。这时候，我脑子里想到了一个很重要的问题：绿蝇的幼虫将如何进食？我知道应该喂它们一些什么，可我都不清楚它们怎么吃。它们的吃法，从这个词的严格意义上来说，那能叫吃吗？我心存此怀疑是不无道理（不是没有道理，多少有些道理）的。

我们来观察一番那些个头较大的绿蝇幼虫。它们是蝇类的普通幼虫，头部尖尖的，尾部呈截断状，整体看上去呈长锥形。尾部的皮肤表面有两个棕红色的点，那是气门。被称为头部的那个部位，其实只是肠道的入口，也可称之为幼虫的前部，那里有两个黑色的爪钩，装在半透明的套子里，时而微微向外凸出，时而收缩回套子里。那是不是可以被视为大颚呢？绝对不行，因为这两个爪钩并不像真正的爪钩那样是上下对生的，它们是平行地长着的，永远不会相合。

那么这两个爪钩到底是干什么的呢？它们是幼虫的行走器官，是移动爪钩。它们可以起到支撑的作用，在反复地一伸一缩的过程中，幼虫就能往前爬去，幼虫就是靠着这个看似咀嚼器的器官在行走的。幼虫的喉头犹如一根登山用的拐杖。我把幼虫放在一块肉上，用放大镜仔细观察，便发现它在散步，忽而抬起头来，忽而低下头去，每次都在用爪钩捣肉。当它停下来时，其后部静止不动，而前部则保持弯曲，以探测空间，那尖尖的脑袋在探索着，前进，后退，将那黑色的爪钩一伸一缩的，如同活塞在不停地运作一样。我观察得十分认真仔细，但却并未发现它的“嘴”沾到过一点撕扯下来的肉，也没看见它吞进过肉。爪钩不停地敲打着那块肉，但却从未从肉上咬下过一口来。

读懂说明方法

打比方：将幼虫的喉头比作登山用的拐杖，生动形象地说明了喉头在幼虫行走中的重要作用。

然而，蛆虫却在长大，变胖。那它到底是怎么吸取食物的？它可并未嚼食呀。它虽然没有吃，但它应该是喝了。它的食谱是肉汁。肉是固体物质，它不会使之液化，那它就得运用某种特殊的烹调方法把肉变成可以吸食的液体。我们得想方设法揭开它的这一秘密。

我弄上一块大小如核桃一般的肉块，用吸水纸把水分吸干，放在一头封闭的玻璃试管里。在这小块肉上，我还放了几小坨卵，是从沙罐里的那条死蛇缝隙中采集的，有二百粒左右。然后，我把玻璃试管口用棉花球塞上，将试管竖起，放在实验室的一处避光的角落里。我又弄了一个玻璃试管，也如法炮制，只是里面没有放蝇卵，我把它放在前一个试管旁边，以作参照。（在设计实验时，作者设置了对照组，来确证自己的推论。）

蝇卵孵化后只两三天，结果就让我感到十分的惊讶了。那块用吸水纸吸干了的小肉块已经变湿了，甚至在幼虫爬过的玻璃管管壁上都留下了水迹，幼虫蠕动着经过的地方，都出现了一片水汽。而作为参照物的那个试管仍旧是干的，这就说明幼虫蠕动时所经过的地方留下的液体并不是从那块肉里渗出来的。

另外，幼虫仍在不停地工作着，其结果更加证实了这一点，那块小肉简直像是放在火炉旁边的冰块似的，一点一点地在融化，很快，那肉便变成了液体。它已经不能称其为肉了，而是里比希提取液（里比希，1803—1873，德国化学家，在无机化学、有机化学、生物化学方面颇有建树。所谓的里比希提取液只是在此做一比喻而已）。如果我把试管的棉花球弄掉，把试管倒置，里面的汁液会流得一滴也不剩的。

这绝不是肉质腐烂所导致的溶解，因为在作为参照物的试管里的那块同样大小的肉块，除了颜色和气味变了之外，看上去仍和原来的一样。原先是一整块，现在仍旧是一整块，而那块经过绿蝇幼虫加工的肉块，却已经像是融化了的黄油似的稀稀的了。我们所见到的就是绿蝇幼虫的化学功能，我想，研究胃液（胃内分泌物的总称，呈酸性，有消化食物和杀菌的作用）作用的生理学家见了也会自叹弗如（向高明者折服。弗，不）的。

这之后，我又用煮熟的鸡蛋蛋白做了实验，获得了更加强有力的证据。

我把蛋白切成榛子一般大小，经过绿蝇幼虫加工之后，溶解成为无色的液体，我若不是做实验，知道是什么材料，真的会以为那液体就是水。液体的流动性强，幼虫在液体中失去了依托，不谙水性，便溺死其中。它们是因为尾部被淹没，窒息而亡的，幼虫尾部有张开的呼吸孔，如果泡在密度较大的液体中，呼吸孔会浮在液体表面上，但是，在流动性很强的液体中，呼吸孔就无法浮于水面上了。我同时也放了一个试管在一旁作为参照，管子里同样是没有放入绿蝇幼虫，结果，这个没有幼虫的试管里的熟蛋白块仍旧一如先前，硬度也没有变，如果不被霉菌（méijūn）侵蚀（shí）的话，它会变得更加坚硬。

其他的装有四元化合物——谷蛋白、血纤维蛋白、酪（lào）蛋白和鹰嘴豆豆球蛋白——的那些试管里，也发生了类似的变化，只是程度上有所不同而已。幼虫吸食了这些物质里的蛋白质，身体长得胖胖的，只要是能避免被淹死，那就万事大吉，健康地成长。生活在死尸上的幼虫也不见得比它们长得更好。再说，试管里的幼虫即使掉进液体中，也不必惊慌失措，因为试管里的物质仅仅处于半液化状态。其实，那并不是真正的液体，而是糊状流质。

即使食物达到了这种不完全的液化状态，绿蝇幼虫仍不满意，它们仍然希望把食物变成液体。它们无法吃固体食物，所以喜欢流质，喜欢把头埋到流质里去吸食，仿佛在喝汤似的。那种起着相当于高级动物的胃液作用的溶液，无疑是来自它们的口腔。如同活塞似的不停地运作的爪钩连续不断地排出微量的溶液，但凡爪钩接触到的地方，都留下了微量的蛋白酶（méi），致使被接触处很快地渗出水来。既然消化总的来说就是在液化，所以我们可以明确地说，绿蝇幼虫是先消化食物，然后再进食。

我从这种看似令人恶心的实验中得到了乐趣。我想，意大利学者斯帕朗扎尼（意大利科学家，于1783年在实验中发现鸟的胃液能使肉类分解消化）神甫（天主教、东正教的神职人员，通常为一个教堂的负责人）发现，生肉块在那沾了小嘴乌鸦胃液的海绵作用下，变成了流质时，势必与我此时此刻的感受是一样的。这位意大利学者发现了消化的秘密，并成功地在试管里完成了胃液作用的实验，而当时，胃液的作用尚不为人所知。我这个远方的信徒也见到了使这位意大利学者惊讶不已的现象，不过，实验物却是人们无法想象到的。绿蝇幼虫代替了小嘴乌鸦，它们腐蚀了肉块，破坏了肉块中的谷蛋白和熟蛋白，使之变成了液体。我们的胃是在隐蔽状态下工作的，而绿蝇幼虫却是在体外，在光天化日之下完成其功效的。它先消化，然后才把消化物像喝汤似的喝下去。

看见这些绿蝇幼虫把头埋进这种汤里去，我就在寻思，它们真的不会咀嚼吗？或者不会以更直接的方式进食吗？为什么它们的皮肤罕（hǎn）见的光滑，难道皮肤能够吸收食物吗？我在拿金龟子和其他食粪虫做实验时，发现它们的卵明显地在变大，因而自然而然地便认为那是因为它们吸入了孵化室里的油腻（nì）空气所致。我认为，绿绳幼虫能够依靠自己全身的皮肤吸收食物，除了"嘴巴"在吸食像汤似的液体以外，它们的皮肤也在帮助吸收和过滤。这也许就是它们必须先把食物变成液体的原因之所在。

我再举一例，以资证明（用来证明。资，提供）幼虫事先将食物液化的事实。如果把鼹鼠、蛇或其他动物的尸体放在露天的沙罐里，上面套上金属网罩，以防双翅目昆虫侵入，那么，尸体便会被烈日暴晒，变干、变硬，而不会像预料的那样使尸体下面的沙土润湿。尸体都是会渗出液体的，任何一具尸体都像一块吸足了水分的海绵似的，尽管水分的渗出极其缓慢，但都会被干燥的空气和热气蒸发掉的，因此，尸体下面的沙土能够保持干燥，或者说保持基本的干燥。尸体因此而变成了木乃伊，变得如同一张皮了。

相反，如果沙罐不用金属网罩住，任由双翅目昆虫自由进出，情况马上就会大不相同。三四天的工夫，尸体下面就会出现脓液，而且沙土地被浸湿了一大片，这是液化的开始。

我又用一条较大的蛇做了实验，这条蛇长约一米五，有粗瓶颈那么粗。由于体积过大，超过了沙罐的容量，我便把它盘成双层螺旋状。当这个美味佳肴（yáo）在旺盛地分解时，沙罐简直成了一片沼泽地，无数只绿蝇幼虫和更强大的液化器——麻蝇幼虫在这片沼泽地里蠕动着。

沙罐里的沙土被浸湿之后，泥泞不堪，仿佛经受了一场大雨似的。液体从沙罐底部那个盖着一个扁卵石的预留小孔里滴下来。这是蒸馏器在运作，那条死蛇正在这只尸体蒸馏器中蒸馏。一到两周之后，液体将会消失，被沙土吸干，黏糊糊的沙土地上只会剩下一些鳞片和骨头。

总之，绿蝇幼虫可以说是世界上的一种力量，它为了最大限度地将死者的遗骸归还给生命，将尸体进行蒸馏，分解为一种提取液，让大地吸收，使大地变成沃（wò）土。（作者在结尾肯定了绿蝇幼虫作为大自然分解者的重要作用。）

拓展阅读 昆虫积累卡

绿蝇

类别：节肢动物门昆虫纲双翅目环裂亚目丽蝇科昆虫。

外形：形状和绿豆相似，身体闪烁金属光泽，多为蓝绿色或金色，夹杂着黑色的斑纹，翅膀上有浅棕色纹理，腿部和触须都是黑色；眼睛是红色的，眼圈则是银色的；卵为圆柱形，外形光滑，两头略圆；幼虫为长锥形，头尖，尾部呈截断状，上有两个棕色的圆点状气门。

习性：雌蝇不在裸露的地方产卵，喜欢在阴暗隐蔽的地方产卵；多在脓疮、伤口、腐败的动物尸体上产卵，一次产卵一百枚至一百五十枚，可多次产卵；幼虫则以腐烂的组织作为食物。

蝉和蚂蚁的寓言

无论是有关人类的还是有关动物的，声誉尤其是由故事传说促成的，而童话则更胜故事一筹。特别是昆虫，如果说它无论以哪种方式都会吸引我们，那是因为有着许许多多有关它的传说，而这种传说的真实与否则是无关紧要的。

譬如，有谁不知道蝉的？起码也闻听其名吧。在昆虫学领域中，还能找到如它那样名声很大的昆虫吗？它那钟情于歌唱而不顾未来如何的声名，早在我们记忆训练之初便已被当作素材了。人们用易学好懂的短小诗句告诉我们，当寒风四起，严冬来临时，一无所有的蝉便跑到其邻里蚂蚁那儿去喊饿求食去了。乞食者不受欢迎，遭到不堪忍受的讽刺挖苦，这反而让它名声大震。蚂蚁说了如下的两句虽简短却粗俗无情的话语：

> 您先前唱了又唱！我听着舒服。
> 好呀，您现在就跳吧。

这两句话给蝉带来的声誉远胜于它精湛的演唱威名。这深深地印入孩子们的心灵深处，永不会磨灭。

蝉生活在油橄榄生长的地区，大多数人并不知道其歌唱本领，但它在蚂蚁面前的落泊沮丧样儿，无论大人还是孩子全都知晓。名声即源于此！一个是如同自然史一样的其道德受到践踏的极具争议的故事，一个其全部好处就在于又短又小的奶妈说的故事，它是一种声誉的基础，而这种声誉将会像《小拇指》中的靴子和《小红帽》中的烙饼一样牢牢地支配着岁月留下的残存记忆。（《小拇指》和《小红帽》系法国童话作家佩罗的作品，在法国家喻户晓。）

儿童是极为优秀的记忆器。习惯、传统一旦存入其记忆库，就无法抹去。蝉的大名应归功于儿童，是他们在最初学着背诵时，磕磕巴巴地说出了蝉的不幸遭遇。构成寓言基本内容的那些荒谬浅薄的东西因他们而将保存下去：严寒来临时，蝉将永远挨冻受饿，尽管冬天已不再有蝉了；蝉将永远乞讨几颗麦粒，尽管它那娇嫩的吸管根本就吸不进这种食物；蝉还将讨要苍蝇和蚯蚓，尽管它从来不吃它们。

这些荒唐的错误，责任究竟在谁呢？在拉·封丹（1621—1695，法国17世纪著名寓言作家，其寓言闻名于世，如《乌鸦与狐狸》等），他的大部分寓言因观察之细微，颇让我们着迷，但有关蝉的描述却是考虑欠佳的。他的寓言里最早的那些主角，如狐狸、狼、猫、山羊、乌鸦、老鼠、黄鼠狼以及其他许许多多动物，他非常熟悉，所以他在跟我们讲述它们的事情和动作时，惟妙惟肖，入木三分。它们是一些高地的动物，是他的邻居，是他的常客。它们公开的和私下的生活都是他天天所见的，但是，在兔子雅诺欢蹦乱跳的地方，是见不到蝉的。拉·封丹从来没有听见过它歌唱，从来没有看见过它。他以为，这个著名的歌唱家肯定是一种蚱蜢。

格兰维尔（1803—1847，法国19世纪的著名画家，为《拉·封丹寓言》配过插图）的画笔尽管与拉·封丹寓言配合得相得益彰，但也犯了同样的错误。在他的插图里，蚂蚁一副勤劳的家庭主妇的打扮。它站在门槛上，身旁是大袋大袋的麦子，不屑地背对着伸着爪子——对不起，伸着手——的乞讨者。头戴18世纪阔边女帽，腋下夹着吉他，裙摆被凛冽寒风吹贴在小腿肚子上，这就是那第二个人物的形象，与蚱蜢一模一样。格兰维尔同拉·封丹一样，也没弄清楚蝉的真实模样，他栩栩如生地再现了那个以讹传讹的错误。

在这个内容贫乏的小故事里，拉·封丹只不过是拾了另一位寓言作家的牙慧而已。蝉备受蚂蚁冷遇的传说如同利己主义，也就是说如同我们的世界一样，历史久远了。古雅典的孩童背着满袋无花果和油橄榄去上学时，嘴里就已经像是背书似的在嘟囔这个故事了：“冬天到，蚂蚁们把自己受潮的食物搬到太阳下晒干。突然间，一只饥肠辘辘的蝉跳上前来求乞。它想讨几粒粮食。吝啬的蚂蚁们回答说：‘你夏日里欢唱，那冬天你就蹦跳吧。’”尽管这个情节有点枯燥，但那正是拉·封丹的有悖常理的主题。

可这个寓言正是源自希腊，那是有名的盛产油橄榄、蝉非常多的地方。难道伊索（公元前6世纪前后古希腊的寓言作家）果真像传说所说的那样就是这则寓言的作者吗？这令人怀疑。不过，这也无关紧要，因为那位讲故事的人是希腊人，是蝉的老乡，他应该对蝉颇为了解。在我们村子里，那种缺少见识的农民，也会知道冬天根本就没有蝉。冬季来临，必须为油橄榄树培土时，村子里凡是用锹铲土的人都认得蝉的初始形态——幼体——的。他们在小路边成百上千次地看见过它，知道夏季来临时，这个幼体是如何从自己修建的圆洞中钻出地面的，知道它如何抓挂在细树枝上，背上裂开一道缝，蜕去比硬羊皮纸还要硬的外壳，变成浅草绿色，然后又变成了褐色，成了一只蝉。

阿蒂卡（希腊的一半岛名，首都雅典即位于岛上）的农民并不傻，他们也注意到了最不开眼的人都能看出的情况，他们对我那些乡巴佬乡邻十分清楚的东西也是知道的。这则寓言的作者，不管他是哪位文人，都是处于最有利的条件之下，对这类事情肯定是十分了解的。那么，他故事的这种谬误是源自哪里呢？

拉·封丹情有可原，而古希腊的那位寓言作家则是不可原谅的，他只讲述书本上的蝉，而不去了解近在咫尺像锣钹似的振翅鸣叫的真实的蝉。他不关心现实，却因袭传说。他是一位更古老的故事讲述者的应声虫。他在复述源自各种文明那可敬之母——印度的某种传说。他根本没有弄清楚印度人笔下描述的主旨是在表明一种无远见的生活会导致什么样的危险，却以为编成故事的动物场景比蝉和蚂蚁的对谈更贴近真实。印度是动物的伟大朋友，是不会犯这样的错误的。这一切似乎表明，原始故事的那个主人公不是我们的蝉，而是另一种动物——或者称之为昆虫——其习性与所编的故事颇为吻合。

这则古老的故事在许多世纪里令印度河流域的贤哲们深思，令那儿的孩子们得到乐趣，它也许像历史上某个族长第一次提出节俭持家一样年代久远，并一代一代地流传下去，内容基本上还是忠实的，但正如所有的传说一样，因为要适应当时高地的情况，细节便因岁月的无情而有所扭曲了。

希腊乡间并无印度所讲述的这种昆虫，人们便差不离儿地把蝉加进故事里去，正像在现代雅典——巴黎一样，把蝉与蚱蜢给搞混了。错已铸成，从此，谬误深印进孩子们的记忆之中，无法抹去，假成了真，真却成了假。

让我们试着为这个被寓言糟践的歌手正名吧。我得首先承认，它是个讨厌的邻居。每年夏天，它们被两棵枝繁叶茂的高大法国梧桐所吸引，成百成百地飞到我家门前安家落户，从日出到日落，此起彼落地叫个不停，震得我脑袋生疼。在这一片吱吱声中，你无法思考问题，思绪被打乱，头昏脑涨，没法定下心来。如果我不起早点干些事，那整个一天就会泡汤了。

啊！该死的虫子，我本想安静地待着，可你却成了我住所的一大祸害。竟然有人说，雅典人把你养在笼子里，好惬意地听你歌唱。吃饱饭眯瞪着，有一只蝉叫叫还凑合，但成百只一起嚷叫，震得你耳鼓疼痛，你无法集中精力，真让人活受罪呀！你振振有词，说是你先来到这儿的，有权鸣唱。在我住到这里之前，那两棵法国梧桐完全属于你，而我却成了其树荫下的不速之客。可我得先告诉你，为了照顾给你写故事的人，你得在你的响钹上装个减音器，压低你的叫声。

事实真相把寓言作家向我们讲述的东西当作肆意杜撰给摒弃了。当然，蝉和蚂蚁之间有时候是有一些关系的，这是毫无疑问的，只不过，这些关系与人们讲给我们听的正好相反。这些关系并不是出自蝉的主动，它从不需要别人的帮助好活下去，而是来自蚂蚁这个贪得无厌的剥削者，它把所有可吃的东西全都搬到自己的粮仓里。无论何时，蝉都不会跑到蚂蚁门前嚷饿去，还一本正经地许诺将来连本带利一并奉还。恰恰相反，是蚂蚁实在饿得不行，跑去乞求那个歌手的。我说的是“乞求”！借是从来不存在于掠夺者的习性中的。蚂蚁剥削蝉，厚颜无耻地把它洗劫一空。我们要讲讲这种洗劫，这是至今尚无人知晓的历史悬案。

七月的午后酷热难耐，成群的昆虫干渴难忍，在枯萎打蔫儿的花上爬来爬去，想找点水解渴，而蝉却对普遍的水荒不屑一顾。它用它那如钻头般的细嘴，在自己那永不干涸的酒窖中钻了开来。它不停地歌唱着，落在一棵小树的细枝上，钻透那坚硬平滑、被太阳晒得汁液饱满的树皮。它从钻孔中把吸管插进去之后，便一动不动地、聚精会神地、美滋滋地沉浸在汁液和歌声的甜美之中。

如果我们多盯着它看一会儿，也许会看到一些意想不到的悲惨事情。果然，许许多多渴得不行的家伙在转悠着。它们发现了这口井，因为井边渗出汁液而暴露了。它们一拥而上，一开始还有点小心翼翼地，只是舔舔渗出来的汁液。我看见拥挤在甜蜜的井口旁的有胡蜂、苍蝇、球螋、泥蜂、蛛蜂、金匠花金龟，最多的是蚂蚁。

最小的，为了靠近清泉，便从蜂的肚腹下钻过去，宽厚仁慈的蝉便抬起爪子，让这些不速之客自由通过。个头大的急得直跺脚，挤上前去，飞快地嘬上一口，退了出来，跑到旁边的树枝上兜上一圈，然后又更加大胆地返回来。不速之客们贪心越来越大：刚才还谨小慎微的它们突然变成了一群乱哄哄的侵略者，一心要把掘井者从井边驱逐掉。

在这群冲锋陷阵的强盗中，最大胆最坚决的就是蚂蚁。我看见有一些蚂蚁在咬蝉爪，还看见一些蚂蚁在扯蝉翼尖，趁势爬上蝉背，挠蝉的触角。一只胆大包天的蚂蚁就在我的眼前咬着蝉的吸管，拼命地往外拽。

巨蝉被这帮小蚂蚁如此这般地搅扰得没了耐心，终于弃井而去。它在逃走时还向这帮劫匪撒了一泡尿。对于蚂蚁来说，蝉的这种高傲的蔑视无伤大雅！反正它的目的达到了。它成了这口井的主人了，但是，使井冒水的泵已不再转，井很快也就干涸了。井水虽少，但却甘甜。一旦再有机会，它们还会用同样的法子再喝上几大口的。

大家都看到了，事实彻底地把寓言臆想的角色给调换过来了。毫不客气、抢劫时决不退缩的求食者是蚂蚁，而甘愿与受苦者分享甘露的能工巧匠是蝉。还有一点也足可以把颠倒的情况调整过来。经过五六个星期漫长的欢唱之后，歌手生命耗尽，从大树高处跌落下来。它的尸体被烈日晒干，被行人的脚踩踏。时刻在寻找战利品的蚂蚁撞见了它。蚂蚁随即把这美食扯碎，肢解，弄烂，搬到自己那丰富的食物堆中去。甚至还可以看到蝉虽已奄奄一息，但翼还在灰土中颤动，可是一小队蚂蚁便拥上去向各个方向拉扯它，撕拽它。此时的蝉伤心至极。看了这同类相残之后，就不难看出这两种昆虫之间到底是什么关系了。

古希腊罗马对蝉有着很高的评价。人称“希腊贝朗瑞”（1780—1857，法国著名的诗人，歌词作者）的阿纳克雷翁（公元前6世纪，古希腊的抒情诗人）为蝉写了一首颂歌，对蝉称颂有加。他说："你几乎就像诸神明一样。"但诗人这么赞颂蝉，其理由却并不很恰当。他的理由是说蝉有如下三个特点：生于地下，不知疼痛，有肉无血。我们也不必指责诗人犯了这些错误，因为那是当时的普遍看法，而且在有人细致入微地进行观察之前，这种看法已流传甚久。再说，在这种讲究对仗押韵的小诗句中，人们对这一点也没有过于关注。

即使在今天，和阿纳克雷翁一样很熟悉蝉的普罗旺斯的诗人们，在赞颂他们视之为标志的这种昆虫时，也并没怎么关心真实的蝉。但是，这种指责却牵扯不到我的一个朋友，他是个痴迷的观察家和一丝不苟的务实派。他准许我从他的活页本中抽出一页普罗旺斯语的诗，他以极其严谨的科学态度着重描述了蝉和蚂蚁的关系。诗中的诗意形象及道德评价责任在他，这样娇美的花朵在我的博物学园地上是长不出来的。但是，我得肯定他叙述的真实性，与我每年夏天在我花园中的丁香树上所看到的情况一致。我把他的诗译成法语附在下面，但有许多地方译的意思只是相近而已，因为法语中并不是总有普罗旺斯语的对应词。

蝉和蚂蚁

一

上帝啊，真热呀！但却是蝉的好时光，
它乐至疯狂，欢唱昂扬。
七月流火，收割忙。
金色麦浪翻滚，收割者，
弯腰弓背，辛苦劳作不歌唱：
它口干舌燥，有歌无法唱。

这是你的好时光，你就放声唱吧，
娇小可爱的蝉呀，

敲响你的响钹，
扭动你的肚腹，亮出你的两片镜子。
农夫在挥镰，刀起秆落，
刀光在麦浪中闪亮。

小水罐挂在割麦人腰间，
罐中装满水，罐口有草堵塞。
磨刀石凉快地待在木盒里，
不停地有水浇润，
可农夫在烈日下呼哧喘息，
只觉得骨髓都快煮沸。

可你，蝉儿，你可是有清泉解渴呀：
你那尖细的小嘴钻透细枝树皮，
出现一眼清甜多汁的水井。
糖汁顺着窄细的管道涌出。
泉水汩汩流淌，
你美美地吮吸欢畅。

啊！太平时光不会总这么长！
左邻右舍尽是窃贼，
外加散兵游勇流浪儿，
都看见你掘了一口甜井。

它们口渴难耐，痛苦地挪上前来，
意欲攫取你的一滴甜浆。
小心点呀，我的小可爱：
这帮饥渴非常的家伙，
先是谦卑恭顺，

转眼间就变成无赖疯狂。

它们先是沾沾嘴唇，
然后便不满足于你的剩饭残汤，
它们抬起头来，想把一切沾光。
它们将会如愿以偿。
它们爪似耙，搔弄你的翅尖。
在你宽大的脊背上，
一阵爬上爬下地忙，
抓你的嘴，拽你的角，扯你的脚趾。

它们从这儿那儿四处扯，
让你冒火又惆怅。
你滋地一泡尿，
喷向这帮强徒，
你便离开树枝。
你远远地离开这帮无赖，
可它们抢占了你的甜水井，
狂笑不已，满心欢畅，
津津有味地舔着玉液琼浆。

而这帮不知疲倦地吮吸的流浪汉中，
尤数蚂蚁为最强。
苍蝇、黄边胡蜂、胡蜂、鳃角金龟，
等等各色无赖、骗子，
都是大太阳逼迫无奈来到你的井旁，
唯独蚂蚁是铆足劲地要把你损伤。
踩你的脚趾，挠你的脸，
捏你的鼻子，躲你腹下乘凉，

凡此种种，唯它最强。
这浑蛋拿你的爪子当梯，
大胆地爬上你的翅膀，
趾高气扬地溜来荡去，
上下奔忙。

二

现在讲述一个不足为信的故事。
早年间，老人们对我们说，
冬季某日，你饥肠辘辘，耷拉着脑袋，
偷偷地前去
蚂蚁的地下大粮仓窥探。

富有的蚂蚁把夜间寒露打湿的麦粒
摊晒在太阳下，
准备存于地窖中。
麦粒已晒干，蚂蚁在装袋。
你眼含泪水，突然光临。

你央求它说：“天寒地冻，北风呼啸，
我快饿死了。
你余粮成堆，
借我一点，
甜瓜成熟时节，
我定当奉还。”

“借我点麦粒吧。”
你还是走吧。

你要是以为它会借给你，
你就大错特错了。
那大袋大袋的粮食，
你休想弄到一星半点。
“滚开去，刮桶底去吧。
你夏天唱得来劲，
冬天就该饿死！”
古老的寓言就是这么说的，
它劝告我们学做吝啬鬼，
看紧钱袋偷着乐……
让那些蠢货尝尽饿肚之苦才满足！
寓言作家说的让我冒火，
竟然说你冬天去寻找
苍蝇、小虫、谷粒，
可你从来不吃这些呀。
麦粒！天呀，你要它干什么！
你自有自己的甘泉，
不求任何其他物。

冬天与你何干！你的后代子孙
在地下酣睡，
而你也将长眠不醒。
你的尸体落下，玉碎香消。
有一天，觅食的蚂蚁，看见了你。

在你干瘪的皮肤上，
可恶的蚂蚁在争抢；
掏空了你的胸腔，把你撕成了碎片，
当作腌货贮藏，

冬天大雪纷飞，这可是美味佳粮。

三

这才是真实的故事，
与寓言所说的完全不一样。
该死的，你们做何感想！
啊，专捡便宜的家伙，
利爪带钩，挺胸腆肚，
带着保险箱统治在世上。

混账的，你们还口吐流言，
说艺术家从不干活，
蠢货就该遭殃。
闭上你们的臭嘴吧，
蝉在钻透树皮找佳酿，
你们却偷吃偷喝忙，
它玉碎身亡，你们仍揪住不放。

我的朋友用他那富于表达的普罗旺斯方言，
如此这般地为被寓言作家诬蔑的蝉平了反。

蝉出地洞

将近夏至时分，第一批蝉出现了。在人来人往、被太阳暴晒、被踩踏瓷实（东西挤压得很紧，结实；扎实，牢固。瓷，cí）的一条条小路上，张开着一些能伸进大拇指、与地面持平的圆孔洞。这就是蝉的幼虫从地下深处爬回地面来变成蝉的出洞口。除了耕耘过的田地以外，几乎到处可见一些这样的洞。这些洞通常都在最热最干的地方，特别是在道旁路边。出洞的幼虫有锐利的工具，必要时可以穿透泥沙和干黏土，所以喜欢最硬的地方。

我家花园的一条甬道（大的院落中间对着主要建筑的路，多用砖石砌成。甬，yǒng）由一堵朝南的墙反射阳光，照得如同到了塞内加尔（位于非洲西部最西端，光照充足）一样，那儿有许多的蝉出洞时留下的圆洞口。6月的最后几天，我检查了这些刚被遗弃的井坑。地面土很硬，我得用镐（gǎo）来刨。

地洞口是圆的，直径约二点五厘米。在这些洞口的周围，没有一点浮土，没有一点推出洞外的土形成的小丘。事情十分清楚：蝉的洞不像粪金龟这帮挖掘工的洞，上面堆着一个小土堆。这种差异是二者的工作程序所决定的。食粪虫是从地面往地下掘进，它是先挖洞口，然后往下挖去，随即把浮土推到地面上来，堆成小丘。而蝉的幼虫则相反，它是从地下转到地上，最后才钻开洞口，而洞口是最后的一道工序，一打开就不可能用来清理浮土了。食粪虫是挖土进洞，所以在洞口留下了一个鼹鼠丘；而蝉的幼虫是从洞中出来，无法在尚未做成的洞口边堆积任何东西。

蝉洞约深四分米。洞是圆柱形，因地势的关系而有点弯曲，但始终要靠近垂直线，这样路程是最短的。洞的上下完全畅通无阻。想在洞中找到挖掘时留下的浮土那是徒劳的，哪儿都见不着浮土，洞底是个死胡同，成为一间稍微宽敞些的小屋，四壁光洁，没有任何与延伸的什么通道相连的迹象。

根据洞的长度和直径来看，挖出的土有将近两百立方厘米。挖出的土都跑哪儿去了呢？在干燥易碎的土中挖洞，洞坑和洞底小屋的四壁应该是粉末状的，容易塌方（因地层结构不良，雨水冲刷或建筑上的缺陷，道路、堤坝旁的陡坡或坑道顶部突然坍塌），如果只是钻孔而未做任何其他加工的话。可我却惊奇地发现洞壁表面被粉刷过，涂了一层泥浆。洞壁实际上并不是十分光洁，差得远了，但是，粗糙的表面被一层涂料盖住了。洞壁那易碎的土料浸上黏合剂，便被黏住不脱落了。

蝉的幼虫可以在地洞中来来回回，爬到靠近地面的地方，再下到洞底小屋，而带钩的爪子却未刮擦下土来，否则会堵塞（阻塞洞穴、使通道不通。塞，sè）通道，上去很难，回去不能。矿工用支柱和横梁支撑坑道四壁；地铁的建设者用钢筋水泥加固隧道（在山中、地下或海底开凿或挖掘成的通路）；蝉的幼虫这个毫不逊色的工程师用泥浆涂抹四壁，让地洞长期使用而不堵塞。

如果我惊动了从洞中出来爬到近旁的一根树枝上去，在上面蜕变成蝉的幼虫的话，它会立即谨慎地爬下树枝，毫无阻碍地爬回洞底小屋里去，这就说明即使此洞就要永远被丢弃了，洞也不会被浮土堵塞起来。

这个上行管道不是因为幼虫急于重见天日而匆忙赶制而成；这是一座货真价实的地下小城堡，是幼虫要长期居住的宅子。墙壁进行了加工粉刷就说明了这一点。如果只是钻好之后不久就要丢弃的简单出口的话，就用不着这么费事了。毫无疑问，这也是一个气象观测站，外面天气如何在洞内可以探知。幼虫成熟之后要出洞，但在深深的地下它无法判断外面的气候条件是否适宜。地下的气候变化太慢，不能向幼虫提供精确的气象资料，而这又正是幼虫一生中最重要的时刻——来到阳光下蜕变——所必须了解的。幼虫用几个星期的，也许几个月的时间耐心挖土，清道，加固垂直洞壁，但却不把地表挖穿，而是与外界隔着一层一指厚的土层。在洞底它比在别处更加精心地修建了一间小屋。那是它的隐蔽所、等候室。如果气象报告说要延期搬迁的话，它就在里面歇息。只要稍微预感到风和日丽的话，它就爬到高处，透过那层薄土盖子探测，看看外面的温度和湿度如何。

如果气候条件不如意，如果刮大风下大雨，那对幼虫蜕变是极其严重的威胁，那谨小慎微的小家伙就又回到洞底屋中继续静候着。相反，如果气候条件适宜，幼虫便用爪子捅几下土层盖板，便可以钻出洞来。

似乎一切都在证实，蝉洞是个等候室，是个气象观测站，幼虫长期待在里面，有时爬到地表下面去探测一下外面的天气情况，有时便潜入地洞深处更好地隐蔽起来。这就是为什么蝉在地洞深处建有一个合适的歇息所，并将洞壁涂上涂料以防止塌落的原因之所在。

但是，不好解释的是，挖出的浮土都跑到哪儿去了？一个洞平均得有两百立方厘米的浮土，怎么全都不见了踪影？洞外不见有这么多浮土，洞内也见不着它们。再说，这如炉灰一般的干燥泥土，是怎么弄成泥浆涂在洞壁上的呢？

蛀蚀木头的那些虫子的幼虫，比如天牛的和吉丁的幼虫，好像应该可以回答第一个问题。这种幼虫在树干里钻，一边挖洞，一边把挖出来的东西吃掉。这些东西被幼虫的颚挖出来，一点一点地被吃下，消化掉。这些东西从挖掘者的一头穿过，到达另一头，滤出那一点点的营养成分后，把剩下的排泄出来，堆积在幼虫身后，彻底堵塞了通道，幼虫也就不能再从这儿通过了。由胃或颚进行的这种最终分解，把消化过的物质压缩得比没有伤及的木质更加密实的东西，致使幼虫前边就出现一个空地儿，一个小洞穴，幼虫可以在其中干活。这个小洞穴很短小，仅够关在里面的这个囚徒行动的。

蝉的幼虫是不是也是用类似的方法钻掘地洞的呢？当然，挖出来的浮土是不会通过幼虫的体内的，而且，泥土，哪怕是最松软的腐殖土，也绝不会成为蝉的幼虫的食物的。但是，不管怎么说，被挖出来的浮土不是随着工程的进展在逐渐地被抛在幼虫身后了吗？（连续的设问、解答，显示出作者严密的思考推理过程。）

蝉在地下要待四年。这么漫长的地下生活当然不会是在我们刚才描绘的准备出洞时的小屋中度过的。幼虫是从别处来到那儿的，想必是从比较远的地方来的。它是个流浪儿，把自己的吸管从一个树根插到另一个树根。当它或因为冬天要逃离太冷的上层土壤，或因为要定居于一个更好的处所而迁居时，它便为自己开出一条道来，同时把用颚这把镐尖挖出的土抛在身后。这一点是无可争辩的。

如同天牛和吉丁的幼虫一样，这个流浪儿在移动时只要很小的空间就足够了。一些潮湿的、松软的、容易压缩的土对于它来说就等于是天牛和吉丁幼虫消化过后的木质糊糊。这种泥土很容易压缩，很容易堆积起来，留出空间。

困难来自另一个方面。蝉洞是在干燥的土中挖掘而成的，只要土始终保持干燥，那就很难压紧压实。如果幼虫开始挖通道时就把一部分浮土扔到身后的一条先前挖好现已消失的地道中去，这也是比较有可能的，尽管还没有任何迹象可以证明这一点。不过，如果考虑到洞的容量以及极难找到地方堆积这么多的浮土的话，你就又会怀疑起来，心想："这么多的浮土，必须有一个很大的空间才能存放得下，而这个空间的挖成也同样要出现许多的浮土的，要存放起来同样是困难重重。这样就又得有一个空间，同样也就又会有许多浮土，如此循环不已。"就这么转来转去，没有个头。因此，光是把压紧压实的浮土抛到身后尚无法解释这个空间的出现这一难题。为了清除掉碍事的浮土，蝉应该是有一种特殊的法子的。我们来试试解开这个谜。

我们仔细观察一只正在往洞外爬的幼虫。它或多或少总要带上点或干或湿的泥土。它的挖掘工具——前爪尖尖上沾了不少的泥土颗粒；其他部位像是戴上了泥手套；背部也满是泥土。它就像是一个刚通完阴沟的清洁工。这么多污泥看了让人惊讶不已，因为它是从一个很干燥的土里爬出来的。本以为看见它满身的粉尘，但却发现它是一身的泥污。

再顺着这个思路往前观察一下，蝉洞的秘密就解开来了。我把一只正在对其洞穴进行挖掘的幼虫给挖了出来。我运气真好，幼虫正开始挖掘时我便有了惊人的发现。一个大拇指一样长的地洞，没有任何的阻塞物，洞底是一间休息室，眼下全部工程就是这个状况。那位辛勤的工人现在是个什么样呢？就是下面的这种状况。

这只幼虫的颜色显得比我在它们出洞时捉到的那些幼虫苍白得多。眼睛非常大，特别的白，浑浊不清，看不清东西。在地下视力有什么用？而出了洞的幼虫的眼睛则是黑黑的，闪闪发亮，说明能看得见东西。未来的蝉儿出现在阳光下，就必须寻找，有时还得到离洞口挺远的地方去寻找将在其上蜕变的悬挂树枝。这时候视力就非常的重要了。这种在准备蜕变期间的视力的成熟足以告诉我们，幼虫并非仓促地即兴挖掘自己的上行通道的，而是干了很长的时间。

另外，苍白而眼盲的幼虫比成熟状态时体形要大，它身体内充满了液体，就像是患了水肿。用指头捏住它，尾部便会渗出清亮的液体，弄得全身湿漉漉的。这种由肠内排出来的液体是不是一种尿液？或者只是吸收液汁的胃消化后的残汁？我无法肯定，为了说起来方便，我就称它为尿吧。

喏，这个尿泉就是谜底。幼虫在向前挖掘时，也随时把粉状泥土浇湿，使之成为糊状，并立即用身子把糊状泥压贴在洞壁上。这具有弹性的湿土便糊在了原先干燥的土上，形成泥浆，渗进粗糙的泥土缝隙中去。拌得最稀的泥浆渗透到最里层，剩下的则被幼虫再次挤压，堆积，涂在空余的间隙中。这样一来，坑道便畅通无阻了，一点浮土都不见了，因为已被就地和成了泥浆，比原先的没被钻透的泥土更瓷实、更匀称。

幼虫就是在这黏糊糊的泥浆中干活来着，所以当它从极其干燥的地下出来时便浑身泥污，让人觉得十分蹊跷（qīqiāo，奇怪，可疑）。成虫虽然完全摆脱了矿工的又脏又累的活，但并未完全丢弃自己的尿袋；它把剩余的尿液保存起来当作自卫的手段。如果谁离得太近观察它，它就会向这个不知趣的人射出一泡尿，然后便一下子飞走了。蝉尽管性喜干燥，但在它的两种形态中，都是一个了不起的浇灌者。

不过，尽管幼虫身上积满了液体，但它还是没有那么多的液体来把整个地洞挖出的浮土弄湿，并让这些浮土变成易于压实的泥浆。蓄水池干涸了，就得重新蓄水。从哪儿蓄水，又如何蓄水？我觉得隐约地看到问题的答案了。

我极其小心地整个儿挖开了几个地洞，发现洞底小屋壁上嵌着一根生命力很强的树根须，大小有的如铅笔粗细，有的如麦秸（脱粒后的麦秆。秸，jiē）秆一般。露出来可以看得见的树根须须短小，只有几个毫米。根须的其余部分全都植于周围的土里。这种液汁泉是偶然遇上的呢还是幼虫特意寻找的？我倾向于后一种答案，因为至少每次当我小心挖掘蝉洞时，总能见到这么一种根须。

是这样的。要挖洞筑室的蝉，在开始为未来的地道下手之前，总要在一个新鲜的小树根的近旁寻觅一番。它把一点根须刨出来，嵌于洞壁，而又不让根须突出壁外。这墙壁上的有生命的地点，我想就是液汁泉，幼虫尿袋在需要时就可以从那儿得到补充。如果由于用干土和泥而把尿袋用光了，幼虫矿工便下到自己的小屋里去，把吸管插进根须，从那取之不尽的水桶里吸足了水。尿袋灌满之后，它便重新爬上去，继续干活，把硬土弄湿，用爪子拍打，再把身边的泥浆拍实，压紧，抹平，畅通无阻的通道便做成了。情况大概就是这样的。虽然没法直接观察到，而且也不可能跑到地洞里去观察，但是逻辑推理和种种情况都证实了这一结论。（由此可见，探索昆虫的世界，观察实验和逻辑推理都是很重要的。）

如果没有根须那个大水桶，而幼虫体内的蓄水池又干涸了，那会怎么样呢？下面这个实验会告诉我们的。我把一只正从地下爬出来的幼虫捉住了，把它放进一个试管的底部，用松松地堆积起来的一试管干土把它埋起来。这个土柱子高一点五分米。这只幼虫刚刚离开的那个地洞比试管长出三倍，虽说是同样的土质，但洞里的土要比试管里的土密实得多。幼虫现在被埋在我那短小的粉状土柱子里，它能重新爬到外面来吗？如果它努力挖的话，肯定是能爬出来的。对于一个刚从硬土地中挖洞的幼虫来说，一个不坚固的障碍能在话下吗？

然而我却有所怀疑。为了最后顶开把它与外界隔开的那道屏障，幼虫已经把最后储备的液体消耗光了。它的尿袋干了，没有活的须根它就毫无办法再把尿袋灌满。我怀疑它无法成功是不无道理的。果不其然，三天后，我看到被埋着的幼虫耗尽了体力，终未能爬上一拇指高。浮土被扒动过，因无黏合剂而无法当场黏合，无法固定不动，刚一拨弄开，便又塌下来，回到幼虫爪下。老这么挖，扒，总也不见大的成效，总是在做无用功。第四天，幼虫便死了。

如果幼虫的尿袋是满的，结果就大不相同。我用一只刚开始准备蜕变的幼虫进行了同样的实验。它的尿袋鼓鼓的，在往外渗，身子都全湿了。对于它来说，这活是小菜一碟。松松的土几乎毫无阻力。幼虫稍稍用尿袋的液体润湿，便把土和成了泥浆，黏合起来，再把它们抹开，抹平。地道通了，但不很规则，这倒不假，随着幼虫不断往上爬，它身后几乎给堵上了。看起来好像是幼虫知道自己无法补充水，因而为了尽快地摆脱一个它很陌生的环境而节约自己身上那仅有的一点液体，不到万不得已绝不动用。就这么精打细算的，十来天之后，它终于爬到外面来了。

出洞口捅开之后，大张着嘴待在那儿，宛如被粗钻头钻出的一个孔。幼虫爬出洞来后，在附近徘徊一阵，寻找一个空中支点，诸如细荆条、百里香丛、禾蒿（hāo）秆儿、灌木枝杈什么的。一旦找到之后，它便爬上去，用前爪牢牢地抓住，脑袋昂着（仰、高抬。昂，áng）。其余的爪子，如果树枝有地方的话，也撑在上面；如果树枝很小，没多少地方，两只前爪钩住就足够了。然后便休息片刻，让悬着的爪臂变硬，成为牢不可破的支撑点。这时候，中胸从背部裂开来。蝉从壳中蜕变而出，前后将近半小时的工夫。蝉从壳中蜕变出来后，与先前的模样儿大相径庭（《庄子·逍遥游》“大有径庭，不近人情焉”，后来用“大相径庭”比喻彼此相差很远或矛盾很大）！双翼湿润、沉重、透明，上面有一条条的浅绿色脉络（mài luò，全身的血管和经络）。胸部略呈褐色。身体的其余部分呈浅绿色，有一处处的白斑。这脆弱的小生命需要长时间地沐浴在空气和阳光之中，以强壮身体，改变体色，将近两小时过去了，却未见有明显的变化。它只是用前爪钩住旧皮囊，稍有点微风吹来，它就飘荡起来，始终是那么脆弱，始终是那么绿。最后，体色终于变深了，越来越黑，终于完成了体色改变的过程。这一过程用了半个小时，蝉儿上午九点悬在树枝上，到十二点半的时候，我看着它飞走了。

旧壳除了背部的那条裂缝而外，并无破损，并且牢牢地挂在那根树枝上，晚秋的风雨也都没能把它吹落或打下。常常可以看到有的蝉壳一挂就是好几个月，甚至整个冬天都挂在那儿，姿态仍旧如同幼虫蜕变时的一模一样。旧壳质地坚固，硬如干羊皮，如同蝉儿的替身似的久久地待在那儿。

啊！如果我把我的那些农民乡邻所说的事全都信以为真的话，有关蝉儿的故事我可有不少好听的。（可见，蝉与农民们的生活非常贴近，常成为故事的主角。）我就只讲一个他们讲给我听的故事吧，只讲一个。

你受肾（shèn，人和高等动物的主要排泄器官，形如蚕豆，在脊柱两侧，左右各一，血液里的水分和代谢物质，经过肾脏过滤，形成尿液）衰之苦吗？你因水肿而走路晃晃悠悠的吗？你需要治它的特效药吗？农村的偏方在对待这种病上有特效，那就是用蝉来治。把成虫的蝉在夏天里收集起来，穿成一串，在太阳地里晒干，然后好生地藏在衣橱角落里。如果一个家庭主妇7月里忘了把蝉穿起来晒干收藏，那她会觉得自己太粗心大意了。

你是否肾脏突然有点炎症，尿尿有点不畅？赶快用蝉熬汤药吧。据说没什么比这更有效的了。以前，我不知哪儿有点不舒服，一个热心肠的人就让我喝过这种汤药，我起先不知道，是事后别人告诉我的。我很感谢这位热心者，但我对这种偏方深表怀疑。令我惊诧不已的是，阿那扎巴（小亚细亚的一座古城，迪约斯科里德的故乡）的老医生迪约斯科里德也建议用此偏方，

他说："蝉，干嚼吃下，能治膀胱痛。"从佛塞（小亚细亚的一座古城，公元前7世纪时的商业重镇）来的希腊人把蝉和橄榄树、无花果树、葡萄等传授给了普罗旺斯的农民，从此，自那遥远年代起，普罗旺斯的农民便把这宝贵的药材奉若至宝。只有一点有所变化：迪约斯科里德建议把蝉烤着吃；现在，大家把蝉用来煨（wēi，烹调方法，用小火慢慢地煮）汤，作为煎剂。

说此偏方可以利尿，纯属幼稚天真。我们这儿人人皆知，谁要想抓蝉，它就立即向谁脸上撒尿，然后飞走。因此，它告诉了我们其排尿的功能，以致迪约斯科里德及其同时代的人便以此为据，而我们普罗旺斯的农民至今仍这么认为。

啊，善良的人们！如果你们获知蝉的幼虫能用尿和泥来建自己的气象站的话，那你们又会怎么想呢！拉伯雷描写道，卡冈都亚（法国16世纪著名作家拉伯雷的《巨人传》中的主人公）坐在巴黎圣母院的钟楼上，从自己巨大的膀胱里往外尿尿，把巴黎成百上千的闲散的人淹死，还不包括妇女和儿童，否则人数会更多。你们知道这个故事后，也会信以为真吗？

拓展阅读 昆虫积累卡

蝉

类别：节肢动物门昆虫纲半翅目蝉科昆虫。

外形：成虫背部有两对膜翅，头部宽而短，两对复眼位于头部两侧且分布距离很大，各有三个单眼；口器是一个尖利如锥子的吸管，平时藏在胸部。胸部分前胸、中胸及后胸三部分，腹部为长锥形。腿部关节粗壮发达，雄蝉具有膜状发声器，雌蝉具有膨大的产卵管。若虫多为棕色。

习性：若虫生活在土中，用带刺的前脚挖掘泥土，为了软化泥土，将体内的汁液喷出，使泥土变为泥浆。从卵到幼虫的成长期至少需四年之久，脱壳的时间一般为半小时。成虫只能活五个星期，成虫视觉发达，听觉迟钝，经常进行无休止的歌唱，平时用吸管刺穿树皮，吸食汁液。

螳螂捕食

还有一种南方的昆虫，其令人感兴趣的程度至少与蝉一样，但声名却远不及后者，因为它总是悄无声息。如果上苍赐予它一个深得人心的第一要素——音钹（打击乐器；是两个圆铜片，中间突起成半球形，正中有孔，可以穿绸条或布片，两片合起来拍打发声。钹，bó）的话，凭着它形体与习性的奇特，它准能让著名歌手蝉的声誉黯然失色（指相比之下，事物仿佛失去原有的色泽、光彩。黯，àn）。这里的人们称它为“祷（dǎo）上帝”，学名则叫螳螂（tángláng），拉丁文名为“修女袍”（由拉丁文直译名，因螳螂长长的膜翅像修女长袍而得名。法国昆虫学界也以此名称呼这种昆虫）。

科学的术语与农民朴素的词汇在这儿是相互吻合的，都是把这种奇特的生物看成是一个传达神谕（神的指示。谕，yù）的女预言家，一个沉湎（沉溺。湎，miǎn）于神秘信仰的苦修女。这种比喻由来已久。古希腊人早就把这种昆虫称之为“占卜（zhānbǔ，用铜钱、牙牌等推断祸福，包括打卦、起课等，是一种迷信）者”、“先知”。庄户人在比喻方面也是乐行其事的，他们对所见的模糊材料大加补充。他们看见在烈日炙（zhì）烤的草地上有一只仪态万方的昆虫半昂着身子庄严地立着。只见它那宽阔薄透的绿翼像亚麻长裙似的掩在身后，两只前腿，可以说是两只胳膊，伸向天空，一副祈祷的架势。只这些足矣，剩下的由百姓们的想象去完成。于是乎，自远古以来，荆棘丛中就住满了这些传达神谕、女预言者、向上苍祷告的苦修女了。

啊，天真幼稚的好心的人们，你们犯了多么大的错误呀！（这里使用欲扬先抑的手法，作者想写螳螂出色的猎杀技能，却先写人们对它的柔美想象。）它的种种祈祷似的神态掩藏着许多的残忍习性；那两只祈求的臂膀是可怕的劫掠（jiélüè，抢劫，掠夺）工具：它并不捻（niǎn）动念珠，而是要结果一切从旁经过的猎物。人们怎么也没想到螳螂竟然是直翅目食草昆虫中的一个例外，它专门吃活食。它是昆虫界和平居民的老虎，是埋伏着捕捉新鲜肉食的妖魔。可想而知，它力大无穷，又嗜（shì，特别喜好）肉成性，外加它那完美而可怕的捕捉器，使它可能成为野地上的一霸，“祷上帝”可能变成了凶神恶煞（凶恶的神，喻指非常凶恶的人）般的刽子手。

如果不提它那置人死地的工具，螳螂其实没有什么可以让人担惊受怕的。它甚至不乏典雅优美，因为它体形矫（jiǎo）健，上衣雅致，体色淡绿，薄翼修长。它没有张开如剪刀般的凶残大颚，相反却小嘴尖尖，好像生就是用来啄食的。借助从前胸伸出的柔软脖颈，它的头可以转动，左右旋转，俯仰（fǔyǎng，低头和抬头）自如。昆虫之中，唯有螳螂引导目光，可以观察，可以打量，几乎还带面部表情。

它整个身躯一副安详状，同极其准确地誉之为杀人机器的前爪相比起来，反差极大。它的腰肢异常的长而有力，其功用就是向前伸出狼夹子，不是坐等送死鬼，而是去捕捉猎物。捕捉器稍有点装饰，颇为漂亮。腰肢内侧饰有一个美丽的黑圆点，中心有白斑，圆点周围有几排细珍珠点作为陪衬（péichèn，附加其他事物使主要事物更突出）。

它的大腿更加的长，宛如扁平的纺锤，前半段内侧有两行尖利的齿刺。里面一行有十二颗长短相间的齿刺，长的黑色，短的绿色。这种长短齿刺相间增加了啮合（像上下牙齿那样咬紧。啮，niè）点，使利器更加锋利有效，外面的一行简单得多，只有四颗齿刺。两行齿刺末端有三颗最长的。总之，大腿是一把双排平行刃口的钢锯，其间隔着一条细槽（cáo），小腿屈起可放入其间。

小腿与大腿有关节相连，伸屈非常灵活，它也是一把双排刃口钢锯，齿刺比大腿上的钢锯短些，但数量更多更密。末端有一硬钩，其尖利可与最好的钢针相媲美（比美），钩下有一小槽，槽两侧是双刃弯刀或截枝剪。

这硬钩是高精度的穿刺切割工具，让我一看到就觉得后怕。我在捉螳螂时，不知有多少回被我一把抓住的这家伙给钩住，我腾不出手来，只好求助别人帮我摆脱这个顽固的俘虏（fúlǔ）！谁要是想不先把刺入肉中的硬钩弄出来就硬拽（zhuài）开螳螂，那他的手肯定会像被玫瑰花刺儿扎了一样，出现道道伤疤。昆虫中没有谁比它更难对付的了。这家伙用修枝剪挠你，用尖钩

划你，用钳子夹你，让你几乎无还手之力，除非你用拇指捏碎它，结束战斗，那样的话，你也就抓不着活的了。

螳螂在休息时，捕捉器折起来，举于胸前，看上去并不伤害别人，一副在祈祷的昆虫的架势。但是，一旦猎物突然出现，它就立刻收起它那副祈祷姿态。捕捉器的那三段长构件突地伸展开去，末端伸到最远处，抓住猎物后便收回来，把猎物送到两把钢锯之间。老虎钳宛如手臂内弯似的，夹紧猎物，这就算是大功告成了：蝗虫、蚱蜢（zhàměng）或其他更厉害的昆虫，一旦夹在那四排尖齿交错之中，便小命呜呼了。无论它如何拼命挣扎，又扭又蹬，螳螂那可怕的凶器是死咬住不放的。

如果要对螳螂的习性进行系统研究的话，必须要在家中饲养，在野外它无拘无束的情况下，是研究不了的。饲养它并不困难，因为只要好吃好喝地伺候，它并不在乎被囚在钟形罩中。我们得每天给它精美的食物，天天换样儿，那它就不怎么会因失去荆棘丛而感觉遗憾了。

我准备了十来只宽大的金属网罩，用来关押（yā）我的囚徒，同饭桌上罩饭菜防苍蝇的网罩一样。每一个罩子都扣在一个装满沙子的瓦罐上。笼里放着一束干百里香、一块为将来产卵用的平石头，这就是它的全部家当。这一座座的小屋排放在我动物实验室的大桌子上，那儿白天大部分时间日照充足。我把我的俘虏们关在笼子里，有的单独囚禁，有的集体关押。

我是 8 月下旬（每月 21 日到月底的日子）开始在路边干草堆中和荆棘丛里看到成年螳螂的。肚子已经很大了的雌性螳螂日见增多。而它们的瘦弱的雄性伴侣却比较少见，我有时得花很大的劲才能给我的那些雌性俘虏配对，因为囚笼中那些雄性小个子经常被悲惨地吃掉。这种惨剧我们先按下不表（把这个话题先搁下，不再谈论），先来说说那些雌性螳螂。

雌性螳螂饭量极大，喂养时间长达数月，所以食物的维系并非易事。几乎必须每天更换食物，而大部分都是被它们稍微尝上几口便不屑地弃之不食了。我敢相信，螳螂在它们的出生地荆棘丛中，会更注意节约些的，由于猎物不充足，它们会把到手的食物吃干净为止，可在我的笼子里，它们就大手大脚的了，常常是咬上几口之后，便把那鲜美的食物撇（piē）下不吃了。（作者在室内进行实验时，非常关注实验室环境和自然环境的区别。）它们似乎在以这种方式排遣（借某种事消除寂寞和烦闷。遣，qiǎn）囚禁之烦恼吧。

为了对付这种奢侈（shēchǐ）浪费，我必须寻找援助了。附近的两三个无所事事的小家伙在我的面包片和甜瓜块的引诱下，每天早上和晚上跑到周围的草丛中去摆放用芦苇编成的小笼子，里面装着活蹦乱跳的蝗虫、蚱蜢。而我也没闲着，手拿网子，每天在围墙周围转悠，企盼能为我的住客们弄点鲜美猎物。

这些美味食物是我想用来了解螳螂的胆量和力气到底有多大的。在这些美味之中，大灰蝗虫个头要比吃它的螳螂大得多；白额螽斯的大颚有力，我们的指头都怕被它咬伤；蚱蜢怪模怪样，扣着金字塔形的帽子；葡萄树距螽音钹声嘎嘎（gāgā）响，圆乎乎的肚腹上还长有一把大刀。除了这些难以下嘴的野味外，还有两种可怕的猎物：一个是圆网蛛，肚子似圆盘，带有彩花边饰，大小如一枚二十苏的硬币；另一个是冠冕（miǎn）蛛，形象凶恶，鼓腹腆肚（挺起肚子。腆，tiǎn），令人望而生畏。

当我看到笼子里的螳螂一见到面前的各种猎物便勇猛地冲上前去的劲头儿，我便毫不怀疑它们在野地里遇见类似对手时也一定是毫不畏缩的。如同在我的金属网罩中它尽享我慷慨（kāngkǎi）奉上的美味一样，在荆棘丛中，它必定是毫不客气地享用偶然送上门来的肥美猎物的。对大猎物的这种捕猎充满危险，它绝不是心血来潮之举，应该是它习以为常的事。然而，这种捕猎似乎并不多见，因为机会不多，也许这是螳螂的一大憾事。

各种各样的蝗虫，还有蝴蝶、蜻蜓、大苍蝇、蜜蜂以及其他中不溜儿（体型、体积中等）的昆虫，都是它日常所能抓到的猎物。反正，在我的笼子里，大胆的女猎手在任何猎物前都没有退缩过。无论是灰蝗虫还是螽斯，也无论是圆网蛛还是冠冕蛛，迟早都逃不脱它的利爪，在它的锯齿内动弹不得，被它津津有味地嚼食。这种情形是值得讲述一下的。

一看见罩壁上傻乎乎靠近的大蝗虫，螳螂痉挛似的一颤，突然摆出吓人的姿态。电流击打也不会产生这么快的效应的。那转变是如此突然，样子是如此吓人，以致一个没有经验的观察者会立即犹豫起来，把手缩回来，生怕发生意外。即使像我这么已习以为常的人，如果心不在焉的话，遇此情况也不免吓一大跳的。这就像是突然从一个盒子里弹出一种吓人的东西，一个小魔怪似的。

鞘翅随即张开，斜掩在两侧；双翼整个儿展开来，似两张平行的船帆立着，宛如脊背上竖起阔大的鸡冠；腹端蜷成曲棍状，先翘起来，然后放下，再突然一抖，放松下来，随即发出“噗、噗”的声响，宛如火鸡展屏时发出的声音一般，也像是突然受惊的游蛇吐芯（xìn）时的声响。

身子傲岸地支在四条后腿上，上身几乎呈垂直状。原先收缩相互贴在胸前的劫持爪，现在完全张开，呈十字形挺出，露出装点着几排珍珠粒的腋窝，中间还露出一个白心黑圆点。这黑的圆点恍如孔雀尾羽上的斑点，再加上那些象牙质的纤细凸纹，是它战斗时的法宝，平时是密藏着的，只是在打斗时为了显得凶恶可怕，盛气凌人，才展露出来。

螳螂以这种奇特姿态一动不动地待着，目光死死地盯住大蝗虫，对方移动，它的脑袋也跟着稍稍转动。这种架势的目的是显而易见的：螳螂是想震慑、吓瘫强壮的猎物，如果后者没被吓破胆的话，后果将不堪设想。

它成功了吗？谁也搞不清楚螽斯那光亮的脑袋里或蝗虫那长脸后面在想些什么。它们那麻木的面罩上没有任何的惊恐呈现在我们的眼前。但是，可以肯定被威胁者是知道危险的存在的。它看见自己面前挺立着一个怪物，高举着双钩，准备扑下来；它感到自己面对着死亡，但还来得及时它却并没有逃走。它本是个长腿的蹦跳者，善于高跳，轻而易举地就能跳出对方利爪的范围，可它却偏偏蠢乎乎地待在原地，甚至还慢慢地向对方靠近。

据说，小鸟见到蛇张开的大嘴会吓瘫，看见蛇的凶狠目光会动弹不得，任由对方吞食。许多时候，蝗虫差不多也是这么一种状态。现在它已落入对方威慑的范围。螳螂将两只大弯钩猛压下来，爪子一抓，双锯合拢、夹紧。不幸的蝗虫已无还手之力：它的大颚咬不着螳螂，后腿只是胡乱地蹬踢。它的小命休矣。螳螂收起它的战旗——翅膀，复现常态，开始美餐。

在抓获蚱蜢和距螽这种危险小于大灰蝗虫和螽斯的昆虫时，螳螂那魔怪般的姿态没有那么咄咄逼人（形容气势汹汹，盛气凌人。咄咄，duōduō），持续时间也没那么长。它只须将大弯钩一伸就解决问题了。对付蜘蛛也是如此，只须拦腰抓住对方，就用不着担心其毒钩了。对于其日常食物里不起眼的蝗虫，无论是在我笼子里的还是野地里的，螳螂都极少用它的震慑法子，它只是一把抓住闯进它势力范围的冒失鬼就完事了。

当要捕食的活物可能会进行顽强抵抗时，螳螂则不敢怠（dài）慢，要利用一种震慑、恫吓（恐吓、吓唬。恫，dòng）猎物的姿态，让自己的利钩有办法稳稳地钩住对方。随后，它的狼夹子便把吓傻了无还手之力的受害者夹紧。它就是以这种迅猛的魔怪般的姿势把自己的猎物吓瘫了的。

在这种怪诞的姿势中，双翅起了很大的作用。螳螂的翅膀很宽大，外边缘呈绿色，其余部分系无色半透明的。纵向上有许多经翅脉，呈扇面状辐射开来。还有一些更细的、横向的翅脉，呈直角地与纵向翅脉相切，与之形成无数的网眼。在呈魔怪姿态时，翅膀展开，立成两个平行的平面，几乎相互触及，犹如昼间休憩的蝴蝶的翅膀一样。两翅之间，翘卷着的腹端突然剧烈抖动起来。肚腹摩擦翅脉，发出一种喘息声，我把它比作处于防御的游蛇吐芯的声音。如果要模仿这种声响，只需用指尖快速擦过展开的翅膀的正面即可。

几天没吃食的螳螂，因饥饿难忍，能一下子把与它相同大小或比它个头大的灰蝗虫全部吃掉，只撇下其翅膀，因为翅膀太硬而无法消受。为了吃光这么个大猎物，两小时足够了。但这么狼吞虎咽的情况甚是罕见。我曾见到过一两次，我当时就一直纳闷儿，这个饕餮（tāotiè，传说中一种凶恶贪食的野兽。常用来比喻贪婪的人）者是怎么找到地方存这么多的食物的？容量小于容积的原理是怎么颠（diān）倒过来为螳螂服务的？我惊叹它的胃的高超特性，竟能让食物立即消化、溶解，穿肠而过。

在我的笼子里，蝗虫是螳螂的家常饭菜，大小不等，种类各异。看着它用劫持爪上的那对钳子夹住蝗虫蚕食（比喻如蚕吃桑叶一样一点一点地吃掉。蚕，cán）着，实属一件趣事。虽然说它那尖尖小嘴似乎并不像是生就为大吃大喝所用的，可猎物却被它吃光了，只剩下双翅，而且，翅根上多少有点肉的地方也没有放过。爪子、硬皮全都穿肠而过。有时候，螳螂抓住一条肥硕的后大腿，送到嘴边，细细地品味着，一副心满意足的神态。蝗虫的肥硕大腿对它来说可能是上等好肉，犹如一块上好的羊肉对我们而言一样。

螳螂先从猎物的颈部下口。当一只劫持爪拦腰抓住猎获物时，另一只则按住后者的头，使脖颈上方断裂开来。于是，螳螂便把尖嘴从这失去护甲的地方插进去，锲而不舍（雕刻一件东西，一直刻下去不放手，比喻做事情能坚持到底。锲，qiè）地啃吃开来。猎物颈部裂开了大口。头部淋巴（人和动物体内的无色透明液体，内含淋巴细胞，由组织液渗入淋巴管后形成）已遭破坏，蹬踢也就随之停止，猎物便成了一个没有知觉的尸体，螳螂因而可以自由选择，想吃哪儿就吃哪儿了。

拓展阅读 昆虫积累卡

螳螂

类别：节肢动物门昆虫纲螳螂目螳螂科昆虫，肉食性。

外形：身材修长，颜色为暗褐色或绿色，头部为三角形，具有大而突出的复眼，前翅为草绿色，后翅为黑褐色，前足很长，好像一把钢锯，长有长短相间的齿刺，小腿也长有齿刺。雄性个小，雌性体大。

习性：雌性经常在交配完毕后吃掉雄性，善于从颈部攻击抓到的猎物，饭量极大，一次能吃掉和自己体重相当的食物，以蝗虫、蝴蝶、苍蝇、蜻蜓等昆虫为食，攻击敌人前采用紧盯战术使敌人感到恐惧，进攻时则非常迅速。

天　牛

年轻时，我曾经面对著名的肯迪拉克的雕像顶礼膜拜。肯迪拉克认为天牛具有很强的嗅觉，它嗅着一朵玫瑰花，然后仅仅依靠所闻到的香气，便能产生各种各样的念头。对于这种推理，我曾经深信不疑了整整二十来年，对于这位富有哲学思想的教士的神奇说教佩服得五体投地。我以为，只要嗅一下这个伟人的雕塑他就会活过来，能使我增强视觉、记忆、判断等方面的能力。然而，经我的良师们——昆虫们的耐心教导，我抛弃了这种幻想。昆虫们所提出的问题比起教士的说教来，更加的深奥，更加的使我受益匪浅。（作者通过实践、观察和分析，认为实践研究发现的自然规律比教士的说法更有教益。）天牛将要告诉我的就是这种颇（pō）有教益的知识。

冬天即将来临，天老是灰蒙蒙的，这是冬日的明显前兆。我开始储备树段、木头，以备过冬取暖之用。我还向樵夫们订购了一些被蛀虫蛀得千疮百孔（形容破坏得很严重或弊病很多。疮，chuāng）的朽木树段。樵夫们以为我是个傻子，暗地里在嘲讽我。我当然知道好木头更经烧，但我自有用处，他们也就按照我的要求去做了。

我有了一些满是虫眼的树干，有的是一条条伤痕，有的是一道道深沟，树枝被咬烂，树干遭啃噬。我观察到，在干燥的沟痕里，各种要过冬的昆虫都已经做好了宿营（sùyíng，军队在行军或战斗后的临时住宿。这里是拟人手法，指昆虫为过冬营建住处）的准备。吉丁已经准备好了扁平的长廊；壁蜂用嚼碎的树叶在长廊里为自己修建好了房屋；切叶蜂在前厅和蛹室里用树叶做好了睡袋；我在这一章中要介绍的天牛正在多汁的树干里休憩着，它可是毁坏橡树的罪魁祸首。

天牛的幼虫非常的奇特，它们就像是一段蠕动着的小肠子。每年仲秋时节，我都能看到两种年龄段的天牛幼虫：年长些的幼虫有一根手指头那么粗；

年幼些的幼虫则粗如粉笔。此外，我也见到过颜色深浅各不相同的天牛蛹（yǒng，昆虫由幼虫变为成虫的过渡形态），以及一些完全成形了的天牛。它们的腹部都是鼓鼓的。待到春暖花开、天气暖融融的时候，它们就会爬出树干。它们在树干里大约要生活三年时间。天牛是怎么度过这漫长、孤独的囚徒似的生活的呢？它们缓慢地在粗壮的橡树干内爬行，在挖掘通道，以挖掘出来的东西充饥。天牛的上颚如同木匠的半圆凿（záo），黑乎乎的，短短的，但却非常坚硬有力，虽无锯齿，但却像是一把边缘锋利的汤勺，是天牛用来挖掘通道的有力工具。被凿出来的木屑，经幼虫消化之后被排泄出来，堆积在其身后，留下一条被啃噬过的深痕。幼虫一边在挖掘通道，一边在进食。随着工程的进展，道路开通了；随着残渣不断地阻断了后路，幼虫在不断地向前。就这样，幼虫既获得了食物，又得到了安身之所。

天牛幼虫将肌体的全部力量都集中到身体的前半部，使之成为杵（chǔ）头状，这样，两片半圆凿形的上颚便可顺利地进行工作。上颚既然充当挖掘的工具，就必须有很强的支撑和强劲的力量。天牛幼虫便用围绕其嘴边的黑色角质盔（kuī）甲来加固它那半圆凿形的上颚。除了这硬硬的上颚以外，其身体的其他部位的皮肤却是非常细腻的，而且白如象牙。皮肤之所以如此细腻与洁白，全都是其体内所含的丰富脂肪导致的。确实也是，幼虫每天唯一要做的事，就是在不停地啃噬，不停地进入幼虫胃里的木屑，在不断地给它补充着营养。

幼虫的足分三个部分：第一部分呈圆球状，最后一部分为细针状，这两部分都是退化了的器官；它的足长只有一毫米，对于爬行并不起什么作用，因为身体肥胖，足够不着支撑面，连支撑身体都不能够，又怎么可以爬行呢？幼虫用来爬行的器官属于另一种类型。它既可以仰面爬行，也可以腹部冲下爬行，非常灵活自如，它用爬行器官取代了胸部那软弱无力的足。这种爬行器官与众不同，长在背部。

天牛幼虫有七个环节，上下长着一个满是乳突的四边形平面。这些乳突可使幼虫随心所欲地膨胀、突出、下陷、摊平。上面的四边形平面又一分为二，从背部的血管分开来；下面的四边形平面则看不出有两个部分，这就是天牛幼虫的爬行器官，如果幼虫想要往前，它便先把后部的步带鼓起来，也就是说，把背部和腹部的步带鼓起来，压缩前半部的步带。由于表面很粗糙，后面的几个步带便把身体固定在狭窄的通道壁上，以得到支撑。在压缩前面的几个步带的同时，它尽量把身子伸长开来，缩小身体的直径，使它能够向前滑动，爬行半步。当它走完一步时，它还要在身体伸长之后，把后半部身子拖上前来。为此，幼虫必须让前部步带鼓胀起来，作为支点，同时，又让后部步带放松，让体节自由收缩。

幼虫凭借背部与腹部的双重支撑，交替收缩和放松身体，能够在自己所开凿的隧道里进退自如。但是，假如上方和下方的行走步带只能动用一个时，那么幼虫就无法前进了。假如把幼虫放在表面很光滑的桌面上，它便会慢慢地弯起身子，动弹个不停，一会儿伸长身子，一会儿收缩身子，总无法向前爬去，等你把它放到有裂痕的橡树干上时，它便神气起来，因为橡树皮很粗糙，凹凸不平，像是被撕裂开来似的，它可以在上面从左往右、从右往左地缓缓地扭动身子的前半部，抬起，放低，一再重复这一动作。这是幼虫最大的行动幅度。幼虫那已经退化了的足一直都没有动，一点作用也起不了。如果说这些残肢废足作为成年天牛的前身而存在的话，成虫那敏锐的眼睛在幼虫身上却未见丝毫雏形（未定型前的形式。雏，chú）。在幼虫身上，看不到任何微弱的视觉器官的痕迹存在。幼虫生活在树干内，黑漆漆的一片，视力又有何用？与此同时，幼虫也没有听觉，在橡树树干那黑暗的深处，没有任何声响，与视觉一样，听觉自然也失去了作用。如果谁对此心存疑惑，我们不妨来做一个实验，以便释疑解惑。我把树干剖开来，留下半截通道，便可以跟踪监视在树干里面正在劳作的居民。环境十分安静，幼虫忽而挖掘前方的长廊，忽而停下活计，歇息一会儿。休息的时候，它便用步带将身子固定在通道的两侧壁上。我趁它休息之机，想测试一下它对声音的反应。我先用硬物互相敲击，继而用金属击打发出回响，最后改用锉（cuò）刀锉锯子，但是却未见到天牛幼虫有什么反应。它对这种种声响无动于衷（形容内心毫无触动），既不见它的皮肤有任何的颤动，也不见它有何警觉的表现，即使我用尖尖的硬物刮擦它身旁的树干，模仿幼虫啃噬树干发出的声音，也都不能奏效。这就足以证明天牛幼虫毫无听觉。

那么，天牛幼虫是否有嗅觉能力呢？各种情况都在表明它不具有嗅觉能力。嗅觉只是作为寻找食物的辅助功能，但天牛幼虫却用不着费心劳神地去寻找食物。它的住所就是它的食物，它所栖身的木头就在向它提供活命的东西。另外，我也对此做过实验。我找了一段柏树，把树干挖了一条沟痕，直径与天牛幼虫所挖掘的长廊的直径一样大小，然后，我就把幼虫置于其中。柏树的气味浓重，具有大多数针叶植物所具有的那种很浓烈的树脂味。当我把幼虫一放到那条沟痕里去的时候，它很迅速地便爬到了通道的尽头，然后就一动不动了。它的这种静止不动不正是它没有嗅觉能力的证明吗？天牛幼虫长期生活在橡树干里，树脂这种独特的气味应该引起它的不适或厌恶的，它本应通过身体的颤动或逃跑企图来表现自己的厌恶之感的，但是，它却并没有做出这种反应来。它在找到合适的位置时，便立刻停下脚步，待着歇息，一动不动了。然而，我又做了另外一个实验。我把一小包樟脑放在长廊里，离天牛幼虫很近，仍然未见它有什么反应。然后，我又用萘（nài，有机化合物，白色晶体，易挥发，有特殊气味）做了同样的实验，结果依然相同。做了这么多实验之后，我觉得天牛幼虫没有嗅觉能力是毋庸置疑（wúyōngzhìyí，不必怀疑，没有怀疑的余地）的了。

当然，它肯定是有味觉的。只是这种味觉应该属于“残缺不全”的。天牛幼虫在橡树树干中一直生活了三年，其食物很单一，就是橡树木纤维，别无其他。那么，幼虫对这唯一的食物又会有什么评价呢？顶多也就是吃到新鲜多汁的橡树干时会觉得很鲜美，而吃到干燥无汁的树干时便觉得没太大滋味罢了。

剩下的就是它的触觉了。它的触觉点分布得很散，而且是被动的。任何有生命的肉体都具有触觉，一旦被尖刺儿刺着，就会觉得疼痛，就会抽搐、扭曲。总之，天牛幼虫的感觉只有味觉与触觉，而且还都非常的迟钝。

我不禁在想，既然如此，那么天牛幼虫这种消化功能很强但感觉功能却极弱的昆虫，其心理状态又是由什么构成的呢？触觉与味觉会给那些已经退化了的感觉器官带来些什么呢？很少，几乎什么也没有。天牛幼虫只知道，好的木头有一种收敛（shōuliǎn）性的味道，未经精心刨光的通道壁会刺痛皮肤，仅此而已。这就是天牛幼虫的智力所能达到的最大程度。而肯迪拉克却错误地认为，天牛具有很好的嗅觉，这是科学的一个奇迹，一颗灿烂的宝石。

它可以回想往事，可以比较、判断，甚至推理。可是，现实中，这个几乎似睡非睡、似醒非醒的大腹便便（形容人肚子大，长得肥胖）的昆虫，它真的会回忆、会比较、会推理吗？我就认为天牛幼虫犹如一截会爬行的小肠而已，我觉得我的这一比喻十分贴切，天牛幼虫的全部感觉能力，就是一截小肠所能拥有的能力罢了。（作者在前文使用了这一比喻，在揭开谜底时再现了这个比喻，不仅解释了这个比喻为何恰如其分，还使文章首尾呼应，浑然一体。）

不过，也别小看了这个小家伙，它虽然对自己现在的情况昏昏然，但却能预知未来，具有神奇的预测能力。对我的这一奇怪的观点，请读者允许我慢慢地道来。在整整三年的时间里，天牛幼虫在橡树干里过着流浪的生活。它爬上爬下，忽而在这里，忽而又在那里；为了另一处的美味，它会放弃眼下正在啃噬的木块，不过它始终不会远离树干深处，因为这儿温度适宜，环境幽静而安全。当危险的日子来临时，它将被迫离开隐蔽所，去面对外界的种种危险。光吃还不够，它还得离开自己的生活之地。天牛幼虫有着精良的挖掘工具和强健的身体，钻入另一处去躲灾避祸，对它来说并不犯难。但是，未来的成虫天牛，将去外界度过它那短暂的时光，那么，它是否具有这样的能力呢？在橡树干内那幽暗的环境中诞生的长角昆虫，它知道替自己挖掘一条逃离的通道吗？

这就必须依靠天牛幼虫凭借自己的直觉去解决这一难题了。我又做了点实验，以弄清这一问题。在实验中，我发现，成年天牛若想利用幼虫挖掘的通道从树干深处逃逸（táoyì，逃跑），是不可能的事。天牛幼虫的通道犹如一座迷宫，十分的复杂，非常的长，不见尽头，而且还堆满了坚硬的障碍物，另外，其直径又是从尾部往前逐渐地在缩小。幼虫钻入橡树干时，它只有一段麦秸那么长那么细，而此刻它已变得如手指头一般粗细了。它在树干里三年的挖掘工作，始终是根据自己的身体大小进行挖掘的。结果不言自明，幼虫钻入树干的通道和行动路线对于成年天牛的离去已经起不了作用了。成年天牛触角很长，足也不短，而且其甲壳也无法折叠，原先的那条通道对它来说已经是一个无法逾越（yúyuè）的障碍了，它若想以这通道为逃逸之路，就必须清除掉坑道内的障碍物，并且还要大大地拓宽通道。这么一来，倒不如另辟蹊径（另外开辟一条路。辟，pì；蹊，xī），挖掘一条新的通道来得便当一些。但是，成年天牛有这种能力吗？我们不妨做一实验来观察一番。

我把一段橡树干一劈两半，并在其中挖掘出一些适合成年天牛的洞穴。在每一个洞穴中，我都放了一只刚刚变态了的成年天牛。这些天牛是我10月份从冬储木柴中发现的。

然后，我便把两半树干用铁丝紧紧地捆在一起。6月已经来到，只听见树干里传出来敲击的声音。它们能够出来吗？它们是不是没法从里面逃出来呀？（设问句，使读者将关注放在成年天牛的命运上，引出下文。）我原以为从里面逃出来，对它们来说易如反掌，因为它们只要钻一个两厘米长的通道便可逃生了。可是，竟然未见一只天牛从树干里跑出来。等到树干里面听不见一点动静时，我颇觉蹊跷，便把捆着的树干松开，却发现里面的俘虏们全都死了。洞穴里只有一小撮（cuō）木屑，还不足抽了一口烟的烟灰量。这就是它们的全部劳动成果。

我对成年天牛的上颚估计过高，以为它是无坚不摧（没有任何坚固的东西不能摧毁，形容力量强大。摧，cuī）的利器，但是，工具好并不一定就能造就一名好的工匠。尽管良好的挖掘工具在握，但长期隐居者却缺少技艺，只好在洞穴里等死。然后，我又找了一些成年天牛，对它们进行比较温和点的实验。我把它们拘于直径与天牛的天然通道的直径相同的芦苇管里。我找了一块天然隔膜作为障碍物，这隔膜很薄，只有三四毫米厚，一捅就破。经实验发现，有一些天牛能够从芦苇管里逃生，有一些则死于其中，这就说明，遇到障碍，勇往直前者胜。一个隔膜这么小小的障碍都闯不过去，待在坚硬的橡树干里岂不必死无疑？

从这些实验的结果来看，我相信，天牛成虫徒有其表，外强中干，靠自己的力量竟然无力逃离树干监牢。劈开逃生门，还得仰仗貌不惊人的肠子状的天牛幼虫的智慧。这种情况在告诉我们，幼虫天牛在以另一种方式再现卵蜂的壮举。卵蜂的蛹身上带有钻头，为以后那长翅无能的成虫挖掘通道。天牛幼虫不知是由于何种神秘预感的驱动，离开其安然宁静的隐蔽所，离开其无法攻破的城堡，爬向橡树表面，不顾其正在寻找美味多汁的昆虫的天敌对它的威胁。幼虫就这么冒着生命危险，勇敢无畏地挖掘着通道，一直挖到橡树表层，只留下一层薄薄的阻隔作为窗帘，遮挡自己。有些冒失的幼虫，甚至把这块窗帘捅破，干脆留出了一个洞口。这儿就是天牛成虫的出口，它只须用上颚和额角轻轻地一触，就能把窗帘捅破，得以逃生。刚才已经说了，有的幼虫连窗帘也不留，干脆就留出了一个洞口，天牛成虫无须劳作，便可直接逃离。每到春暖花开，天气转暖时，身披古怪羽饰、笨手笨脚的成虫便从黑暗中出来了。

天牛幼虫在把逃生之路准备完毕之后，又开始忙乎起眼前的活计来。挖好逃生通道，它就退回到长廊中不太深的地方，在出口一侧，凿了一个蛹室。这间蛹室陈设豪华，壁垒森严，前所未见。蛹室为一扁椭圆形的宽敞的窝，长有近百毫米，扁椭圆结构的两条中轴，长度不同，横向轴长二十五到三十毫米，纵向轴则只有十五毫米。这么大的空间，比成虫的体积要大，使成虫的足部可以自由伸展。当打破壁垒，逃出牢笼的时刻到来的时候，这样的蛹室是不会让天牛成虫感到有任何不便的。

这儿所说的壁垒，是指蛹室的封顶，那是天牛幼虫为了防御外敌入侵而建造的。封顶有两层或三层。外层由木屑构成，那是天牛幼虫挖掘树干时留下的残留物；里面的一层是一个矿物质的白色封盖，呈凹半月形。通常，在最内侧还有一层木屑壁垒与前两层连在一起。有了这种多层壁垒的保护，天牛幼虫便可在房间里踏踏实实地为变成蛹做准备工作了。天牛幼虫从房间壁上锉下来一条一条的木屑，这便是细条纹木质纤维的呢绒（毛织品的统称，后泛指用兽毛或人造毛等原料织成的织物，这里是比喻用法）。天牛幼虫又把这些呢绒贴回到房间四周的墙壁上去，铺成壁毯，厚度几近一毫米。这就是天牛幼虫在自己蛹室墙壁上挂上的精细双面绒挂毯。我们不难看出，天牛幼虫为了变成蛹，在不停地劳作，做了精心的准备。

我们再来看看这房间布置得最奇特的那个部分——那层堵住入口的矿物质封盖。这个封盖是个椭圆形帽状封盖，呈白石灰色，系坚硬的含钙物质，内部十分光滑，外面呈颗粒状突起，犹如橡栗（lì）的外壳。这种颗粒状突起表明，这层封盖是天牛幼虫用糊状物一口一口地筑成的。封盖外部由于无法触碰到，幼虫无法加以修饰，因而凝固成了细小的突起。而内侧的那一面在天牛幼虫力所能及的范围内，所以被抹得光滑平整。这种封盖像钙一样，既坚硬又容易破碎。不用加热，它就能溶于硝酸，并且立即释放出气体来。不过，溶解过程却比较缓慢，一小块封盖往往需要几小时的时间才能逐渐地溶化掉。溶化之后，剩下一些泛黄的沉淀物质，看上去像是有机物。如果对封盖进行加热，它就会变黑，足见其中含有可以凝结矿物的有机物。如果在溶液中加入草酸氨（ān），溶液会变得浑浊，并留下白色沉淀。这种情况说明，其中含有碳酸钙。我原想从中发现一些尿酸氨的成分，因为在昆虫变成蛹的过程中，常见有尿酸氨存在，可是，我在封盖的溶液里，并未发现有尿酸氨。因此，我可以认为，封盖仅仅是由碳酸钙和有机凝合剂构成的，这种有机物大概是蛋白质，使钙体变得十分坚硬。

我相信，天牛幼虫的胃部是分泌这些石灰质物质的器官，而这一能乳化的生理器官为它提供了钙质。胃从食物里把钙分离出来，或者直接得到钙，或者通过与草酸氨的化学反应来获得。在幼虫期结束时，它便将所有的异物从钙中剔除，并将钙保存下来，留作构筑壁垒之用。这一点并不令人惊讶，某些芜菁（wújīng）科昆虫，如西塔利芜菁，通过化学反应能在体内产生尿酸氨。飞蝗泥蜂、长腹蜂、土蜂等，就是在自己体内生产茧所需要的生漆的。

通道修筑完工，房间粉刷装饰完毕，用三重壁垒封好之后，灵巧而勤劳的天牛幼虫便完成了自己的使命，挖掘工具也完成了其历史使命，它便进入了蛹期。襁褓（qiángbǎo，包裹婴儿的被子和背负婴儿用的带子，比喻婴儿期）状态之下的蛹十分虚弱，躺在柔软的睡垫上，头始终冲着门的方向。这一点看似无关紧要，实际上却是至关重要的。天牛幼虫身子柔软，伸缩翻转，随心所欲，因此，在这间小房间里，头无论朝向何方，都无伤大雅。可是，从蛹中出来的天牛成虫却没有随心所欲地翻来倒去的自由，它浑身披挂着坚硬的角质盔甲，无法在小房间内将身体从一个方向转向另一个方向，甚至因房间太狭小，连弯曲一下身子都办不到。所以，它的头必须始终冲着出口，否则便会在自己所建造的囚室里等死。

不过，不必担心有这种意外发生，因为这节小肠素来知晓未雨绸缪，早就为将来做好了准备，不会出此差错，它是头朝里地进入蛹期的。到了该出洞的时节，向往光明的天牛的面前没有太大的障碍，只不过是一些细碎的木屑，扒拉几下便可以清理掉的。然后，便是那层石质封盖，它也用不着费心费力地去把它打碎，只要用其坚硬的前额这么一顶，或者用足这么一推，封盖便会整体松动，从框框里脱落。我发现，被弃置的封盖全都完好无损。最后就是那第二层壁垒了，是木屑构成的，这就更不在话下，比第一层更加容易清除。这么一来，通道畅通，天牛成虫只要沿着通道便可准确地爬到出口。如果窗帘没有掀开，它只需用牙一咬，那薄薄的窗帘也就破了，这对它来说，易如反掌。它终于走出了黑暗，见到了光明，长长的触须激动得不停地颤抖着。（作者用充满感情的叙述，描绘了完成生命重要阶段的天牛见到光芒的激动。生命的喜悦跃然纸上。）

拓展阅读 昆虫积累卡

天牛

类别：节肢动物门昆虫纲鞘翅目叶甲总科天牛科昆虫。

外形：成虫的触角长度远远超过身体，身体为长圆筒形，背部略扁；幼虫如同蠕动的小肠，皮肤细腻洁白，足长只有一毫米，身体分七个环节，长有大量乳突，腹部膨大，上颚短、黑，如圆凿，嘴边有黑色角质盔。

习性：幼虫在树干里通常要生活三年时间，不具备嗅觉能力，味觉与触觉迟钝，以木材为食，依靠直觉准备逃生之路，化为成虫为自己准备蛹室。幼虫的木材穿凿能力较弱，以花粉为食。对森林危害极大。

萤火虫

读懂说明方法

在我们这个地区，萤火虫可谓无人不知，无人不晓，没有什么昆虫像它那么家喻户晓的了。这个人见人爱的小东西，为了表达生活的欢乐，竟然在屁股上面挂了一只小小的灯笼。（在作者巧妙的拟人手法下，萤火虫仿佛小孩子，一派天真可爱。）炎热的夏夜里，没有人没见过它的。古代希腊人把它称为“朗皮里斯”，意为“屁股上挂灯笼者”；法语中则称它为“发光的蠕虫”。（从不同语言中萤火虫的名称入手，介绍萤火虫。）其实，萤火虫绝对不是什么蠕虫，即使是从外表上来看，它也不像蠕虫。它有六只短小的脚，而且十分明白如何使用自己的脚。它是可以用小碎步奔跑的昆虫。雄性萤火虫发育完全后，如同真正的甲虫一样，长着鞘翅。但雌性萤火虫却无此造化，享受不到飞翔的快乐，终身保持着幼虫的形态。不过，雄性萤火虫在尚未到达交尾期之前，形态也是不完全的。即使如此，称它为“蠕虫”也是不恰当的。法国有句通俗语，叫“像蠕虫一样一丝不挂”，用以形容身上未穿任何保护性的衣物，但是，萤火虫可是穿着衣服的，就是说它有略为坚韧的外皮，而且它还有斑斓（bānlán，灿烂，多彩）的色彩，身体呈棕色，胸部呈粉红色，环形服饰的边缘还点缀着两个红红的小斑点。这哪儿会是蠕虫呢？

做比较：将雄性萤火虫和雌性萤火虫进行比较，突出强调了两者的区别，使读者印象深刻。

我们先来看看萤火虫以什么为生吧。萤火虫看上去既小又弱，像是与他人无害，可它却是个最小最小的食肉动物，是猎取野味的猎手，而且，捕猎时还相当的狠毒。它的猎物通常是蜗牛。昆虫学家们早已知道萤火虫的这一习性。但是，我从他们书中的介绍中，总感到人们对这一点了解得很不充分，特别是对萤火虫的奇怪的攻击方法，几乎是一无所知。

萤火虫在啃噬猎物之前，先对它施以麻醉，使之失去知觉。它的猎物通常是很小的蜗牛，个头还没有樱桃大，是处于变形状态的蜗牛。夏日里，这种蜗牛一大群一大群地聚集在稻子和麦子的茎秆上，或者其他植物干枯的长茎上，在上面一动不动地要待上整整一个炎热的夏季。正是在这种时候，在猎物处于这种状态中，我不止一次地观察到萤火虫对猎物发动攻击，对之施以灵巧的外科麻醉手术，使猎物在颤动着的茎秆上昏死过去，然后，对之下口，美餐一顿。

萤火虫对其猎物的其他藏身处所也了如指掌。它经常飞到沟渠旁边，因为那儿土地潮湿，杂草丛生，是蜗牛喜爱的栖身之所。在这种情况之下，萤火虫便在地上对蜗牛施以麻醉术。我在家中也饲养了一些萤火虫，它们很容易被捕捉到，也很容易喂养，因此，我可以仔细地观察研究这些外科医生做手术的详细过程。

我在一个大玻璃瓶里放上一些草，把捉到的几只萤火虫和几只蜗牛放了进去。蜗牛个头正合适，不大不小，正在等待变形，正符合萤火虫的口味。我寸步不离地监视着玻璃瓶中的情况，因为萤火虫攻击猎物是瞬间的事情，转瞬即逝，不高度集中精力，必然会错过观察的机会。

我终于发现是怎么个情况了。萤火虫稍微探了探捕猎对象，蜗牛通常是全身藏于壳内，只有外套膜的软肉露出一点点在壳的外面。萤火虫见状，便立刻打开它那极其简单、用放大镜才能看到的工具。这是两片呈钩状的颚，锋利无比，细若发丝。用显微镜观察，可见弯钩上有一道细细的小槽沟。这就是它的工具。它用它的这种外科手术器械不停地轻轻击打蜗牛的外膜，其动作不像是在施以手术，而像是在与猎物亲吻。用孩子们的话来说，它像是在与蜗牛“拉钩”。它在“拉钩”时，有条不紊，慢条斯理，不慌不忙，每拉一次，都要稍事休息片刻，似乎是在观察“拉钩”的效果如何。它“拉钩”

读懂说明方法

列数字：用五六次的约数，说明了萤火虫和蜗牛接触的次数之少，说明了萤火虫的效率之高。

的次数并不多，顶多五六次，就足以把猎物给制伏，使之动弹不得。然后，它就要动嘴进食了，它很可能也是要用弯钩去啄，因为我几次都未观察清楚，所以对这一点我却说不太准。总之，萤火虫在施行麻醉手术时，动作麻利，立竿见影，快如闪电，不用问，它利用带细槽的弯钩已经把毒液注入蜗牛体内，使之昏死过去。

我检查了一下猎物。在萤火虫与蜗牛拉了四五下钩之后，我便立即从它口中夺下它的猎物，用针尖刺蜗牛的前部，亦即缩在壳内的蜗牛所暴露在外的身体。我没看到它有任何反应，仿佛一具没了生气的尸体。

我还发现一个令我信服的例子。有一次，我幸运地看到一只蜗牛正在爬行，其足正在蠕动着，突然，萤火虫向它发动了袭击。蜗牛十分惊慌，乱动了几下，然后便一动不动了。它的脚不再爬行，身体的前部也失去了如同天鹅脖颈那种优美的弯曲状，触角软软地耷拉下来，如同一根折断了的手杖。它一直保持着这种状态。（作者使用十分生动精彩的比喻，形象地描绘了蜗牛中毒时的情态。）

蜗牛是否真的被蜇死了呢？没有，根本没有。我可以让这只表象上看似已死的蜗牛活过来。我把这位处于半死不活状态下的病人隔离开来，给它洗了个澡，尽管这对于取得实验的成功并非绝对必要。

两天过后，这只被萤火虫施以麻醉术的蜗牛终于复活了，它又能动弹了，又有了感觉了。我用针尖刺它，它有反应，它开始蠕动，爬行，伸出触角，仿佛什么危险都没有发生过，像个没事人似的。那种昏昏沉沉、如死一般的全麻状态已经消失，它苏醒过来了。

对于蜗牛这样的一个与世无争、平和温驯（温和驯服。驯，xùn）的对手，萤火虫有何必要先要对之施以麻醉术呢？这使我想起了另一种昆虫，名叫德里尔虫，生活在阿尔及利亚。这种昆虫虽说不会发光，但其身体结构，尤其是在习性方面，与我国的蛍火虫却颇为相似。（这里展示了作者研究昆虫时的又一种思考方式：寻找相似的昆虫，考虑它们结构习性上的相似之处。）德里尔虫以陆生软体动物为食，它所捕食的是一种圆口类的动物。这种动物有着美丽雅致的陀螺形外壳。一块结实的肌肉把一个石质封盖固定在这种动物身上。这个石质封盖把甲壳闭合得严严实实。这个封盖是个活动的门，居于甲壳内的隐居者只需缩回身子，封盖便立即盖上。当隐居者想要外出时，此门也很容易打开。德里尔虫被黏附器（我们下面将会看到蛍火虫也具有这种同等器具）固定在蜗牛的甲壳表面，耐心地等待着、窥伺着，等着甲壳里面的蜗牛憋不住，露出身子，便立刻冲到门边，把门挡住，关闭不上，自己则进入门内，占领了这个城堡。我并没有经常见到这种德里尔虫，但我认为，它的进攻策略与我们的蛍火虫颇为相似。它钻进甲壳内，身子扭动几下，里面的隐居者也就丧失了反抗的能力。

我们还是回过头来谈谈我们的蛍火虫吧。如果蜗牛在地上爬行，甚至就龟缩在壳里，蛍火虫袭击它是很容易的事，因为蜗牛的壳没有封盖，而且，蜗牛身体的前部暴露在壳外，因此它无法自卫，很容易被伤害。即使蜗牛待在高处，紧贴在一棵禾本植物的茎秆上，或者紧贴在一块光滑的石头上，袭击者无从下手，但是，只要是这个外界的封盖稍有缝隙，它仍然难逃厄运（不幸的命运。厄，è）。

蛍火虫施以麻醉术时，总是非常的小心、轻手轻脚地对待它的猎物，不想引起对方的注意，免得它挣扎、乱动，从高处掉到地上。如果猎物掉到地上，蛍火虫也就不会再想方设法地寻找它了，因为它只是依靠运气去捕捉落入口中的猎物，而不想费心劳神地去寻来找去。因此，蛍火虫在发动袭击的时候，从不掉以轻心（对事情漫不经心、不认真当回事），总是小心谨慎地不让猎物感到疼痛，使其肌肉失去反应，否则猎物便会从高处掉下地来，到嘴的猎物便化为乌有了。由此不难看出，突然对猎物施以深度麻醉，一针见血，是它捕捉猎物的绝招。

蛍火虫如何享用其猎物呢？它是不是真的在吃它？也就是说，它是不是

读懂说明方法

做诠释：对萤火虫的吃进行了诠释说明，生动地说明了萤火虫独特的吃食物的方式。

把蜗牛切成细小的碎块，然后用自己的所谓的咀嚼器把它们嚼烂、咽到肚子里去？我看并非如此。我所捕捉到的萤火虫，嘴上从未发现有固体食物的碎渣细末什么的。萤火虫的所谓“吃”，并不是真正意义上的那种吃，而是吮（shǔn）吸，如同蛆虫那样，把猎物化为汁液，然后吸入肚里。与双翅目昆虫爱吃肉的幼虫一样，萤火虫也是先把猎物变为流质，对之进行液化处理、加工，然后食之。我把我所见到的萤火虫“吃食”的过程介绍如下：

萤火虫对蜗牛施行了麻醉。它几乎总是单独操作，即使是遇到一只个头很大的蜗牛，它也不找助手。在它施行完麻醉手术后，总会有宾客不请自来，两三位，四五位，甚至更多。众宾客来到餐桌前，与食物的真正主人并无纷争，毫不客气地尽情享用，不分彼此。两天后，主人与食客都离去了，我便把蜗牛壳口冲下翻倒过来，只见壳里的东西如同锅口朝下倒浓汤似的，全流了出来。主客吃饱喝足了之后，不屑一顾地把残羹剩饭给撇下了。

事情很明显，我先前所说的“拉钩”之后，也就是萤火虫东一口西一口地轻轻拍击蜗牛之后，蜗牛昏死过去，然后，众宾客齐上阵，都在用特有的消化素对猎物进行加工，最后，蜗牛肉便变成了蜗牛肉粥了，接着，大家一起尽情享用，尽兴而去。这样看来，萤火虫嘴上的那两只弯钩外表上看去并无保护层，是其进攻猎物的利器，刺入对方体内，注入麻醉药剂，并使对方的肉质液化，而这麻醉药剂很有可能就是萤火虫的体液。在放大镜下仔细地进行观察，可以很清楚地看到它的这种微型器械，可我感到它们却不像是钩子。它们的中心是空的，与蚁蛉（一种昆虫，触角短。蛉，líng）的那对工具颇为相似。蚁蛉就依靠这种工具吸食猎物的肉，而并不把猎物肉切成小细块。不过，萤火虫又与蚁蛉的表现颇为不同：蚁蛉用餐完毕，会从沙地的漏斗状陷阱中抛出大量的丰盛食物；而萤火虫有液化装置，绝不糟蹋食物，或者说，几乎不糟蹋食物。二者掌握着类似的工具，但是，一个是用来吮吸猎物的血液，而另一个则采用液化设备，使食物变成流质，全部食之。

有时候，蜗牛所处的位置不太好，难以保持平衡，但是，萤火虫毕竟是动作敏捷，不以为然，干净利落地就处理完了。我透过喂养着萤火虫的那个大口玻璃瓶，清楚地看到了全过程。大口瓶上盖着一块玻璃，蜗牛沿着玻璃瓶内壁往上爬，一直爬到瓶口边沿，停了下来，用少许黏液把壳体粘挂在那儿。它只是在那儿做短暂的停留，所以舍不得用太多的软体组织所生产出来的胶黏剂。这样一来，只要稍微地震动一下瓶子，蜗牛壳口就会松脱，从粘连的地方摔到瓶底上。

我看到瓶子里的那只萤火虫也在不断地往高处爬去，爬到蜗牛暂时停留的地方。它依靠某种攀缘器官在沿着瓶子内壁爬着，这种攀缘器官弥补了萤火虫足爪此刻的功能缺陷。萤火虫已经来到了蜗牛的身旁，找到了一处可以下手的缝隙，便轻轻地拍击了几下躲在缝隙内的蜗牛，使之昏死过去，随即开动其液化装置，使蜗牛肉变为蜗牛肉汤，美美地吮吸起来。

当萤火虫吃饱喝足之后，蜗牛就剩下一个空壳了，肉没有了，汤也没有了。但是，这只空壳虽然只用了少许黏液粘在玻璃上，却并未开胶，仍然牢牢地粘在那里，没有丝毫的移位。壳中的那个隐居者没有挣扎，没有反抗，一点一点地从固态变成了液态，全都从萤火虫开始发起攻击的那个点上流了出来，流得干干净净，只

读懂说明方法

做比较：将萤火虫和蚁蛉吃食物的结果进行对比，突出强调了萤火虫吃食物的完全，干净利落。

读懂说明方法

列数字：用“十二”一词，说明了萤火虫后腿末端肉刺的数量。

剩下一个空壳了。由此，我们不难看出，萤火虫的麻醉手术之高超、快速，简直是迅雷不及掩耳（比喻动作或事件突然到来，令人来不及防备），让对方防不胜防。而且，我们还可以看出，萤火虫吃蜗牛的手段之奇妙，让人叫绝，都没有让蜗牛空壳从极其光溜而又垂直的玻璃瓶内壁上掉落下来，甚至都没让只有些许胶黏着的空壳有丝毫的晃动、移位，这真的是不可思议。

萤火虫要在玻璃上或草茎上攀爬，它又短又笨的爪子显然是无法承担这一重任的，必须拥有一种特殊的工具。这种特殊工具必须不怕光滑，能攀住无法抓住的物体。萤火虫确实拥有这种特殊工具。它的后腿末端有一个白色的点，用放大镜仔细观察，可以看到那上面约有十二个很短小的肉刺，它们有时收拢起来，缩成一团，有时却又伸展开来，好似玫瑰花瓣。这就是它的吸附（fù）并移动的器官。萤火虫想要把自己附着在某个地方，甚至是个极其光滑的表面上，比如固着在禾本植物的茎秆上，它就把这十二个短小的肉刺展开来，呈玫瑰花瓣状，就可以牢牢地铺展在所吸附的物体上了，用自己的身体的黏性，把自己紧紧地贴附在支撑物上。这个特殊器官通过抬高和放低，张开和闭合，帮助萤火虫行走。总而言之，萤火虫可以说是一个双腿残疾者，它在自己的后腿上放上一朵漂亮的白色玫瑰花，一种没有关节、可向四下里活动的有十二个趾肢节的爪子，而这种管状的趾肢节，并非抓住而是黏附着物体。这个器官还有一个用途，它可以当作海绵和刷子来使用。萤火虫在进餐之后，便用这把刷子刷头、背、尾及两侧。它之所以全身上下地刷来刷去，是因为它的脊椎很柔韧，可以弯来弯去，哪儿都能够得着。萤火虫在这儿全身进行擦拭时，非常的仔细，一处不漏，足见它对这种运动颇感兴趣，乐此不疲。它这样做的目的究竟是什么呢？很显然，它这是要擦去沾在身上的灰土或者蜗牛肉的残渣剩汤。

如果萤火虫只会像亲吻似的轻拍蜗牛，对它施以麻醉术，而没有其他什么本领的话，那它也就不会这么出名，这么家喻户晓了。它真正名扬四海的原因，是它能在尾部亮起一盏红灯。我们来特别仔细地观察一番雌性萤火虫吧。它在达到婚育年龄，在夏季酷热期间发出亮光的过程中，一直保持着幼虫状态。它的发光器是在腹部的最后三节处。其中前两节的发光器呈宽带状，另外一个组群是最后一个体节的两个斑点。具有那两条宽带的只有发育成熟了的雌性萤火虫；未来的母亲用最绚丽的装束来打扮自己，点亮了这光亮灿灿的宽带，以庆贺自己的婚礼，（将萤火虫比作新娘，一种生命的喜悦跃然纸上。）而在这之前，自刚孵化的时候起，它只有尾部的那个发光斑点，这种绚丽的彩灯显示着雌性萤火虫那惯常的身体变态。身体的变态使之长出翅膀，能够飞翔，从而宣告其生理演变过程的结束。这盏亮灿灿的灯点亮时，还标志着其交尾期即将来临。这之后，雌性萤火虫就没有翅膀了，不能再飞翔，一直保持着这种幼虫的可怜的卑屈形态，但是，它的那盏明灯却始终点亮着。

雄性萤火虫则有所不同，它得到了充分的发育，改变了形态，拥有着鞘翅和翅膀。与雌性一样，从孵化时起，它的尾部就有这盏明灯。总之，萤火虫不管是雌性还是雄性，不管是处在发育时期的什么阶段，其尾部均可发光，这就是整个萤火虫大家族的一大特点。而且，这个发光点从背部或腹部都可以看见，但只有雌性萤火虫才有那两条宽带，才在腹部下面发光。我的手和眼我

读懂说明方法

做比较：将雄性萤火虫和雌性萤火虫的发光部位进行比较，突出强调了两者的不同。

的手和眼仍然很听使唤，做起解剖来还算得心应手，因此，我便想解剖一下萤火虫的发光器官，以便彻底搞清楚其构造。我终于成功地把一根发光宽带的大部分给剥离开来。我在显微镜下仔细地观察了这条宽带，发现其上有一种白色涂料，系极其细腻的黏性物质构成的。这白色涂料显然就是萤火虫的光化物质。紧靠着这白色涂料，有一根奇异的气管，主干很短但却很粗，下面长了不少的细枝，延伸至发光层上，甚或深入体内去。

发光器受到呼吸气管的支配，发光是氧（yǎng）化所导致的。白色涂层提供可氧化的物质，而长有许多细枝的粗气管则把空气分送到这物质上。现在，我很想搞清楚这个涂层的发光物质究竟为何物。起初，人们以为那是磷（lín，非金属元素，符号 P），还把它加以燃烧，以化验其元素，但是，据我所知，这种办法并没获得理想的效果。显然，磷并非萤火虫发光的原因，尽管人们有时把磷光称之为萤光，这个问题的答案肯定不在这里，而是另有原因。

萤火虫能够随意地散布它的光亮吗？它能否随意地增强、减弱、熄灭其亮光？它怎么做的呢？它有没有一个不透明的屏幕朝着光源，把光源或遮住或暴露呢？现在，我们对这个问题已很清楚，萤火虫并没有这样的器官，这样的器官对它来说是没有用的，它拥有更好的办法来控制它的明灯。若想增强光的亮度，遍布光化层的光管就会加大空气的流量；如果它把通气量减缓甚至停止供气，光度就变弱，甚至灯会熄灭。总之，这个机理犹如油灯的机理一样，其亮度是由空气进入灯芯的量来加以调节的。

遇到激动的情况，气管就运作起来，灯也就亮了。需要加以区别的是光带和尾灯这两种情况。其一，发光的是那漂亮的宽带，亦即已到婚育年龄的雌性萤火虫的独特饰物；其二，也就是那盏尾灯，萤火虫无论雌雄，无论长幼，都在其最后一个体节上点着一盏小灯。在这后一种情况下，由于突然的惊恐不安，萤火虫的情绪发生变化，这盏尾灯会完全地或近乎完全地熄灭。我在夜晚曾经捕捉过萤火虫，眼见那盏尾灯在草上发着亮光，可是，只要我稍不留神，碰着了那棵草，草一晃动，灯立即就熄灭了，我想要捕捉的这只昆虫也就不见了踪影。但是，发育完全的雌性萤火虫身上的宽光带，即使受到惊吓，也毫无影响，照样亮着。

我捉了几只雌性萤火虫，把它们关进笼子里，放到屋外，笼子旁边放了一把枪。我放了一枪，但枪声并未产生效果，宽带依旧在发光，与没有放枪前一样的明亮。然后，我又用喷雾器把水雾喷洒到它们身上，它们身上的光带依然光亮闪闪，没有一盏灯熄灭，顶多也就是亮度上有短暂的减弱而已，而且也只是个别的雌性萤火虫这样，并不是每只都如此。我猛抽了一口烟斗，把烟吹进笼子里，光带的亮度倒是更加地弱了，甚至灭了一会儿，但时间非常的短暂。很快，萤火虫便平静下来，恢复了常态，灯又亮了起来，而且比先前还要明亮。这之后，我又用指头抓住它，把它翻过来掉过去地折腾，又轻轻地摆弄它，只要是捏得不太重，它照旧在发光，亮度也保持不变。即将处于交尾期的萤火虫，对于自己的灯的光亮十分的沾沾自喜（形容自以为很好而得意的样子。沾沾，zhānzhān），没有极其严重的情况发生，它们是不会把自己的灯完全熄灭掉的。

从各种实验的结果来看，极其明显的是，萤火虫是自己在控制着其身上的发光器，它可以随意地使之亮或灭。不过，在某种情况之下，有无萤火虫的调节都无关紧要。我从其光化层上弄下来一块表皮，把它放进玻璃管里，用湿棉花把管口堵住，免得表皮过快地蒸发干了。只见这块表皮仍在发光，只不过其亮度不如在萤火虫身上那么强而已。在这种情况下，有无生命并不要紧。氧化物质，亦即发光层，是与其周围空气直接接触的，无须通过气管输入氧气，它就像是真正的化学磷一样，与空气接触就会发光。还应该指出的是，这层表皮在含有空气的水中所发出的亮光，与在空气中所发出的亮光的强弱一样。不过，如果把水煮开，沸腾，没了空气，那么，表皮的光就熄灭了。这就更加证明，萤火虫的发光是缓慢氧化的结果。

萤火虫发出来的光呈白色，很柔和，但这光虽然很亮，却不具有很强的照射能力。在黑暗处，我用一只萤火虫在一行印刷文字上移动，可以清楚地看出一个个字母，甚至可以看出一个不太长的词儿来，但是，在这小小的范围之外的一切东西，就看不见了，因此，夜晚，以萤火虫为灯看书，那是不可能的。（法布尔的实验告诉我们“囊萤映雪”中的“囊萤”其实是不现实的。）

如果把一群萤火虫放在一起，彼此紧挨着，每只萤火虫都放着光，那么，它的光就会通过反射而可以照亮旁边的萤火虫，我们似乎也就能够看清一只只萤火虫了。但是，事实又并非如此。这群萤火虫只是杂乱无章地聚集在一起，就算彼此离得很近很近，我们也无法看清萤火虫的模样来，因为这所有的亮光把萤火虫全都混在了一起，成了模模糊糊的一片。

我通过照相技术非常清楚地证实了这种情况。我用钟形金属网罩罩住二十来只充分发光的雌性萤火虫，把它们置于露天地里。罩子里，有一丛百里香插在其中央，形成一片小林子。夜晚时分，那二十来只雌性萤火虫全都爬到罩子顶上去了；它们在竭力地朝着各个方向展示它们那发光的服饰。因此，沿着百里香小枝形成了一串串的花序。我指望这一串串花序能够对相板和相纸产生作用，但是，我却未能遂愿，只得到了一些不成形的白色斑点，根据萤火虫群体的不同情况，有些地方浓些，有些地方浅些，而萤火虫的模拟斑点却一点也没有影现，连百里香丛的痕迹也没有显现出来。因缺乏充足的光照，美妙如画的光彩只显现出一团模糊不清的黑乎乎的水浆似的东西来。

由此看来，雌性萤火虫的灯光并不是用来照明的。那么，它到底是干什么用的呢？我想，它是用来召唤情郎的。但是，雌性萤火虫的灯是在其肚子下面冲着地面发光的，而雄性萤火虫则是在随意乱飞，它是在上面，在空中，有时是在老远的地方往下看的，应该说它是看不见雌性萤火虫的那盏灯的。但是这种不正常的情况却被巧妙地予以纠正了。雌性萤火虫自有其高明的调情手段。每天晚上，天完全黑下来的时候，被我拘于钟形罩里的囚徒们就去到我用来作为监狱的百里香丛中。到了这个花丛中，它们便爬到显现得很清楚的细枝上，不像在灌木丛下时那样老老实实、安安生生地待着，而是在那儿做着激烈的体操运动，一个个把小屁股扭来扭去，一颠一颠地，朝这边扭一下，再朝那边扭一下，把灯光向各个方向打去。这么一来，寻偶求欢的雄性萤火虫从附近经过时，无论是在地上还是在空中，肯定都能看到这盏随时都在亮着的灯。这一招儿，有点像捕捉云雀的旋转镜子的运作方式。这面旋转小镜静止不动时，云雀对它并无什么反应，但是，它只要一旋转起来，把它的光弄成了迅速闪动的碎裂的光亮，云雀见了就会激动起来。

雌性萤火虫自有其召唤求欢者的绝招，而雄性萤火虫也不甘示弱，它有着一种光学器具，能够老远就看到雌性萤火虫那盏灯所发出的最微弱的光。其护甲胀大成盾形，大大地超出了头部，像帽檐（yán）或灯罩似的伸向前去，它的作用就在于缩小视野，把目光集中于需要识别的光点上去。而在其颅（lú，头颅）顶下面，长着两只大眼睛，非常的鼓凸，呈球冠形，彼此接近，中间只有一条狭窄的槽沟，以便收放触须。它的这个复眼（甲壳类、昆虫类等节肢动物的视觉器官，由许多六角形的小眼构成）几乎占据了它的整个面孔，缩在大灯罩所形成的空洞里，真像库克普罗斯（古希腊传说中的独眼巨人，掌管雷霆）的眼睛。

雌雄交配的时候，那盏灯的灯光会变弱，几近熄灭，只有尾部那盏小灯还亮着。春暖花开、暖意融融时节，田野里，昆虫们都在求欢寻爱，低吟（yín）婚庆颂歌，陶醉于男欢女爱之中，萤火虫的这盏尾灯虽能通宵达旦地亮，也没有哪位去注意它的，不会发生任何危险。待交配完毕，萤火虫便立刻产卵，它们并无夫妻感情，没有什么家庭观念，没有慈母之爱，它把白白的圆圆的卵产在——或者更确切地说是抛撒在——随便什么地方。

有一点却是非常奇怪的：萤火虫的卵，甚至还在其母的体内时，就是发光的。如果我在捕捉时，一不小心，捏破了雌性萤火虫那装满了卵的肚子，就会看到一道道汁液，闪闪发光地流在了我的指头上，好像我把一只装满着磷液的囊给捏破了似的。我用放大镜仔细地进行了观察，确实是被挤出卵巢的虫卵所发出的光亮。此外，将要临产时，卵巢里的萤光已经显现出来了，雌性萤火虫肚皮表面已经在透出一种柔和的乳白色的光。

卵产下不久就会孵化。萤火虫幼虫雌与雄的尾部都有一盏小灯。寒冬将至时节，幼虫欲到地下不太深的地方，顶多也就是三四寸深。我在大冬天里，从地下挖出过几只幼虫，发现它们的尾灯一直亮着。4月将要来临，天气转暖，幼虫便钻出地面，继续完成其演化过程。

总而言之，我通过观察研究得知，萤火虫自生下来之日起，一直到寿终正寝时止，都一直在发光。它的卵在发光，它的幼虫在发光；雌性萤火虫亮着的是华丽的灯，雄性萤火虫保留着幼年时期那盏已有的小灯。（拟人手法。）对于雌性萤火虫光带的作用，我可以说是已经有所了解了，但是，它的尾灯又是干什么用的呢？我很遗憾地说，我尚不得而知。昆虫物理学要比我们书本上的物理学更加的深奥，这个问题可能在很长的时间里，甚至在永远的将来，也都会是个不解之谜。

拓展阅读 昆虫积累卡

萤火虫

类别：节肢动物门昆虫纲鞘翅目多食亚目萤科昆虫。

外形：身体扁平细长，头部较小，雄性有鞘翅，雌性则无；雄性的触角较长；雌性和雄性腹部末端均有发光器，雌性身体比雄性大，发的光也比雄性亮。

习性：大多生长于夏季的水源附近；猎取蜗牛为食，在食用蜗牛之前，总是先要对它进行麻醉——利用带细槽的弯钩将毒液注入蜗牛体内，使之失去知觉，丧失防卫能力。萤火虫的发光点在背部和腹部均可见，只是雌性萤火虫比雄性萤火虫的亮光要多两节，发光的原理是氧化作用。

专题探究

跟法布尔学探究

阅读《昆虫记》时，我们会在不知不觉间被法布尔对昆虫世界的细致描绘吸引，叹服不止。在认识和了解昆虫生活的同时，其实我们应当关注法布尔对待科学的探究精神。

一方面，要学习法布尔敢于提出问题，并孜孜寻求真理的探究精神。对于大头黑步甲装死的行为，法布尔也进行了探究，他首先说：“一个弱者、一个得不到保护的不惹是生非的人，在必要之时，为了生存而采取一些诡计，这是可以理解的；但它可是一个浑身甲胄、崇尚武力的家伙，为什么要采取这种弱者的手段？对此我感到很难理解。”正因为他难以理解，所以他对其中的原因进行了探究。首先，他排除了大头黑步甲是个弱者的理由：“在它出没的势力范围内，它是打遍天下无敌手的。强悍的圣甲虫和蛇金龟，都是生性温厚的昆虫，它们非但不会去骚扰它、欺侮它，相反，倒是它食品储存室里源源不断的猎物。”接着排除了鸟类的威胁，又用光滑黑步甲的在同等条件下的反应进行了对比，接着又试验了它在面对苍蝇、天牛、震动和阳光时的反应，终于找到了大头黑步甲装死的原因：“当苍蝇戏弄它，舔它沾有黏液的嘴唇，把它当作一具尸体，想吸尽所有可口的汁液的时候；当它眼前出现了那个让它望而生畏的天牛，爪子已经伸到它的腹部，像是要占有一个猎物的时候；当桌子发生轻微的震颤，它以为是大地传来的震颤，断定有敌人在自己的洞穴附近挖掘，将要来袭的时候；当强烈的阳光照射到它的身上，对自己的敌人十分有利，而对喜欢昏黑的它不利，以为自己的安全受到威胁的时候，它就会立即做出反应，抛弃装死的骗术，立即逃命。但是，当一种灾祸对它构成威胁的时候，它通常总是采取它那装死的惯技，以骗过敌人。所以说，装死是它的看家本领。”法布尔经过多次试验，终于找到了原因，这种精神实在值得我们学习。

另一方面，要学习法布尔并不迷信传统经验和所谓的权威的精神。法布尔在研究昆虫时，是根据自己的观察和试验进行探究，大胆质疑。对于自己不能确定的，他就暂时保存疑惑，而不是武断地进行判断。如在研究萤火虫的过程中，法布尔对萤火虫光带的作用经过研究得出了结论，可是对于萤火虫尾灯的作用，他就不知道应该如何解释。他说：“对于雌性萤火虫光带的作用，我可以说是已经有所了解了，但是，它的尾灯又是干什么用的呢？我很遗憾地说，我尚不得而知。”这种坦然地承认自己不知道、不能进行解释的态度值得我们学习。在探究过程中，我们也应该具备这种“知之为知之，不知为不知”的精神。

除此之外，法布尔在探究过程中对生命的尊重，对观察对象的爱护等善良品质也值得我们学习。

灰 蝗 虫

我刚刚看到一件激动人心的事：一只蝗虫在最后蜕皮，成虫从幼虫的壳套中钻了出来。情景壮观极了。我观察的是一只灰蝗虫，是我们蝗虫族类中的巨人，9月葡萄收获季节在葡萄树上常常见到它。它身体有一指长，所以比别的蝗虫观察起来方便得多。

幼虫肥胖难看，但已初具成虫的粗略模样，通常呈嫩绿色，但也有的是青绿色、淡黄色、红褐色，甚至有的已像成虫的那种灰色了。其前胸呈明显的流线型，并有圆齿，还有小的白点，多疣；后腿已像成年蝗虫一样粗壮有力，饰有红色纹路，而长长的上腿上长着双面锯齿。

鞘翅再过几天就将大大超过肚腹，但目前还只是两片不起眼的三角形小羽翼，上端贴在流线型前胸上，下端边缘往上翘起，呈尖形披檐状。鞘翅勉强能遮住蝗虫裸露的背部，宛如西服的垂尾，因省料子而剪短不够长，显得十分难看。鞘翅遮盖着的是两条细长小带子，那是翅膀的胚芽，比鞘翅还要短小。总之，很快将成为灵巧漂亮的羽翼，眼下还是两块为节省布料而剪得难看至极的破布头。从这堆破烂玩意儿里将有什么东西跑出来呢？是一对极其宽阔而美丽的翅膀。

咱们先仔细地观察一番事情的经过。幼虫感到自己已经成熟，可以蜕变之后，便用后爪和关节部位抓住网纱。而前腿则收回，交叉在胸前待命，以支持背朝下躺着的成虫翻转身来。鞘翅的鞘——三角形小翼成直角地张开其尖帆；那两条翅膀胚芽的细长小带子在暴露出的间隔处的中央竖起，并微微分开。这样，蜕皮的架势业已摆好，稳稳当当的。

首先必须让旧外套裂开。在前胸前端下部，由于反复一张一缩的缘故，推动力便产生了。在颈部前端，也许在要裂开的外壳掩盖下的全身都在进行着这种一张一缩的反复运动。关节部位薄膜细薄，可以让人一眼看到在这些

裸露地方的张缩运动，但前胸中央部位因有护甲挡着就看不出来了。

蝗虫中央部位血液在一涌一退地流动着。血液涌上时宛如液压打桩机一般一下一下地撞击着。血液的这种撞击，机体集中精力产生的这种喷射，使得外皮终于沿着因生命的精确预见而准备好的一条阻力最小的细线裂开。裂缝沿着整个前胸的流线体张开，宛如从两个对称部分的焊接线裂开一样。外套的其他部分都无法挣开，只有在这个比其他部位都薄弱的中间地带裂开。裂缝稍稍往后延伸了一点，下到翅膀的连接处，然后再转到头部，直至触须底部，在此处分成左右短叉。

背部从这个裂口显露出来，软软的，苍白的，稍稍带点灰色。背部在缓慢地拱起，越拱越大，终于全拱出来了。

随后头也拱出来了。外壳被撇在原地，完好无损，但两只玻璃状的眼睛已什么也看不见了，样子极怪；触须的套子没有一丝皱纹，也未见任何异样，处于自然状态，垂在这张变成半透明的已无生气的脸上。

触须在从这么窄小又裹得如此紧的外套中钻出来时并没有遇到任何阻力，所以外套没有翻转过来，没有变形，连一点褶皱都没弄出来。触须的体积与外壳大小一样，而且同样是有节瘤的，可它却并未损坏外壳，却轻易地从中钻了出来，如同一个光滑直溜儿的物件从一个宽大无障碍的管子里滑落出来一般。后腿的伸出也一样轻而易举，且更令人震惊。

现在该是前腿然后是关节部位摆脱臂铠和护手甲了，但也未见有丝毫的撕裂，没有丝毫的褶皱，没有丝毫的自然位置的变异。此时蝗虫只用长长的后腿的爪子抓住网罩。它垂直悬吊着，头冲下，我一碰纱网，它就像钟摆似的摆动起来。它的悬吊支点是四个细小的弯钩。

如果这四个弯钩一松，没抓住，这只蝗虫就没命了，因为除了在空中以外，它的巨大翅膀在其他地方是张不开来的。但是，它们抓得牢牢的，因为在它们从外壳伸出来之前，生命就使它们变得坚硬牢固，能稳稳当当地承受得起随后的从外壳中挣脱的使命。

现在鞘翅和翅膀在出来。那是四个窄小的破片，隐约可见一些条纹，状如被撕裂的小纸绳，顶多只有最终长度的四分之一。它们软极了，支撑不了自身重量，耷拉在头朝下的身子两侧。翅膀末端无所依靠，本该冲着后部，但现在却冲着倒挂的蝗虫的头部。蝗虫未来飞行器官那副惨相如同原本肉乎乎的四片小叶子被暴风雨打得破败不堪的模样。

为了让自己臻于完善，必须进行一项深入细致的工作。这项机体内的工作甚至已经在充分地进行着，也就是把黏液凝固，让不成形的结构定型，但是，从外部丝毫看不出来其内部的这种神秘的实验。外面看上去，蝗虫似乎毫无生气。

这期间，后腿摆脱开来。粗大的大腿呈现出来，向内的一侧呈淡粉红色，但很快便变成了鲜艳的胭脂红。后腿出来很容易，把收缩的骨头一伸，道路便畅通无阻了。但小腿就是另一码事了。当蝗虫成为成虫时，整条小腿上竖着两排坚硬锋利的小刺。另外，下部顶端有四个有力的弯钩。这是一把货真价实的锯，有两排平行的锯齿，极其粗壮有力，除了小点而外，真可以与采石工人的大锯相媲美。

幼虫的小腿结构相同，因此也是裹在有着同样装置的外套里。每个弯钩都嵌在一个同样的钩壳之中，每个锯齿都与另一个同样的锯齿相啮合，而且咬合得严丝合缝，即使用刷子刷上一层清漆来替代要蜕掉的外壳也不如它们那么紧紧相贴的。

然而，胫骨的这把锯子从中蜕出来时却没有让紧贴着外壳的任何地方有一点点损伤。如果我没有一而再再而三地仔细观察，我是不敢相信的。被抛弃的小腿护甲完完整整，毫发未损。无论末端的弯钩还是双排锯齿都没有弄坏一点软嫩的外壳。那外壳细嫩得一口气都能把它吹破的，但尖利的大耙在其间滑动却未留下一丝的擦伤。

我远未想到会是这么种情况。我看到那披着刺棘的铠甲时，我就以为小腿上的外壳会像死皮似的自己一块块脱落，或者被擦碰掉下。但事实却远非如此，这大出我所料！

弯钩和刺棘毫不费力，没有一点阻碍地从薄膜里出来了，可它们却是能让小腿形同一把可锯断软木头的锯子的呀。脱下来的衣服靠着其爪状外皮，钩在网罩的圆顶上，无一丝一毫的褶皱和裂缝，用放大镜也没看到有什么硬擦伤。外壳蜕皮前后完全一模一样。那蜕下的护胫也同那条真腿一样，无丝毫的差异。

谁要是让我们把一把锯子从贴在其上的极薄的薄膜套里抽出来而又不对薄膜套有丝毫损伤，那我们必然是哈哈大笑，因为这根本就办不到。但生命却嘲弄了这类的不可能。生命在必要时有办法实现荒诞的事情。这一点蝗虫的爪子就告诉了我们。

既然胫骨锯一出了套是那么坚硬，所以紧紧地裹住它的套子不被弄碎它肯定是出不来的。但困难被它绕开来了，因为胫甲是它唯一的悬挂带，必须绝对地完好无损，才能给它提供牢固的支撑直至它完全摆脱出来。

正在努力挣脱的腿还不是能够行走的肢体，它还没有达到随后不久的那种硬度。它非常软，极易弯曲。我对它的蜕皮部分做了实验，我把网罩倾斜，便会看到已经蜕皮部分因受重力影响，随我的意愿在弯曲。呈细小的带状弹性胶质也没什么弹性了。但是，它很快就硬了起来，只几分钟工夫，它便具有了所必需的硬度。再往前些，在外套遮住我看不见的部分里，小腿肯定要软，处于一种极具弹性的状态，可以说是流体状的，这使得它几乎可以像液体似的从通道中流出来。

小腿上这时已经有锯齿了，但并不像它出来之后那么尖利。的确，我可以用小刀尖给小腿部分地剔去外壳，并拔除被模子紧裹着的小刺。这些小刺是锯齿的胚芽，是柔软的肉芽，稍加外力便会弯曲，外力一除又立刻恢复原状。

这些小刺是向后仰倒以利蜕出，而随着小腿的往外伸出，它们也在逐渐地竖起，变硬。我所观察的不是单纯地把护腿套蜕去，露出在盔甲中已成形的胫骨，而是一种令我惊讶不已的迅速的诞生过程。

螯虾的钳子在蜕皮时把两只手指的嫩肉从硬如石头的旧套中挣脱出来时，情况差不多也是这样，但细腻精确的程度却远不及蝗虫。

现在，小腿终于自由了。它们软软地折进大腿的骨沟里，一动不动地成熟起来。肚腹蜕皮了，它那件精细的外套出现了皱纹，在往上蜕去，直至顶端，只有这顶端还在壳内卡了一会儿，除此而外，蝗虫全身都已露在外面。

它垂直地吊挂着，头朝下，由现已空了的小腿护甲的钩爪钩住。

蝗虫一动不动，后部由破烂衣衫固定着。它的肚子鼓胀得非常之大，看上去像是由储存的机体液汁撑起来的，翅膀和鞘翅很快就要动用这些液汁了。

蝗虫在休息，在恢复元气。一直这么等了有二十分钟。

然后，只见它脊椎一着力，由倒悬成正挂，用前跗节抓牢挂在头上的旧壳。用脚倒钩高空秋千的杂技演员为了正过身来，腰部也没有这么用力的。这么用力的一个翻转之后，其他的就不在话下了。

蝗虫依靠自己刚刚抓住了支撑物后，便稍稍往上爬，碰到了罩子的网纱，这网纱恍若在野地里蜕变时所依托的灌木丛。它用四只前爪把自己固定在网纱上。这么一来肚腹末端就完全解脱了，然后又猛地最后一挣，旧壳便掉了下去。旧壳的落下让我颇感兴趣，它使我想起了蝉衣是如何顽强坚毅地顶着凛冽寒风而未从挂住的小树枝上掉下去的。蝗虫的蜕变方式几乎与蝉一模一样。可蝗虫的悬挂点怎么会那么不牢固呢？

只要挺身动作没结束，弯钩就牢牢地钩住，而这个动作一做完，似乎全身的一切都动摇了，稍微一动便脱落下来。足见这时的平衡很不稳定，这就再一次显出蝗虫从外套中出来是何等的精确无误啊。

我因为找不到更好的术语，所以便用了“挺身”一词，其实这并不完全贴切。“挺身”意味着猛烈，而这个动作中没有猛烈，因为平衡的不稳定的缘故，而稍微一用力，蝗虫便会摔下来，一命呜呼，它就会干死在那儿，或者至少它的飞行器官因无法展开而将成为一堆破烂。蝗虫并不是硬挣出来，它小心谨慎地从外套中滑动出来，仿佛有一根柔软的弹簧在把它轻轻弹出。

我们再回头看看那些蜕皮之后表面上没有丝毫变化的鞘翅和翅膀吧。它们仍旧残缺不全，几乎像是上面有细竖条纹的小绳头。它们要等到幼虫完全蜕皮并恢复正常姿态之后才会展开。

我们刚才看到蝗虫翻转身子，头朝上了。这种翻身动作足以让鞘翅和翅膀回到正常位置。原先它们极其柔软地因自身重量而弯曲地垂着，自由的一端朝着倒置的头部。

此刻，它们仍旧因自身的重量而使姿势被修正，处于正常方向。已不再有弯曲的花瓣，颠倒的位置也调整过来，但这并没使它们那不起眼的外表有任何的改变。

翅膀完全张开时呈扇形。一束轮辐状的粗壮翅脉横贯翅膀，成为可张可缩的翅膀构架。翅脉间，有无数横向排列的小支架层层叠起，使整个翅膀成为一个带矩形网眼的网络。鞘翅粗糙而过小，也是这种网络结构，但网眼是方块形的。鞘翅和翅膀状若小绳头时，都看不出这种带网眼的组织来。上面仅仅是几条皱纹，几条弯曲的小沟，表明这些残废肢体是经精巧折叠使体积达到最小的织物构成的东西。

翅膀的展开是从肩部附近开始的。那儿一开始看不出有什么变化，但很快便现出一块半透明的纹区，有着清晰而美丽的网络。

渐渐地，这块纹区用一种连放大镜都观察不到的缓慢速度在一点点扩张，致使末端那胖得不成形状的东西在相应地缩小。在逐渐扩展和已经扩展的这两部分的相接处，我怎么看也看不出个所以然来：我什么也没看出来，如同我在一滴水中什么也看不出来一样。但是，少安毋躁，不一会儿那方块网络组织就非常清晰地显现出来了。

根据这初步观察，我们真的会以为一种可以组织成实物的液体突然凝固成带肋条的网络了；我们还会以为眼前的是一种晶体，因其突如其来，颇像显微镜载玻片上的溶化盐似的。其实并非如此：情况不会是这样的。生命在其创作中是没有这种突如其来的。

我折断一个发育了一半的翅膀，用大倍数的显微镜对着仔细观察。这一次，我满意了。在似乎正逐渐结网的两部分的交接处，这个网络实际上已预先存在着。我很清楚地辨别出其中的已经粗壮的竖翅脉；我还看见其中横向排着的支架，尽管它们确实还很苍白且不凸出。我成功地把末端的几块碎片展开来，找到了要找的一切。

这已经证实了。翅膀此刻并不是织布机上由电动梭子生产出来的一块布料，而是一块已经完全织成了的成品布料。它所欠缺的只是展开和刚性，无须费多少事了，这就像熨衣服时用熨斗一熨就成了。

三个多小时过后，鞘翅和翅膀就全部展开了。它们竖立在蝗虫背上，呈一张大帆状，忽而无色，忽而嫩绿，如同蝉翼一开始那样。联想到它们原先只像是个不起眼的小包袱，如今展开得这么宽大，真令人拍案叫绝。这么多东西怎么在那小包袱里装下去的呀！

小说中说过一粒大麻籽儿里装着一位公主的全套衣裳。而我们这儿所见的是另一粒更加惊人的籽儿。小说里的那粒大麻籽儿为了发芽不断地增长繁殖，最后用了多年的时间才长出办嫁妆所需要的那么多大麻来，而蝗虫的这粒“籽儿”，短时间内便长出一对漂亮的大翅膀来了。

这个竖起四块平板来的绝妙大翅膀缓慢地坚硬起来，还增加了色彩。第二天，那颜色便已定型。翅膀第一次折合成一把扇子，贴在自己应在的地方；鞘翅则把外边缘弯成一道钩贴在体侧。蜕变完成了。大灰蝗虫只剩下在灿烂的阳光下使自己更加壮实，使自己的外衣晒成灰色的过程了。让它去享受自己的快乐，我们还是稍稍回头看看。

前面说过，在紧身甲顺着底部中线裂开后不久便从外套中出来的那四个残缺不全的东西，包含着有着翅脉网络的鞘翅和翅膀，这网络虽然谈不上完美无缺，但至少整体看来无数细部已经定型。为打开这寒碜的包袱，并让它变成美丽的翅膀，只需让起压力泵作用的机体把储存着为此一时刻而用的液汁注入已准备好的内部去即可，而这一时刻是最为辛劳的时刻。通过这个事先弄好的管道，一股细流便把翅膀给撑开了。

但是，仍旧包裹在外套里的这四片薄纱究竟是个什么情况呢？幼虫翅膀的镂刀、三角翼端是不是一些模具，按照它们那弯曲折叠的皱襞的模样，把包裹着的东西加工定型，从而编织出来的鞘翅和翅膀的网络？

如果我们看到的不是一个真正的模具，我们就可以稍许歇上一歇了。我们会想：用模具铸出来的东西跟凹模一样，这是很简单的。但是，我们脑子的歇息只是表面的，因为我们必然会想，模具那样复杂的结构也得有自己的出处呀！我们也别追得那么深。对我们来说，这一切可能都是两眼一抹黑的。我们就局限在所观察到的情况就行了。

我把一只要蜕变的幼虫的一个翼端放在放大镜下仔细观察。我看到上面有一束呈扇形辐射开来的粗壮翅脉，其间夹杂着另外一些苍白而细小的翅脉。最后，还有许多很短的横线，更加细微，弯成人字形，补足了这个组织。

这就是未来鞘翅的简略雏形。它与成熟了的鞘翅真是有天壤之别！与似建筑物梁木的翅脉的辐射状布局完全不一样；由横翅脉构成的网络丝毫不像未来的复杂结构。继粗略雏形的是极其复杂的结构，而在粗糙的基础上是臻于完善的。翅膀的翼及其结果，即最终的翅膀也同样是这种情况。

当准备状态和最终状态都呈现在眼前时，就一目了然了：幼虫的小翼并不是按其模样加工材料并按照其凹模来制造鞘翅的简单模具。

不是这样的。所期待的包裹状薄膜还没在这个雏形当中，这个包裹一旦打开，其组织之大、之极，其复杂将会令我们惊讶不已的。或者更确切地说，这个包裹状薄膜就在雏形中，但却是处于潜在状态。在成为真正的实物之前，它只是个虚拟形态，但可以变成实物。它存在于雏形之中，就比如是橡树就存在于橡栗之中一样。

翅膀的镘刀和鞘翅的翼端没有固定着的边缘为一圈半透明的小肉球所包围。经高倍放大镜放大之后，可以看见其中有几个似有似无的未来锯齿的雏形。这很可能是生命将使其物质运动的工地。没有任何有形的东西能使人感觉到那个神奇的网络的存在，但是我们感觉不到的这个网络的每一个网眼都会有自己明确的形状及其精确的位置。

因此，能使这种可以组织起来的材料具有薄纱状，并让脉序构成一个难以绕出的迷宫，势必有比模具更巧妙更高级的结构，势必有一张标准的平面图，有一个让每一个原子进入规定位置的理想的施工说明书。在材料动起来之前，外形已经明确地勾勒出来，供塑性液流流动的管道也已经铺设好了。我们建筑物的砾石已按照建筑师思考好的施工说明书码放好了；它们先按设想的码放，然后便真正地垒砌起来。

同样，蝗虫翅膀这个从不起眼的外套中挣脱出来的美丽的花边薄翼，让我们知道了有另一位建筑师，它画出了一些平面图，生命则按它们去建造。

生物的诞生方式多种多样，有比蝗虫的诞生更让人惊叹不已的，但是，那都是在不知不觉中进行的，被时间这巨大的帷幕遮盖住了。如果我们不具备持之以恒的精神，那神秘缓慢的进程就会让我们错过最激动人心的场面。而蝗虫的蜕变却不一样，快得出奇，所以必须全神贯注，即使你在犹豫也不能放松警惕。

谁要是想看一看生命以多么不可思议的灵巧在工作而又不想枯燥乏味地等候的话，那就去看葡萄树上的大蝗虫好了。种子发芽，叶子舒展，花朵绽放都极其缓慢，我们的好奇心难以得到满足，但葡萄树上的大蝗虫却可以代替之，以了却我们的心愿。我们无法看到小草的缓慢生长，但我们却能十分清楚地观察到蝗虫的鞘翅和翅膀的蜕变过程。

看到这个大麻籽儿几个小时就变成了一张漂亮的大帆，真让人惊得目瞪口呆。啊！生命在编织蝗虫的翅膀，真不愧是个能工巧匠，而蝗虫只是那些微不足道的昆虫中的一种而已。老博物学家普林尼谈到它时说道："葡萄树蝗虫在这个刚向我们指出的不为人知的角落里，显示出它是多么强大，多么聪慧，多么完美！"

我听说有一位博学的研究者，他认为生命只不过是物理力和化学力的一种冲突而已，他苦思冥想，希望有一天以人工的方法能获得那种可加以组织的材料，亦即行话所说的"原生质"。如果我有这种能力，我会急于满足这位雄心勃勃的人的。

喏，就这样，你准备好了各种各样的原生质。经过深思熟虑、深入研究、耐心细致、谨慎小心，你的愿望实现了；你从你的实验仪器中提取了一种易于腐败、过几天就发臭的蛋白质黏液，总之，是一种脏得很的玩意儿。你将如何处置你的产品？

你将把它组织起来吗？你将给它以活的建筑结构吗？你将用一种注射器把它注入两片不会搏动的薄片中间去，以获取哪怕是一只小飞虫的翅膀吗？

蝗虫几乎就是按这种方法干的。它把它的原生质注入小翅膀的两个胚层之间，材料也就在其间变成了鞘翅，因为它在那儿有我们前面所说的原型作为指引。它在自己行程的迷宫中按照先于它存在那儿的并且已制定好的施工说明书行动。这种对形状进行协调的原型，这个事先存在的调节物，你的注射器里有吗？没有。所以说你就把你的产品扔掉吧。生命是决不会从这种化学垃圾中迸发出来的。

绿 蚱 蜢

现在已是7月中旬了，按照气象学，三伏天刚刚开始，但实际上，酷热赶在日历的前头到来，几个星期以来，简直是酷热难当。

今晚，村子里在举行庆祝国庆的晚会。村童们正围着一堆旺火欢蹦乱跳，我影影绰绰地看到火光映到教堂的钟楼上面，“嘭啪嘭啪”的鼓声伴随着“钻天猴”烟火的“唰唰”声响，这时候，我独自一人在晚上九点钟光景那习习凉风中，躲在暗处，侧耳细听田野间那欢快的音乐会，这是庆丰收的音乐会，比此时此刻在村中广场上那烟花、篝火、纸灯笼，尤其是劣质烧酒组成的节日晚会更加庄严壮丽，它虽简朴但却美丽，虽恬静但却具有威力。

夜已深了，蝉鸣声止。整个白昼，它们饱尝阳光和炎热，尽情欢唱不止，而夜晚来临，它们要歇息了，但是它们却常常被搅扰得无法休息。在梧桐树那浓密的枝杈中，突然会传来一声如哀鸣般的闷响，短促而凄厉。这是被绿蚱蜢突然袭击所惊扰的蝉的绝望哀号。蚱蜢是夜间凶猛凌厉的猎手，它向蝉扑去，拦腰将蝉抱住，把它开膛破肚，掏心取肺。欢歌曼舞之后，竟是杀戮。

在我的住处附近，绿蚱蜢似乎并不多见。去年，我计划着研究研究这种昆虫，但是一直没有找到过它，只好恳求一位看林人帮忙，他终于帮我从拉加尔德高原弄到两对绿蚱蜢。那里是严寒地区，山毛榉现在正开始往旺杜峰长上去。

好运总是要先捉弄一番，然后才向着坚韧不拔者微笑的。去年久寻不见的绿蚱蜢，今夏已经几乎是随处可见了。我用不着走出我那狭小的园子，就能捉到它们，想要捉多少就有多少。每天晚上，我都听见它们在茂密的树丛草柯中鸣叫。把握好这个好时机，机不可失，时不再来。

自6月份起，我便把我所捉到的足够的一对对绿蚱蜢关进一只金属网钟形罩中，下面是一只瓦罐，铺了一层沙子做底。这漂亮的昆虫简直棒极了，

全身淡绿色，身体两侧有两条淡白色的饰带。它体形优美，身轻体健，一对罗纱大翅膀，是蝗虫科昆虫中最优雅美丽的。我因捉到这样的一些俘虏而洋洋自得。它们将会告诉我些什么呀？等着瞧吧。眼下必须把它们喂养好。

我给这帮囚徒喂莴苣叶。它们果然在啃咬，但是吃得极少，而且不屑吃的样子。我很快就弄明白了：我养的是一些不太甘愿吃素的家伙。它们需要别的，看上去是想捕捉活食。但到底是哪种活食呢？一个偶然的机会碰巧让我知道了是什么。

破晓时分，我在门前溜达，突然旁边一棵梧桐树上掉下点什么东西，还吱吱地在叫。我赶忙跑上前去。是一只蚱蜢在掏空被它抓住的一只蝉的肚腹。蝉徒劳地鸣叫，挣扎，蚱蜢始终紧咬住不放，把脑袋深扎进蝉的内脏中，一小口一小口地撕拽出来。

我明白了：蚱蜢是一大早在树的高处趁蝉歇息时发动袭击的，受袭的被活活地开膛的蝉猛然一惊，随即进攻者和被袭者扭成一团跌落下来。那次以后，我又多次看到这类似的屠杀场面。

我甚至见到过胆量过人的蚱蜢蹿起追扑晕头转向乱飞逃命的蝉，犹如在高空中追逐云雀的苍鹰。与胆量过人的蚱蜢相比，猛禽略逊一筹。苍鹰是专攻比自己弱小的动物，而蝗虫类则相反，攻击比自己个头大得多、强壮得多的庞然大物，而这场个头相差许多的肉搏的结果是小个头必赢无疑。蚱蜢有极强的下颚和利爪，很少不把对手开膛破肚的，而后者因没有武器，只有哀号和挣扎的份儿了。

要紧的是要把猎物擽住，这倒并不难，趁夜间猎物打盹儿的工夫下手即可。凡是被夜巡的凶猛的蚱蜢撞上的蝉都难免惨死。这就可以理解了，为什么夜阑人静，蝉声停叫之时，有时会突然听见树冠中传出吱吱的惨叫声。那是身着淡绿色衣服的强盗刚刚捉住一只入睡了的蝉。

我找到了我的食客们所需之食物了：我就用蝉来喂养它们。它们对这道菜感到非常合胃口，所以两三个星期的工夫，我那笼子里就一片狼藉，蝉脑袋、空胸壳、断翅膀、断肢碎爪，无处不在。只有肚子几乎整个儿地不见了。肚腹是块好肉，虽然营养成分不高，但看来味道很好。

确实，蝉腹中的嗉囊里积存着糖浆，那是蝉用自己的小钻从嫩树皮里汲出来的香甜液汁。是否就因为这种蜜饯的缘故，蝉的肚腹才成为猎人的首选？这很可能。

为了使食谱多样化，我其实还专门喂它们一些香甜的水果，比如梨片、葡萄、甜瓜片等等。这些水果它们全都很爱吃。绿蚱蜢就像英国人：它非常喜欢浇上果酱的牛排。也许这就是为什么它一抓住蝉，就要开膛破肚的缘故：肚子里装着裹着果酱的鲜美肉食。

并非在任何地方都可以吃到这种甜蝉美味的。在北方地区，绿蚱蜢遍地皆是，它们不可能找得到它们在我们这儿所热衷的这种美食。它们大概还有别的吃食。

为了弄清楚这个问题，我给它们喂细毛鳃角金龟，这是一种夏季鳃角金龟，与春季鳃角金龟相同。这种鞘翅昆虫一扔进笼里，绿蚱蜢们便毫不迟疑地扑上去了，吃得只剩下鞘翅、脑袋和爪子。我又投进去漂亮而肉肥的松树鳃角金龟，结果也一样，第二天我发现它被那帮凶神恶煞之徒给开膛破肚了。

这些例子已足以说明问题了。这证明蚱蜢是个嗜食昆虫者，尤其爱吃没有过硬甲胄保护的那些昆虫；这还证明它们特别喜欢肉食，但又像螳螂那样只吃自己捕获的猎物。这个蝉的刽子手还知道肉食热量太高，须用素食加以调剂。吃完肉喝完血之后，还要来点水果什么的，有时候，实在没有水果，来点草吃吃也是可以的。

然而，同类相残仍然存在。其实我还从未看到我笼中的飞蝗像螳螂那样的野蛮行径，后者经常拿自己的情敌开刀，吞食自己的情侣。不过，假若笼中的某个体弱的飞蝗倒下，幸存者们会像对待一般猎物那样毫不迟疑地扑上去的。它们并不是因为食物匮乏才以死去的同伴充饥的。不管怎么说，凡是身有佩刀的昆虫都程度不同地有以伤残同伴为食的癖好。

除了这一点而外，我笼子里的飞蝗们倒是和平共处地生活着。它们彼此之间从未见有过狠打狠斗，顶多也就是因食物而稍许争抢一番而已。我刚扔进笼子里一片梨，一只飞蝗便立即霸占上了。因为怕别人来争抢，它就踢腿蹬脚，不让别人过来抢它的美食。自私自利无处不在。它吃饱了，就把位子让给别人，后者随即也霸道地占着梨片。笼中的食客就这么一个一个地飞上去占上一番。吃饱喝足之后，大家便用大颚尖挠挠脚掌，用爪子蘸点唾沫擦擦额头和眼睛，然后便用爪子抓住网纱或躺在沙地上，做沉思状，悠然自得地在消食。白天的大部分时间都睡大觉，尤其是天气炎热时，更是如此。

到了日落西山，夜幕降临时，这帮家伙劲头儿便上来了。九点钟光景，闹腾得最欢。忽而猛地冲上圆顶高处，忽而又兴冲冲地下来，一会儿再冲上去。大家吵嚷着来来去去，在环形道上跑跑跳跳，遇上好吃的便咬上两口，也不停下来。

雄性绿蚱蜢待在一旁，用触须挑逗路过的雌性。未来的母亲们庄重严肃地踱着步，佩刀半抬着。对于那些猴急的狂热雄性来说，现在的大事就是交配。有经验者一看就知道它们想干什么。

这也是我所观察的主要内容。我的愿望得以满足，但并不是完全满足，因为下面的好事拖得太晚，我没能看到最后那一幕。那最后的一幕要拖到深夜或者凌晨。

我所看到的那一点点只局限于没完没了的序幕那一段。热恋的情侣面对面，几乎头碰头地用各自的柔软触角彼此触摸，互相试探。它们仿佛两个用花剑互击来互击去以示友好的对手。雄性不时地鸣叫几声，用琴弓拉上几下，然后便寂然无声，也许是因为过于激动而没继续拉下去。十一点了，求爱仍未结束。我实在是困得不行，颇为遗憾地撇下了这对情侣。

第二天早晨，雌性产卵管根部下方吊挂着一个奇特的玩意儿，是装着精子的口袋，宛如一只乳白色的小灯泡，大小如天平砝码，隐约地分成数量不多的长圆形囊泡。当雌性绿蚱蜢走动时，那小灯泡擦着地，粘上一些沙粒。然后，它拿这个受孕的小灯泡当作盛筵，慢慢地将其中的东西吸尽，再咬住干薄皮囊，久久地反复咀嚼，最后再全部吞咽下去。不到半天工夫，那乳白色的赘物消失了，连渣渣末末都全部被它美滋滋地吃光了。

这种难以想象的盛筵似乎是从外星球传入的，因为它与地球上的筵席习惯大相径庭。蝗虫科昆虫真是个奇特的物种，它们是陆地动物中的最古老的动物中的一种，而且如同蜈蚣和头足纲昆虫一样，是古代习性沿用至今的一个代表。

大孔雀蝶

这是一个难忘的晚会。我将把它称作大孔雀蝶晚会。谁不认识这美丽的蝴蝶？它是欧洲最大的蝴蝶，穿着栗色天鹅绒外衣，系着白色皮毛领带。翅膀上满是灰白相间的斑点，一条淡白色之字形线条穿过其间，线条周边呈烟灰白，翅膀中央有一个圆形斑点，宛如一只黑色的大眼睛，瞳仁中闪烁着黑色、白色、栗色、鸡冠花红色的呈彩虹状的变幻莫测的色彩。

它的体色模糊泛黄的毛虫也同样美丽好看。它那稀疏地环绕着一圈黑纤毛的体节末端，镶嵌着青绿色的珍珠。它那粗壮的褐色茧形状极其奇特，口部状如渔民的捕鱼篓，通常紧贴在老巴旦杏树根部的树皮上。这种树的树叶是其毛虫的美味食物。

5 月 6 日那天早上，一只雌性大孔雀蝶在我面前的实验室桌子上破茧而出。它因孵化时的潮湿而浑身湿漉漉的，我立即用金属网罩把它罩了起来。我这也是灵机一动才这么做的，因为我还没有针对它的特殊安排。我只是凭着观察者的简单习惯，把它关了起来，时刻密切注意可能会出现的情况。

我很有运气。晚上九点钟光景，全家人都躺下睡觉了，我隔壁房间乱糟糟的一阵响动。小保尔没怎么穿衣服，来回走动，又蹦又跳，跺脚踢物，弄翻椅子，简直像疯了似的。只听见他在喊我。“快来呀，”他在大声喊叫，“快来看这些蝴蝶呀，像鸟儿一样大！房间里都飞满了！”

我赶忙奔过去。一看，怪不得孩子会那么兴奋，那么乱喊乱叫。那是从未发生过的擅闯民宅，是巨大的蝴蝶的入侵。有四只已经被抓住，关进了麻雀笼里。还有大量的全都在天花板上飞来飞去。

见此情景，我立刻想起了早晨被我关起来的那只雌性大孔雀蝶来。“快穿上衣服，孩子，”我对儿子说，“把你的笼子放那儿，跟我走。咱们去看看稀罕玩意儿。”

我们在往下走，来到住宅右翼我的实验室。在厨房里时，我碰见保姆，她也被眼前发生的事弄得惊愕不已。她在用她的围裙驱赶一些大蝴蝶，一开始她还以为是蝙蝠呢。

看起来，大孔雀蝶已经差不多把我的住宅全都占据了。这肯定是那只被囚女俘引来的，它周围的那方天地会成什么样儿了呀！幸好，实验室的两扇窗户有一扇是开着的。道路通畅。

我们手里拿着一支蜡烛，冲进了房间。我们第一眼所见简直是终生难忘。一群大蝴蝶轻拍着翅膀，围着钟形罩飞舞，落在罩子上，忽而又飞走，然后又飞回来，再飞向天花板，继而又飞下来。它们扑向蜡烛，翅膀一扇，蜡烛灭了。它们又扑向我们肩头，钩住我们的衣服，轻擦着我们的面孔。这屋子简直成了一个巫师招魂的秘窟，成群的蝙蝠在飞舞。为了壮胆，小保尔紧攥住我的手，比平时用力得多。

它们有多少只呢？将近二十来只。再加上误入厨房、孩子们的卧室和其他房间的，总数将有四十来只。我要说，这是一次难忘的晚会，一次大孔雀蝶的晚会。它们不知是如何得知消息的，从四面八方赶来。其实，那是四十来个情人，急不可耐地赶来向今晨在我实验室的神秘氛围中诞生的女子致意的。

今天，我们就别再多打扰这一大群追求者了。蜡烛的火焰伤着了这群来访者，它们冒冒失失地向火上扑去，烧着了点身子。明天我将用一份事先拟定的实验问卷再来进行这项研究。

现在，我们先来整理一下思路，来谈谈我观察的这一个星期里的所有情景中重复见到的情况。每次都发生在晚上八点到十点之间；蝴蝶们是一只一只飞来的；是暴风雨的天气，天空乌云翻滚，一片漆黑，花园里，露天地，树丛内，伸手不见五指。

对于这些到访者来说，除了在这漆黑之夜而外，住所也难以进入。房屋掩映在一些高大的梧桐树下；屋前向外前厅似的是一条两边长着厚厚的丁香和玫瑰树篱的甬道；屋前还有丛丛松树和杉柏帷幕在抵挡凛冽的西北风的侵袭。大门不远处还有一道小灌木丛形成的壁垒。大孔雀蝶要赶到朝圣地就必须在漆黑的夜晚穿越这杂乱的树枝屏障，左冲右突，迂回前进。

在这样的情况下，猫头鹰都不敢离开它那油橄榄树的巢穴贸然闯入。而大孔雀蝶装备精良，长着多面的小光学眼睛，比大眼睛的猫头鹰技高一筹，敢于毫不迟疑地勇往直前，顺利通过，没有发生碰撞。它迂回曲折地飞行着，方向掌握得非常之好，所以尽管越过了重重障碍，抵达时仍精神抖擞，大翅膀没有丝毫的擦伤，完好无损。对于它来说，黑夜中的那点光亮已足够了。

即使认为大孔雀蝶具有某些普通视网膜所没有的特殊视觉，那这种异乎寻常的视觉也不会是通知在远处的它飞来这里的东西。远隔着的距离和其间的遮挡物肯定使这种视觉起不了这么大的作用。

再说，除非有迷惑性的光的折射——这儿并不是这种情况——大孔雀蝶会直扑所见到的东西的，因为光线的指引是非常准确的。不过大孔雀蝶有时也会出错，但错的不是要走的大方向，而是引诱它前去的所发生事情的确切地点。我刚才说过，孩子们的卧室是在此时此刻到访者们的真正目的地——我的实验室的对面，在我们秉烛闯入之前，已经被一群蝴蝶占据了。它们肯定是因情急搞错了。在厨房里也是一样，也有一群满腹狐疑的蝴蝶，因为在厨房里有一盏灯，挺亮，对于夜间活动的昆虫来说是一种无法抗拒的诱惑，所以它们可能因此而迷了路。

我们只考虑黑暗的地方吧。在这种地方迷失方向者也不在少数。我在它们要前往的目的地附近几乎到处都发现一些。因此，当被囚女俘身陷我的实验室时，蝴蝶们并不是全都从那个直接而可靠的通道——开着的窗户——飞进来的，那通道离钟形罩下的女囚只不过三四步远。有不少是从下面飞进来的，它们在前厅四处乱窜，顶多飞到了楼梯口，可那是一条死路，上面有一个门关着，进不去的。

这些情况说明，赶来求爱的大孔雀蝶们并没有像普通光辐射告诉它们之后它们所做的那样（这些光辐射是我们的身体能感觉到或不能感觉到的），直奔目标飞来。另有什么东西在远处告诉它们，把它们引到确切地点附近，然后让最终的发现物处于寻找和犹豫的模糊状态之中。我们通过听觉和味觉获得的信息差不多也是这种情况，当必须准确地弄清声音或气味的来处时，听觉或味觉却是很不准确的。

发情期的大孔雀蝶夜间朝圣时究竟是靠什么样的信息器官呢？人们怀疑它们的触角。雄性大孔雀蝶的触角似乎确实是用它们那宽阔的羽状薄翼在探测。这些美丽的羽饰只是一些普通的服饰呢，还是也起着一种引导求爱者找寻气味的作用呢？似乎不难进行一个带结论性的实验。咱们不妨来试一试。

入侵发生的翌日，我在实验室里找到了头天夜袭的访客中的八位。它们在关着的那第二扇窗户的横档上盘踞着，一动不动。其他的在一番飞舞尽兴之后，于晚上十点钟光景从进来的那个通道，也就是日夜全都敞开着的那第一扇窗户飞走了。这八只坚韧不拔者正是我要做的实验所必需的。

我用小剪刀从根部剪掉大孔雀蝶的触角，但并未触及它们身体的其他部位。它们对这种手术并未有什么反应。谁都没有动，只不过稍稍抖动了一下翅膀。手术非常成功：伤口似乎不怎么严重。被剪去触角的大孔雀蝶没有疼得乱飞乱舞，这对我的实验计划是最好不过的了。一天结束了，它们一直静静地一动不动地待在窗户的横档上。

余下要做的还有另外几项事情。特别是当被剪去触角的大孔雀蝶在夜间活动时，应给女囚换个地方，不让它待在求爱者们的眼皮底下，以保证研究的成果。因此，我把钟形罩和女囚搬了家，把它放在地上，在住宅另一边的门廊下，离我的实验室有五十来米。

夜幕降临，我最后一次查看了一下我那八只动过手术者。有六只已经从敞开着的那扇窗户飞走了；还留下两只，但是已经摔在了地板上，我把它们翻过来，仰面朝天，它们都没有力气翻转身子了。它们已精疲力竭，奄奄一息。可别责怪我的手术不好。即使我不用剪刀剪去它们的触角，它们照样会衰老垂危的。

那六只大孔雀蝶精力充沛，已经飞走了。它们还会飞回来寻找昨天引它们飞来的诱饵吗？它们没有了触角，还能找得到现已移往别处、离原先的地点挺远的那只钟形罩吗？

钟形罩放在黑暗之中，几乎是在露天地里。我时不时地拿着一只提灯和一个网跑过去看看。来访者被我捉住，辨认，分类，并立即在我关上了门的相邻的一间屋子里放掉。这样做可以精确地计数，免得同一只蝴蝶被计算上好几次。另外，这临时的囚室宽敞空荡，绝不会损伤被捉住的蝴蝶，它们在囚室里会觉得很安静，而且有很大的空间。在我以后的研究中，我也将采取类似的安全措施。

十点半钟，再没有到访者了，实验结束了。捉住的一共是二十五只雄性，只有一只是失去触角的。昨天被动过手术的那六只大孔雀蝶，身强力壮，得以飞出我的实验室，回到野外，其中只有一只回来寻找那只钟形罩。如果必须肯定或者否定触角的导向作用，那我尚不敢信任这种收获不大的结果。让我们在更大的范围内再做一番实验吧。

第二天早上，我去查看头一天被捉住的俘虏们。我看到的情况并不令人鼓舞。有许多都落在地上，几乎没有了生气。我把它们用手指夹住时，有几只只是略微有点生命的气息。这些瘫痪了的囚徒还能有什么用处？咱们还是试一试吧。也许到了寻欢求爱的时刻，它们又会恢复生气的。

有二十四只新来的接受了截去触角的手术。先前被剪去触角的那一只被剔除了，因为它差不多已奄奄一息了。最后，在这一天剩余的时间里，监狱的大门是敞开的，谁想飞走就飞走，谁想去赴盛大晚会就去参加吧。为了让飞出去的接受试验，它们在门口必然会遇见的那只钟形罩又被挪了地方。我把它放置在一楼对面那一侧的一个套间里。当然，这个房间进出是自由的。

这二十四只被剪去触角者中，只有十六只飞到了外面。有八只已精疲力竭，不多久就会死在这儿。飞走的那十六只中，有多少只晚上会回来围着钟形罩飞舞呢？一只也没有。第二晚我只逮着七只，全都是新飞来的，也全都是羽饰完整的。这一结果似乎表明剪去触角是较为严重的事。不过，我们还是先别忙着下结论：还有一个疑点，而且是很重要的疑点。

“瞧我这副德行吧！我还敢在别的狗面前露面吗？”刚被别人无情地割掉两只耳朵的小狗莫弗拉说。我的蝴蝶们会不会有小狗莫弗拉同样的担忧？一旦失去美丽的装饰，它们就不再敢出现在其情敌们面前向雌性示爱吗？这是它们的惶恐吗？是它们少了导向器的缘故吗？是不是因为久等而未能如愿所致，因为它们的狂热是短暂的？实验将解答我们的疑问。

第四天晚上，我捉到十四只蝴蝶，全都是新来者，我逐个地把它们关在一间房间里，它们将在里面过夜。第五天，我趁它们习惯于昼间歇息不动之机，把它们前胸的毛拔掉少许。拔去这么一点点毛对昆虫无伤大雅，因为这种丝质的下脚毛很容易长出来，所以不会伤及它们在要回到钟形罩前的时刻到来时所必需的器官的。对于这些被拔毛者这算不了什么，可对于我来说，这将是我识别谁来过谁是新来者的重要标记。

这一次没有出现精疲力竭、无法飞舞者。入夜，十四只被拔毛者飞回野外去了。当然，钟形罩又挪了地方。两个小时里，我逮住二十只蝴蝶，其中只有两只是拔过毛的。至于前天晚上被剪去触角的大孔雀蝶，一只也没有出现。它们的婚期结束，彻底结束了。

在有拔过毛标记的十四只中，只有两只飞回来了。其他的十二只虽然有着所推测的导向器，有着它们的触角羽饰，但为什么没有回来呢？另外，在囚禁了一夜之后，为什么总是有那么多被证实为体力不支者呢？对此我只有一个回答：大孔雀蝶被强烈交尾的欲望迅速地耗得精疲力竭。

大孔雀蝶为了结婚这个它生命的唯一目的，具备了一种奇妙的天赋。它能飞过长距离，穿过黑暗，越过障碍，发现自己的意中人。两三个晚上的时间里，它用几个小时去寻觅，去调情。如果不能遂愿，一切全都完了：极其准确的罗盘失灵了，极其明亮的灯火熄灭了。那今后还活个什么劲呀！于是，它便缩到一个角落里，清心寡欲，长眠不醒，幻想破灭，苦难结束。

大孔雀蝶只是为了代代相传才作为蝴蝶生存的。它对进食为何事一无所知。如果说其他的蝴蝶是快乐的美食家，在花丛间飞来飞去，展开其吻管的螺旋形器官，插入甜蜜的花冠的话，那大孔雀蝶可是个没人可比的禁食者，完全不受其胃的驱使，无须进食即可恢复体力。它的口腔器官只是徒具形式，是无用的装饰，而非货真价实、能够运转的工具。它的胃里从未进过一口食物：如果它不是活不长的话，这可是个绝妙的优点。灯若想不灭就必须给它添油。大孔雀蝶则拒绝添油，不过它也就因此而活不长。只两三个晚上，那正是配对交欢最起码的必需时间，这就是一切：大孔雀蝶也就寿终正寝了。

那么失去触角的大孔雀蝶一去不复返又是怎么回事呢？它们是否在证明没有了触角它们就无法再找到那只女囚在等候它们的钟形罩呢？绝对不是。如同被拔掉毛身体受损但却安然无恙的昆虫一样，它们也是在宣告自己的寿命已经终结了。它们无论被截肢还是身体完整者，现在皆因年岁大的缘故而派不上用场了，它们的存在与不存在已无意义。由于实验所必需的时间不够，我们未能了解到触角的作用。这种作用先前让人摸不着头脑，今后仍旧是一个疑团。

我囚禁在钟形罩下的那只雌性大孔雀蝶存活了八天。它根据我的意愿，每晚在居住处的一隅或另一处，为我引来数目不等的一群造访者。我用网随到随捕，然后立即把它们关进封闭的房间，让它们过夜。第二天，它们起码要在喉部剪掉些羽毛，以做标记。

来访者的总数在这八天当中高达一百五十只，考虑到今后两年为了继续这项研究必需的资料我所要费劲乏力地去寻找这种活物的话，这个数目是真让人瞠目结舌。大孔雀蝶的茧在我住所附近虽说并非找不到，但至少是十分罕见，因为其毛虫的栖息地老巴旦杏树并不太多。那两年的冬天，我对这些衰老的树全都一一检查过，翻查它们那藏于一堆杂乱的木本植物中的树根，可我有多少次都是无功而返，空手而回呀！因此，我的那一百五十只大孔雀蝶是从远处，从很远的地方，也许是从方圆两公里以外或更远的地方飞来的。它们是如何获知我实验室里的情况而纷纷前来的呢？

有三个信息因子是易感性的决定条件：光线、声音和气味。大孔雀蝶从敞开的窗户飞进来之后，视觉在指引着它，但仅此而已。但在进来之前，在外面那未知的环境中则不然！说大孔雀蝶具有猞猁那种穿墙视物的视觉是不足以说明问题的，还必须解释为什么它有一种敏锐的视觉，能够神奇地看见几公里之外的东西。这个问题太大太难，咱们别去讨论了。

声音同样与此无关。胖胖的雌性大孔雀蝶虽能够从很远的地方招引来情人，但它却是静默无语的，连最敏锐的耳朵也听不见它的声音。说它春心萌动，激情颤抖，也许可以用高倍显微镜观察得到，严格地说，这是可能的。但是，我们不要忘了，到访者应该是在很远的距离之外，在数千米之外获得信息的。在这种情况下，我们就别去考虑声学的因素了，否则的话，就无宁静可言，周围一定是乱哄哄一片。

剩下的就是气味了。在感官范畴内，气味的散发比其他的东西可以说更能解释为什么蝴蝶们会稍作迟疑之后便纷纷前来追逐吸引它们的那个诱饵。是否确实有这么一种类似于我们称之为气味的散发物呢？这种散发又是极其难以发觉的，是我们所感觉不到可又能让比我们的嗅觉更敏锐的嗅觉能够感觉出来？得做一个实验，这实验极其简单，就是把这些散发物掩藏起来，用气味更大更浓烈而经久的一种气味压住它们，成为主导气味，这样一来，微弱的气味就几乎不存在了。

我事先在晚上雄性大孔雀蝶将被招来的那个屋子里撒了点樟脑。另外，在钟形罩下，在雌性大孔雀蝶旁边我也放了一只装满樟脑的宽大圆底器皿。大孔雀蝶来访的时刻来到时，只需待在房间门口就能闻到这股子樟脑味儿。我的巧计未能奏效。大孔雀蝶们像平时一样，如约而至；它们闯入房间，穿越那股浓烈的气味，像在没有气味的环境中一样，方向准确地向钟形罩飞去。

我对嗅觉能否起作用已产生了疑惑。再说，我现在也无法继续实验了。第九天，我的女俘因久等无果已精疲力竭，把未能孵出幼虫的卵下在钟形罩的金属纱网上之后死去了。没了雌性大孔雀蝶，也就无事可做，只好等到明年再说。

这一次，我将采取一些预防措施，储备了充足的必需品，以便如我所愿地重复已经做过的和我考虑要做的实验。说干就干，不必拖延了。

夏日里，我以每只一个苏的价格买了一些大孔雀蝶毛虫。我的几个邻居小孩——我日常的供货者们——对这种交易十分起劲。每个星期四，他们在摆脱那令人生厌的动词变位的学习之后，便跑到田间地头，不时地会找到一条大毛虫，用小棍子尖端挑着给我送来。这帮可怜的小鬼不敢碰毛虫，当我像他们抓熟悉的蚕时那样用手指捉住毛虫时，他们都吓呆了。

我用老巴旦杏树枝喂养我昆虫园中的大孔雀蝶毛虫，不几天便有了一些优等的茧。到了冬天，我在老巴旦杏树根部一丝不苟地寻找，获得不少的成果，补足了我的收集物。一些对我的研究感兴趣的朋友跑来帮我。最后，通过精心喂养，四处搜寻，求人代捉，虽身上被荆条划得伤痕累累，但却有了不少的茧，其中有十二只较大较重的是雌性的。

失望一直在等待着我。5 月来临，这是个气候变化无常的月份，把我的心血化为乌有，使我痛心疾首，愁苦不堪。说话又到了冬季，寒风凛冽，吹掉了梧桐树的新叶，落满一地。这是天寒地冻的腊月，晚上必须生上旺火，穿上已经在脱去的厚厚的冬衣。

我的大孔雀蝶也饱受煎熬。卵孵化得晚了，孵出来一些迟钝呆滞的家伙。在一只只钟形罩里，雌性大孔雀蝶根据出生先后今天一只明天一只地住了进去，可是很少或者压根儿就没有外面飞过来探望的雄性大孔雀蝶。在附近倒是有一些，因为我收集的长着漂亮羽饰的试验用雄性大孔雀蝶，一旦孵化出来，辨认清楚之后便会立即关进园子里。它们不管离得远的还是就在附近的，都很少飞过来，而且即使来了也无精打采的。

也许低温也对提供信息的气味散发物有很大的影响，而炎热则可能有利于气味的散发。我这一年的心血算是白费了。唉！这种实验真难呀，它受到季节变换的快慢和反复无常的制约！

我又开始进行第三次实验。我喂养毛虫，到田野里去寻找虫茧。到了5月份，我已经收集了不少。季节很好，符合我的要求。我又见到了一开始导致我进行这种研究的那次令人振奋的大孔雀蝶的入侵的盛况。

每天晚上都有大孔雀蝶飞来，有时十一二只，有时二十多只。雌性大孔雀蝶肚腹鼓鼓的，紧贴在钟形罩的金属网上。它毫无反应，甚至连翅膀都没颤动一下。它好像对周围所发生的事情无动于衷。我家人中嗅觉最灵敏的也没有嗅出什么气味来；我家亲朋中被拉来作证的听觉最敏锐的也没听见任何响动。那只雌性大孔雀蝶一动不动地、屏息凝神地在等待着。

雄性大孔雀蝶三三两两地扑到钟形罩圆顶上，绕着飞来飞去，不停地用翅尖拍打着圆顶。它们之间没有因争风吃醋而发生打斗。每只雄性大孔雀蝶都在尽力地想闯入钟形罩，看不出对其他的献殷勤者有任何的嫉妒。徒劳地尝试一番之后，它们厌倦了，飞走了，混入正在飞舞着的蝶群中去。有几只绝望者从那扇敞开的窗户飞走了，一些新来者替代了它们；而在钟形罩的圆顶上，直到十点钟左右，不断地有蝴蝶尝试闯入，随即失望而去，随即又有新来者代替之。

钟形罩每天晚上都要挪挪地方。我把它放在北边或南边，放在楼下或二楼，放在住所右翼或左翼五十米开外，放在露天地里或一间僻静小屋的暗处。这一番神不知鬼不觉的突然搬来搬去，如果不知情者想找可能都找不着，但是却一点也没骗过蝴蝶们。我的时间与心思全白费了，没有迷惑住它们。

这里并不是对地点的记忆在起作用。譬如头一天晚上，那只雌性大孔雀蝶被放置在住所的某间房间里。羽饰美丽的雄性大孔雀蝶飞到那儿舞了两个小时，甚至还有一些在那儿过了一夜。第二天，日落时分，当我转移钟形罩时，雄性大孔雀蝶都在外边。尽管寿命转瞬即逝，但新来者仍有能力进行第二次、第三次的夜间远征。这些只能存活一日的家伙首先将飞往何处？

它们了解昨夜幽会的确切地点。我还以为它们将凭着记忆回到那儿去；

而在那儿发现人去楼空时，它们将飞往别处继续追寻。但并不是这么回事：与我的期盼恰恰相反，根本就不是这样的。它们谁也没有再出现在昨晚一再光顾的地方，谁都没在那儿做过短暂逗留。此地已看出是没有人烟了，记忆似乎并没有事先向它们提供任何情报。一个比记忆更加可靠的向导把它们召唤去了另外的地方。

在此之前，雌性大孔雀蝶一直公开地待在金属网眼上。那些到访者在漆黑的夜晚目光仍是敏锐的，它们凭借那对我们而言简直如同漆黑的夜色的一点微光是能够看见那只雌性大孔雀蝶的。如果我把雌性大孔雀蝶关进不透明的玻璃罩中，那会出现什么情况呢？这种不透明的玻璃罩难道就不能让提供信息的气味自由散发或完全阻止它散发吗？

今天，物理学使我们能够发明利用电磁波的无线电报了。大孔雀蝶在这个方面是不是可能超越了我们？为了激跃周围的雄性大孔雀蝶，通知几公里以外的求爱者，刚刚孵化出来的适婚雌性大孔雀蝶难道已拥有已知的或未知的电波和磁波吗？这种电波、磁波难道会被某种屏障隔断而被另一种屏障放行吗？总而言之一句话，它是不是会按照自己的方法利用某种无线电呢？我觉得这并没有什么不可能的。昆虫是这种高级发明的强者。

于是，我把雌性大孔雀蝶放在不同材质的盒子里。有白铁的，木质的，硬纸壳的。全都关得严严实实，甚至还用油性胶泥给封上。我还用了一只玻璃钟形罩，摆放在一小块玻璃的绝缘柱上。

在这种严密封闭的条件下，没有飞来一只雄性大孔雀蝶，一只也没有，尽管晚上既凉爽又安静，环境宜人。无论是什么材质的——金属的，玻璃的，木质的还是硬纸壳的——密封盒，都使传递信息的气味物无法散发出去。

一层两横指厚的棉花层也产生同样的效果。我把雌性大孔雀蝶放进一只很大的短颈大口瓶里，用棉花盖上瓶口，扎紧。这足可以使周围的雄性大孔雀蝶无法知晓我实验室的秘密了。一只雄性大孔雀蝶都没有露面。

反之，我们把盒子不要密封，让它微微开着点，再把这些盒子放进一只抽屉里，装进大衣橱中，但尽管这么藏了又藏，雄性大孔雀蝶仍然蜂拥而来，多得就像明显地把钟形罩放在一张桌子上时一样。女俘被放在帽盒里，裹进一只关好的壁橱等待着的那个晚上的情景至今仍历历在目。雄性大孔雀蝶们扑向壁橱门，用翅膀扑打着，啪啪连声，想闯进去。这些过路的朝圣者，也不知从何处飞进田野来到此处，它们非常清楚门后面藏着什么。

因此，任何类似无线电报的通信手段都无法接受，因为一道屏障无论是好导体还是坏导体，一经出现便立即阻断了雌性大孔雀蝶的信号。为了让信号畅通无阻，传得很远，必须具备一个条件：囚禁雌性大孔雀蝶的囚室不能关得严丝合缝，密不透风，要让内外空气相通。这又使我们回到了存在一种气味的可能性上，但那是经我用樟脑所做的实验给否定了的。

我的大孔雀蝶的茧业已告罄，但问题仍然没有弄个一清二楚。我第四年还要继续搞下去吗？我放弃了，原因如下：如果我愿跟踪观察一只大孔雀蝶夜间婚礼中的亲昵举动，那是颇为困难的。献殷勤的雄性为达到目的肯定是无须亮光的，但我那人的微弱视力夜间无亮光是看不见什么的。我起码得点上一支蜡烛，但又常常被飞舞的群蝶给扇灭了。提灯倒是可以免此烦恼，但是它光线昏暗，又会出现阴影，根本无法让你看得清清楚楚。

还不光是这一点。灯的亮光还会把蝴蝶从它们的目标引开，使之无法成其美事，而且照得太久，还会严重影响整个晚会的成功。来访者一飞进屋内，便疯狂地扑向火光，烧坏身上的绒毛，而且，从今以后因为被烧伤而疯狂，就无法用来取证了。如果它们没有被烧着，被隔在玻璃罩外面，落在火光旁边，便会像是被施了魔法似的，不再动弹。

一天晚上，雌性大孔雀蝶被放置在餐厅的一张桌子上，正对着敞开着的窗户。一盏煤油灯点着，灯上装有一个搪瓷的宽大灯罩，吊挂在天花板上。一些来访者落在钟形罩的圆顶上，在女俘面前急不可耐的样子，另外的一些来访者，飞过女俘囚室时略微致意一番，便向煤油灯飞去，盘旋片刻之后，被搪瓷灯罩的反射光照得迷迷糊糊的，便贴在灯罩下面一动不动了。孩子们已经伸手要去捉它们了。“别动，”我说，“别动。别惊扰它们，别搅扰这些前来光明圣体龛朝圣的客人们。”

整个晚上，它们全都没有动弹过。第二天，它们仍留在原地。对亮光的迷恋使它们忘掉对爱情的陶醉。

面对这样的一些迷恋亮光的家伙，精确而长久的实验是无法进行的，因为观察者需要照明。我放弃了对大孔雀蝶及其夜间婚礼的观察。我需要一只习性不同的蝴蝶，它得像大孔雀蝶一样勇敢地奔赴婚礼幽会，但又能在白天行房。

在用一只满足上述条件的蝴蝶进行研究之前，暂时先别顾及时间的先后次序，说几句我结束研究之前飞来的最后一只蝴蝶的事。那是一只小孔雀蝶。

别人不知从哪儿给我弄来一只很棒的茧，裹着一个宽大的白色丝套。从这个不规则的大褶皱的丝套中，很容易抽出一只外形似大孔雀蝶茧但体积要小一些的茧来。丝套端口用松散但又聚集的细枝结成网状，可出而不可进，我一眼便可看出那是一只夜间活动的大孔雀蝶的同类。丝套上有编织者的名号。

果然，3 月末，圣枝主日那一天的清晨，那只茧孵出一只雌性小孔雀蝶，我立刻把它关进实验室的钟形金属网里。我打开房间的窗户，好让这件大事传布到田野中去，而且必须让可能前来的探访者自由进入房间。被囚的这只雌蝶贴在金属网纱上，一个星期都没再动一动。

我的小孔雀蝶女囚美丽极了，一身呈波纹状的褐色天鹅绒华服，上部翅膀尖端有胭脂红斑点，四只大眼睛，宛如同心月牙，黑色、白色、红色和赭石色混在一起。如果不是色泽那么发暗的话，几乎就是大孔雀蝶的装饰。这种体形和服饰如此华美的蝴蝶，我一生中见到过三四次。我昨天见了茧，但从未见到过雄性蝶。我只是从书本上知道雄性比雌性要小一半，体色更加鲜艳，更加花枝招展，下部翅膀呈橘黄色。

我还不了解的陌生贵客、羽饰漂亮的雄蝶，它会飞来吗？在我们周围这一片似乎很少见到它的。在它那遥远的藩篱墙（篱笆墙。藩篱，fānlí）中，它能得知那只适婚雌蝶在我实验室的桌子上正等待着它吗？我敢保证它会前来的，而且我错不了的。瞧，它来了，甚至比我预料的还早到了。

晌午时分，我们正要吃午饭，因心悬可能会出现的情况尚未来用餐的小保尔，突然跑到饭桌前，面颊红彤彤的。只见一只漂亮的蝴蝶在他的指间扑扇着翅膀，它正在我实验室对面飞舞时，被小保尔一下子捉住了。小保尔递过来给我看，以目光询问我。

“哇！”我说，“正是我们等待着的朝圣者呀。先别吃了，赶快去看看是怎么回事。回头再吃吧。”

因奇迹的出现，午饭都给忘了。雄性小孔雀蝶令人难以置信地按时被女囚给神奇地召唤来了。它们艰难曲折地飞翔，终于一只接一只地飞来了，它们都是从北边飞过来的。这个情况很有价值。的确，乍暖还寒已经一个星期了。北风呼啸，吹落了老巴旦杏树新绽开的花蕾。这是一场凶猛的风暴，通常在我们这里是预示着春天不远了。今天，气候突然转暖，但北风依然在呼啸着。

在这段时间的陡变的天气中，飞来找那只雌小孔雀蝶的所有雄小孔雀蝶全都是从北边飞到我的拘蝶园中的；它们是顺着气流飞的；没有一只是逆流而来的。如果它们有与我们相似的嗅觉作为罗盘，如果它们是受分解于空气中的有味道的微粒指引的，那它们就应该是从相反的方向飞来才对。如果它们是从南边飞来的，我们就会认为它们是闻到风吹来的气味才找到地方的；在北风呼啸，空气吹净，什么味道也闻不到的天气里，从北边飞来，怎么可能假定它们在很远的地方就嗅到了我们所说的气味呢？我觉得有气味的分子不可能会顶着强风传给它们。

两个小时中，在阳光灿烂之下，来访的雄小孔雀蝶们在我的实验室门前飞来飞去。其中大部分都在一个劲地寻来觅去，或撞墙欲入，或掠地而过。见它们如此犹豫不决，我想它们是因找不到引它们飞来的那个诱饵的确切位置而十分着急。它们从老远飞来，没有弄错方向，可到了地方却又拿不准确切地点了。不过，它们迟早会飞进屋内去向女俘致意的，但也不会恋战。下午两点钟时，一切便结束了。一共飞来了十只雄小孔雀蝶。

整整一个星期，每当中午时分，阳光极其明亮时，一些雄小孔雀蝶便会飞来，但数量在减少。前后加起来一共将近有四十来只。我觉得无须重复实验了，因为不会给我已知的情况再添加点资料了，所以我只是在注意两个情况。首先，小孔雀蝶是昼间活动的，也就是说它们是在光天化日之下举行婚礼的。它们需要充足明亮的阳光。而与它成虫的形态和毛虫的技艺相近的大孔雀蝶则完全相反，需要日暮天黑之后。这种相反的习性谁有本事解释清楚谁就去解释吧。

其次，一股强气流从相反方向吹散能够给嗅觉提供信息的分子，但却不会像我们的物理学所假设的那样，阻止小孔雀蝶飞抵有气味的气流的相反的一面。

为了继续研究，我们需要的是夜间举行婚礼的大孔雀蝶，而不是小孔雀蝶。后者出现得太晚了，而我并没有在研究它。我需要的是大孔雀蝶，不管是什么样的，只要它在婚庆时行房敏捷能干即可。这种大孔雀蝶，我能获得吗？

小阔条纹蝶

是的，我将能得到它；我甚至已经得到它了。一个七岁的男童，脸上透着灵气，但并不每天洗脸，他光着脚，短裤破烂，用一条带子系着，他每天都给我家送萝卜和西红柿。一天早晨，他提着蔬菜篮子来了，收下了我给的蔬菜钱，放在手心里一枚一枚地数着那几枚他母亲期盼的苏，然后便从口袋里掏了一件东西，是他头天沿着一个藩篱捡拾兔草时发现的。

“还有这个，”他把那东西递给我说，“这个您要不？”“要呀，我当然要。你想法再给我找一些，你找到多少我要多少，而且我答应你每个星期天带你去玩旋转木马。喏，我的朋友，这是两个苏，给你的。把这两个苏单放，别同萝卜钱混在一起，免得向你妈报账时报不清楚。”我的这位头发乱蓬蓬的小家伙看到这么多钱简直开心极了，隐约感到自己要发大财了。

他走了之后，我仔细地观察着那个东西。这东西值得花气力去寻找。那是一个漂亮的茧，呈圆盾形，使人很容易联想到蚕房里的蚕茧，它很坚硬，呈浅黄褐色。从书本上的一些简单介绍来看，我几乎肯定这是一只橡树蛾的茧。如果真的是的话，那真是老天所赐！我就可以继续我的研究，也许还可能让我补足大孔雀蝶让我隐约瞥见的材料。

橡树蛾确实是一种传统的蝶蛾，没有一本昆虫学论著不谈及它在婚恋期间的突出表现的。据说有一只雌性橡树蛾被困在一个房间里，甚至还刚刚在一只盒子底部孵卵。它远离乡野，困于一座大城市的喧闹之中。但是，孵卵之事还是传给了树林里和草坪间的相关者。雄性橡树蛾们在一个不可思议的指南针的引导之下，从遥远的田野间飞来，飞到盒子跟前，谛听，盘旋，再盘旋。

这些奇情趣事我是从书本中了解到的，但是看到，亲眼看到，同时还再稍做一番实验，那完全是另一回事。我花了两个苏买的那东西里面有什么呢？会从中飞出来那个著名的橡树蛾吗？

它还有另一个名字：布带小修士。这个新颖别致的名字是由其雄性的外衣导致的，那是一件棕红色修士长袍，但它不是棕色粗呢，而是柔软的天鹅绒，前面的翅膀横有一条泛白的、长有像眼珠似的小白点。

这里所说的布带小修士，也就是小阔条纹蝶，不是那种在合适的时候，我们心血来潮，带上个网子出去一捉就能捉到的平淡无奇的蝴蝶。在我们村子周围，特别是在我的荒石园中，我住了二十来年还从来没有见到过它。确实，我不是狩猎迷，标本上的死昆虫我并不太感兴趣，我要的是活物，要能表现其天赋才能的。不过，我虽无收集者的那种热情，但我对田野里生机盎然的一切都十分关注。一只身材和服饰如此与众不同的蝴蝶要是被我遇上我肯定会捉住它的。

我许诺带他去骑旋转木马的那个小家伙再也没能捉到第二只。三年里，我拜托朋友和邻居帮我找，特别是求那些年轻人，他们是荆棘丛林中手眼明快的搜索者。我自己也在枯叶堆中翻来找去，查看一堆堆的石块，掏摸一个个的树洞。但都一无所获，稀罕的蝶茧仍未能找到。这足以说明在我住处周围小阔条纹蝶十分罕见。到时候我们将会看到这一点是多么重要。

我猜测的没错，我的那只唯一的茧正是那种著名的蝴蝶。8 月 20 日，一只雌蝶从茧中出来，胖嘟嘟的，肚子大大的，衣着与雄蝶一样，但是其长袍是米黄色，更加淡雅。我把它放在我工作室中间的一张大桌子上，用金属钟形网罩罩住。大桌子上放满了书籍、短颈大口瓶、陶罐、盒子、试管以及其他一些器械。大家知道这个环境，就是我为大孔雀蝶准备的那个处所。有两扇窗户朝向花园，阳光照进屋里。一扇窗户是关着的，另一扇则白天黑夜全都敞开着。小阔条纹蝶就待在这两扇窗户中间那四五米间隔之处的半明半暗之中。

当天余下的时间以及第二天过去了，没有什么值得一提的事情发生。小阔条纹蝶用前爪抓住金属网纱，吊挂在朝阳的那一边，一动不动，像死了似的，翅膀未见颤动，触角也没有抖动，如同大孔雀蝶的情况一样。

雌小阔条纹蝶发育成熟了，细皮嫩肉在变结实。它运用一种我们的科学尚毫无意念的方法在制作一种无法抗御的诱饵，把一些拜访者从四面八方吸引过来。它那胖嘟嘟的身体里出现什么状况了？里面发生了什么变化把周围闹得个天翻地覆？如果我们能了解它那炼丹术的秘诀，那我们将会增加很多的知识。

第三天，新娘子已经准备好了。像过节似的热闹起来了。我当时正在花园里，因为事情拖得太久，对成功已经感到绝望，突然，下午三点钟光景，天气很热，阳光灿烂，我隐约看见一群蝴蝶在开着的那扇窗框间飞来飞去的。

它们是一些来向美人儿献媚取宠的情郎。有一些从房间里飞出去，另一些则飞进去，还有一些落在墙上休息，好像因长途跋涉而疲惫不堪了。我隐约看见一些从远处飞来，飞进高墙，飞过高高的柏树冠。它们从四面八方飞来，但数量越来越少。我未能看到婚庆开始的情况，现在客人们差不多都已到齐了。

我们上楼去看看吧。这一次是在大白天，任何细节都没漏掉，我又见到了头一回那只夜巡大孔雀蝶让我见到的令人惊讶不已的情景。在我的工作室里，一大片的雄性小阔条纹蝶在翻飞，转来绕去，我尽量地以目测估算，大概有六十来只。在围着钟形罩绕了几圈之后，有一些便向敞开的窗户飞去，但随即又飞了回来，又开始围着钟形罩转悠开来。最猴急的则停在钟形罩上，用爪子相互抓挠，推搡，竞相取代别人抢占最佳位置。钟形罩里面的女俘大肚子垂着贴在网纱上，声色不动地等待着，在这群纷乱的雄蝶面前，没有一丝激动的表情。

雄性小阔条纹蝶无论是飞走的还是飞来的、无论是坚守在钟形罩上的还是在室内飞舞的，在三个多小时的过程中，一直在疯狂地舞动着。但是日已西下，气温有点下降，雄蝶们的激情也随着降温。有许多飞走了，没再飞回来。另外一些占好位置以利明日再战，它们紧贴着那扇关着的窗户的窗棂上，如同雄性大孔雀蝶一样。今天的节庆活动到此结束。明天肯定还将继续，因为受网纱阻隔，活动尚未有任何结果。

可是不然！令我大为沮丧的是活动并未再继续，这都是我的错。晚上，有人给我送来一只螳螂，个头特别小，所以我非常喜欢。由于老是想着下午的种种情况，我便不经意地匆忙把它这个食肉昆虫放进了那只雌性小阔条纹蝶的钟形罩里了。我压根儿就没想到这两种昆虫共居一室是会产生恶果的。

那只螳螂一副小样儿，而那只雌性小阔条纹蝶却是那么胖嘟嘟的！所以我一点也没起疑心。

唉！我对带铁钳的食肉昆虫的凶残性认识太差！第二天，我惊呆了，痛苦地发现那只小螳螂正在啃咬那只胖蝴蝶。后者的脑袋和前胸已经没有了。可怕的昆虫！你让我度过了多么惨痛的时刻啊！再见了，我整夜冥思苦想的研究工作。三年中，我因无研究对象而无法继续我的研究。

但愿这倒霉事别让我们忘掉刚了解到的那一点点情况。仅一次聚会，就将近有六十只雄性小阔条纹蝶飞来。如果我们考虑到这种蝴蝶的稀少，如果我们记起我和我的助手们那整整数年连续无果的研究，那这个数目将会让我们惊讶不已的。找不到的那种蝴蝶在一只雌蝶的引诱下，一下子来了这么许多。

那么它们是从哪里飞来的呢？毫无疑问，是从老远的地方，是从四面八方。很久以来我一直在住处附近寻来找去，一丛丛荆棘，一堆堆石块，我都翻了个遍，所以我可以肯定我们周围没有橡树蛾。为了在我的工作室里聚集一大群这种蝶蛾，我曾这儿那儿地，寻遍郊外各地，也不知找了多少地方。

三年过去了，我日思夜求的运气终于给我送来两只小阔条纹蝶茧。8 月中旬前后，这两只茧相隔几天为我孵出一只雌蝶来，这使我得以丰富并重复我的实验。

我很快便又重新进行大孔雀蝶已经给了我非常肯定答复的种种实验。白昼的朝圣者也很灵巧，并不比夜间朝圣者差。它挫败了我所有的计谋。它准确地飞向被金属网罩罩着的那个女俘，无论网罩置放在什么地方；它能够在壁橱暗处发现女俘；它能够在一只盒子的最里面找到女俘，只要这只盒子不要盖得太严。如果盒子关得严丝合缝，它得不到信息，它也就不再来了。在此之前，它一再重复的是大孔雀蝶的英勇行为，别无其他。

一只盖得严严实实的盒子，空气无法流通，雄性小阔条纹蝶也就完全无法知晓女俘的情况。即使把这盒子放在窗户上的十分显眼的地方，也没有一只雄性飞来。因此，这又立即使我想起了无论是金属的、木质的、硬纸板的还是玻璃质的隔墙，都传导不了有气味的散发物。

我对夜巡大孔雀蝶就此做过实验，它没被樟脑味蒙骗，在我看来，樟脑气味大极了，人的嗅觉就感觉不到被它压住的细微气味了。我用小阔条纹蝶重新进行了这种实验。这一回我把我所存有的汽油和有气味物统统都给用上了。

一打的碟子放好了，一部分放在囚禁女俘的金属钟形网罩里，另一部分放在网罩四周，围成一圈。有几只装着樟脑，有几只装着宽叶薰衣草香精，有几只装着汽油，还有几只装着臭鸡蛋味的碱硫化物。不能再多放什么了，否则女俘会被窒息身亡的。这些小碟子早晨便放好了，以便聚会开始时屋子里弥漫着这种种气味。

下午，工作室变成了恶心的配药室，一股浓烈的薰衣草香气加上碱硫化物恶臭的混合气味。而且别忘了我还在这间屋里大量地熏烟。煤气厂、烟馆、香料厂、炼油厂、臭气熏天的化工厂全都集中在这间屋子里了，这样能否使小阔条纹蝶迷失方向呢？

根本就没有。三点钟光景，雄性小阔条纹蝶像通常一样纷纷飞来。它们都往钟形罩那儿飞，其实我事先已经用一块厚布把罩蒙上了，以便增大难度。它们一飞进屋内，便被一种混杂着各种气味的浓烈氛围包围住了，但它们仍旧是朝着女俘的囚室飞去，想从厚布的褶皱下面钻进去与女俘相会。我的计谋未能奏效。

这次实验完全失败了，重复了大孔雀蝶实验的结果。这次的失败之后，我理所当然地要放弃是有气味的散发物在指引小阔条纹蝶参加婚庆的观点。我之所以没有放弃，应该归功于一次偶然的观察。意外和偶然有时会给我们带来惊喜，把我们引向此前一直在毫无结果地寻觅的真理的道路。

一天下午，我想弄清楚蝴蝶一旦飞进屋里，视觉在寻找目的物中是否还起点作用，便把那只雌性小阔条纹蝶放在一只钟形玻璃罩中，还给它弄点带枯叶的橡树小枝让它停靠。玻璃罩就放在桌子中间，冲着敞开的那扇窗户。雄蝶飞进屋里一定会看得见女俘的，因为后者就在它们必经之路上。雌蝶在其内待了一夜和一个早上的那个金属纱网钟形罩下的放了一层沙土的陶罐，我觉得很碍事，未加任何考虑地便把它放到屋子的另一头的地板上，那个角落只能透进半明半暗的光线，离窗户有十来步远。

接下来发生的事把我的思绪搅成一团。飞进来的到访者中没有一位在玻璃罩那儿停下来，而玻璃罩就在明亮的阳光下面，女俘显眼地居于其中。它们全都没朝雌蝶看一眼，没有探询一下。它们全都飞向房间另一头我放着陶罐钟形罩的那个暗黑的角落。

它们落在金属纱网罩圆顶上，久久地在探寻，扑扇着翅膀，还稍稍在相互争斗。整个下午，直到日影西斜，它们都围在空空的圆顶飞舞，以为雌蝶就身陷其中。最后，它们飞走了，但没有全飞走。有几个执着者不想走，死死地钉在那儿，像是被施了定身法似的。

这真是个奇怪的结果：我的这些蝴蝶飞到那人去楼空之地，长留不去，尽管眼见罩中无人仍死不甘心。从雌蝶所在的那只玻璃钟形罩旁飞过时，来来去去的这群雄蝶中不可能一个也没看出里面有雌蝶的，但它们就是没有在此哪怕稍事停留。它们被一个诱饵给弄得神魂颠倒，竟置真实物于不顾了。

它们是被何物所欺骗的呢？第一天整个夜晚和第二天的整个上午，雌蝶都是待在金属纱网钟形罩里的，它忽而吊在纱网上，忽而在陶罐的沙土层上歇息。它碰过的东西，特别是它那大肚子蹭过的东西，长时间接触之后，浸透了一些散发物的气味。那就是它的诱饵，就是它的激跃情欲的药物，那就是引得雄蝶神魂颠倒、纷至沓来的尤物。沙土层把这尤物保存一段时间，并向四周扩散出去。

因此，是嗅觉在引导雄蝶们，在远处向它们发出信息。它们为嗅觉所控制，不去考虑视觉所提供的信息，所以途经美人儿正被关押的玻璃囚室时，一飞而过，直奔神奇气味在散发的纱网、沙土层，直奔女魔法师除了气味以外什么也没留下的那座空房。

那无法抗拒的尤物需要一定的时间才能配制好。我想它像一种挥发性气体，一点点地散发出去，让一动不动的大肚雌蝶沾过的东西浸满了这种气体。即使玻璃钟形罩放在桌子正中间，或者更好一些，放在一块玻璃上，内外都无法很好地沟通，而且，雄蝶因为凭嗅觉什么也感觉不到，它们就不会前来，无论你试验多久都无济于事。可我眼下不能以这种内外无法沟通作为理由，因为即使我搞出一个好的沟通环境，用三个小垫子把钟形罩抬离支座，雄蝶们也不会一下子飞来，尽管屋子里蝴蝶为数不少。但是，等上半个小时左右，盛有雌蝶尤物的蒸馏器就开始启动了，求欢者们立即就会像通常那样纷纷而来。

掌握了这些出乎意料的驱云拨雾的材料，我就可以进行不同的实验，这些实验在同一个方面全都是具有结论性的。早晨，我把雌蝶放在一个钟形金属网罩里。它的栖息处是同先前一样的一根橡树细枝。雌蝶在里面一动不动，像死了似的。它在细枝上待了许久，藏在大概浸润着其散发物的叶丛中。当探视时间临近时，我把浸足了散发物的细枝抽出来，放在离敞开的那扇窗户不远处。另外，我让钟形罩中的雌蝶待在房间中央的桌子上显眼的地方。

蝴蝶纷纷来到，先是一只，然后是两只三只，很快就是五只六只。它们进来，出去，又回来，飞上飞下，飞来飞去，始终是在那扇窗户附近，那支细橡树枝放在椅子上，离窗户不远。谁也没往那张大桌子飞，而雌蝶就在那儿的金属网罩中等候它们，离它们并没有多远。它们在迟疑，这可以清楚地看出来：它们在寻找。

最后，它们终于找到了。那它们找到什么了？找到的正是那根细枝，那根早晨曾是胖雌蝶的粉床。它们急速扑扇着翅膀；它们飞落在叶丛上；它们忽上忽下地搜寻、抬起、移动树叶，以致最后那束很轻的细枝被弄掉到地上去了。它们仍在落在地上的细枝叶丛中搜索。在翅膀和细爪的扑打抓挠下，细枝在地上移动着，仿佛被一只小猫用爪子抓扑的破纸团。

当细枝连同那群搜索者移动到远处时，突然新飞来两只小阔条纹蝶。那把刚才放有细枝叶的椅子就在它俩飞经的途中。它俩在椅子上落下，急切地在刚才放过细枝的地方嗅闻个没完。然而，对于先来者和新到者来说，它们热盼的那个真实目标就在那儿，很近，被一只我忘了遮盖起来的金属网罩罩着。它们谁也没有注意到它。它们在地上继续推挤雌蝶早上睡过的那个小床；它们在椅子上继续嗅闻那张粉床曾经放过的地方。日影西斜，撤退的时刻到了。再说，撩拨的气味也在渐渐地淡去，消散。拜访者们没什么可做的了，只好飞走，明日再来。

我从随后的实验中得知，任何材料，不管是哪一种，都可以代替我那偶然的启示者——带叶的细枝。我稍许提前一点把雌蝶放在一张小床上，上面时而铺垫着呢绒或法兰绒，时而放些棉絮或纸张。我甚至还强迫雌蝶睡木质的、玻璃的、大理石的、金属的硬硬的行军床。所有这些东西在雌蝶接触了一段时间之后，都像雌蝶本身似的对雄蝶们有着同样的吸引力。它们全都具有这种吸引雄蝶的特性，只不过是有的强些有的弱些。最好的是棉絮、法兰绒、尘土、沙子，总之是那些多孔隙的东西。而金属、大理石、玻璃反而很快地便失去它们的功效。总而言之，但凡雌蝶接触过的东西，都能把其吸引力的特性传出去。因此，橡树细枝掉到地上之后，雄蝶们仍旧纷纷飞到那把椅子的坐垫上。

我们来选用一张最好的床，比如法兰绒床，我们将会看到新奇的事。我在一根长试管或小阔条纹蝶正好可以飞进去的一只短颈大口瓶里放一块法兰绒，让雌蝶整个上午都待在上面。来访者们钻入器皿中，在里面拼命扑腾，但却怎么也飞不出来了。我给它们布置了个陷阱，可以让它们有多少死多少。我们把那些落难者放走吧，把藏于盖得严严实实的盒子的最秘密处的那块床垫抽出来。晕头转向的雄蝶们又回到那支长试管里，又钻进了陷阱之中。它们是受到浸透尤物的法兰绒传给玻璃的那种气味的引诱。

我因此便坚信了自己的想法。为了邀请周围的众蝶飞赴婚宴，为了老远地通知它们并引导它们，婚嫁娘散发出一种我们人的嗅觉感觉不出来的极其细微的香味。我的家人们，包括孩子们那最灵敏的鼻子，凑近那只雌性小阔条纹蝶也没有闻出一丝一毫的气味来。

雌性小阔条纹蝶停留过一段时间的任何东西都很容易地浸润了这种尤物，因而这些东西自此也就如雌性小阔条纹蝶一样成为具有同样功效的吸引力的中心，只要它的散发物不消失掉。

没有任何可以用眼看出的诱饵。在求欢者们心急火燎地围绕纷飞的刚刚弄好的纸床上，没有任何看得出的痕迹，也没有一点浸润的样子，其表面在浸润了尤物之后与没有浸润之前一样地干净整洁。

这种尤物配制得很慢，须一点一点地积聚，然后才能充分地散发出去。雌蝶被从其粉床弄走，移到别处，暂时失去了诱惑力，变得冷漠起来；雄蝶们飞往的是因长时间浸润之后的雌蝶栖息地。然而，御座重新放好，被抛弃的女皇又重新掌权了。

信息流通的出现时间有早有晚，根据昆虫品种而定。刚孵出的那只雌性小阔条纹蝶需要一段时间才能发育成熟，才能安排自己的蒸馏器似的器官。

雌性大孔雀蝶早晨孵出，有时候当晚便有探访者飞来，但更经常的是第二天，经过四十来个小时的准备之后才有求欢者。雌性小阔条纹蝶则把自己召唤异性的活动推得更迟；它的征婚广告要等个两三天之后才发布。

让我们稍稍回过头来看看其触角的蹊跷功用。雄性小阔条纹蝶与其婚恋方面的竞争对手一样有着漂亮的触角。把其层叠状的触角视作导向罗盘是否合适？我并无太大把握地对它们进行了我以前做过的那种截肢手术。被动过手术的雄性小阔条纹蝶没有一只再飞回来过。但也别忙于下结论。我们从大孔雀蝶那儿已经知道，它们的一去不复返有着比截肢的结果更加重要的原因。

另外，第二种小阔条纹蝶——苜蓿蛾蝶这种与第一种小阔条纹蝶很相近的蝴蝶，也有着华美的羽饰，它也给我们出了一道难题。在我家附近常常见到它们，就在我的那座荒石园里我都发现过它的茧，极容易与橡树蛾的茧搞混。我一开始就曾把它们搞混过。我原指望从六只茧中得到小阔条纹蝶，但将近 8 月末时，我得到的却是六只另一品种的雌蝶。这下可好，在这六只在我家孵出的雌蝶周围，从未见过有一只雄蝶出现，尽管附近无疑就有雄性小阔条纹蝶出没。

如果宽大而多羽的触角真的是远距离信息传输工具的话，那为什么我的那些有着华美触角的邻居却未获知在我工作室中发生的情况呢？为什么它们的美丽羽毛饰并未让它们对一些事情发生兴趣呢？而所发生的这些事情本会让另一种小阔条纹蝶纷纷飞来的呀？这再一次说明器官并不决定才能。尽管有着相同的器官，但某种才能一种昆虫会有，而另一种却并没有。

意大利蟋蟀

我们这儿见不着作为面包铺和乡间灶屋间常客的那种家蟋蟀。不过，如果说在我们村子里壁炉石板下面的缝隙里没有蟋蟀的叫声的话，那么作为补偿，夏夜的田野里却响着美妙的歌声，那是北方所听不到的。春季里，阳光灿烂时，田间地头的蟋蟀便唱起交响曲；夏日里，在夜阑人静时，则有树蟋蟀或称意大利蟋蟀鸣唱。一个是昼间蟋蟀，一个是夜间蟋蟀，它们平分那美妙的季节。在前者停止歌唱期间，后者便开始唱起小夜曲来。

意大利蟋蟀没有黑色外套，而且体形也无一般蟋蟀那种粗笨的特点。恰恰相反，它细长，瘦弱，苍白，几乎全白，正适合夜间活动的习惯要求。你捏在手里都生怕把它捏碎。它在各种小灌木上，在高高的草丛中，跳来蹦去，很少待在地上生活。从7月一直到10月，它们日落时分开始歌唱，一直唱到大半夜，那是一场悦耳动听的音乐会。

这儿的人们都非常熟悉这种歌声，因为无论多小的荆棘丛中都有这种交响乐的演唱者。它们甚至还在粮仓里歌唱，那是因为运草料时把它们夹带了来，使它们迷了路径，无法回返。这种苍白的蟋蟀习俗神秘，所以谁也不能确切地知晓是什么蟋蟀可以唱出这么好听的小夜曲，人们误以为是普通的蟋蟀唱的，可是这个季节普通蟋蟀尚小，还不会歌唱。

意大利蟋蟀的歌声是“格里——依——依，格里——依——依”这种缓慢而柔和的声音，唱起来还微微发颤，使歌声更加悦耳动听。你一听就会猜想到它的振动膜是极其细薄而宽大的。如果它待在叶丛中无人惊扰的话，它的声音就不会变化，但稍有动静，这位歌手便立即改用腹部发声。你刚才听见它一直在你面前歌唱，可突然间，你听见的是它在那边二十步开外的地方继续鸣唱，但音量减弱了，你还以为是距离使然。

你跑过去，但什么也没发现，声音仍旧是从原来的地方发出来的。还不仅仅如此。这一次声音是从左边传来的，也许是从右边或者是从后面传来。你完全给弄糊涂了，无法凭借自己的听觉去辨别蟋蟀到底是在何处鸣叫的。你必须提着提灯，而且要极有耐心，还得小心翼翼，不出任何响动，才能在灯光的帮助下捉到这个歌唱家。我就如此这般地捉到了几只，放进笼中，从而多少了解了一点点迷惑我们听觉的演唱家的情况。

两片鞘翅都是由一片宽大的半透明干膜构成，薄如白色洋葱片，能够整个地震颤。鞘翅状如圆的一端，上端略小。圆的这一端按一条粗重纵翅脉折成直角，再以鞘翅凸边沿体侧往下，在蟋蟀休息时，包住其身体。

右鞘翅覆盖在左鞘翅上。右鞘翅内侧靠翅根处有一块胼胝，辐射出五条翅脉，两条冲上，两条往下，而第五条几乎呈横向，略微泛红，是基本部件，也就是琴弓，这从其上横向的细锯齿一看便知。鞘翅的其他地方还有几条不太粗的翅脉，功用在于绷紧薄膜，但不是摩擦器的组成部件。

左鞘翅，或者说下鞘翅，结构与右鞘翅相同，但区别在于琴弓、胼胝以及由胼胝辐射出去的翅脉位于上部表面。此外，我们还可以看到左右两把琴弓呈斜向交叉。

当蟋蟀放声歌唱时，左右鞘翅高高地竖起，宛如一张薄纱船帆，只是内边缘相互接触。这时候的左右两把琴弓是彼此斜着咬合着的，它们相互摩擦便使得绷得紧紧的薄膜产生强烈的震颤。

根据每把琴弓是在另一个鞘翅的胼胝（其本身也是粗糙的）上还是在四条光滑的辐射翅脉中的一条上摩擦，蟋蟀发出的声音会有所不同。这也许部分地解释了为什么胆小的蟋蟀怀疑遇到危险时会用声音迷惑我们，让人觉得声音发自前后左右，难以捉摸。

声音的强弱、响亮、沉闷变化，使人产生距离上的错觉，这是蟋蟀这个腹语者的高超艺术手段，而这种错觉的产生还有另一个原因，这是很容易发现的。声音响亮时，鞘翅是完全竖起的，声音沉闷时，鞘翅则多少有点下垂。当鞘翅处于下垂状态时，其外侧边缘不同程度地压在蟋蟀柔软的侧部，从而随之减小了振动部分的面积，声音也就随之变小。

用手指触摸敲响的玻璃杯，它便声音发闷，仿佛是从远处传来。灰白色蟋蟀深谙这个声学奥秘。当有人去捉它时，它便把振动片的边缘压在柔软的肚腹上，使人不知它身在何处。我们的乐器有制振器、消音器，意大利蟋蟀的制振器、消音器可与之媲美，而且结构简单，功效奇佳，胜我们一筹。

田间地头的蟋蟀及其同类昆虫也使用这种消音办法，把鞘翅边缘压在肚腹或高或低处，以减轻振动，但是它们中没有谁能像意大利蟋蟀的本事那么大，能产生如此神奇的效果。

我们的脚步声一靠近，哪怕是极轻极轻的，蟋蟀就会用这种办法对付我们，使我们产生错觉。除此而外，它的声音还非常纯正，带有柔和的颤音。仲夏夜，万籁俱寂时，还有哪种昆虫的鸣叫胜过意大利蟋蟀的？那么优美，那么清脆。我不知有多少次，席地躺在迷迭香花丛中，偷听那美妙迷人的音乐演唱会啊！

我的花园里夜间歌唱的蟋蟀非常多。每一簇红花岩蔷薇都有其合唱队员；每一束薰衣草中也都有自己的乐队。那枝繁叶茂的野草莓树丛中，那笃耨香树丛中，都成了蟋蟀们的演唱场地。这个小天地中的小生物们在以自己那优美清亮的声音彼此探问，相互应答，或者可以说是对别的歌手无动于衷，只是自顾自地在抒发自己的情怀。

高处，我头顶上方，天鹅星座在银河中伸长它那巨大的十字架；下方，就在我的四周，蟋蟀在演唱交响曲，此起彼伏，抑扬顿挫。唱出自己欢乐心声的这些小小的生命使我忘记了群星璀璨。天空中的那些眼睛平静冷漠地眨动着，在看着我们，可我们对它们却一无所知。

科学告诉我们它们离我们有多远，它们的速度有多快，它们的体积有多大，它们的质量有多重，还告诉我们它们不计其数，令我惊愕不已，但是这并未使我们有一丁点的激动。为什么？因为科学缺少了那个巨大的秘密，即生命的秘密。天上有什么？太阳在温暖着什么？理性告诉我们说，有一些类似于我们的世界，有一些生命在其间进行无穷变化的大地。这种宇宙观可谓宏大无比，但却是一种观念而已，并没有确凿的根据。确凿的事实才是至高无上的，是看得见摸得着的。所谓“可能”，甚至“极其可能”，都不是“明显”，并不是显而易见，无懈可击的。

可我的蟋蟀们却是我的伴侣，它们使我感到了生命的颤动，而生命正是我们的灵魂。正因为如此，我才将身子倚着迷迭香树篱，只是心不在焉地随意向天鹅座瞥上一眼，我的全部心思都集中在你们那小夜曲上了。

一小块注入了生命的能感受苦与乐的蛋白质，远远超过庞大的无生命的原料。

田野地头的蟋蟀

谁想观看蟋蟀产卵都用不着做什么准备工作，只要有点耐心就行。布封（1707—1788，法国博物学家，撰写了博物学巨著《自然史》）说，耐心是一种天赋，我却谦虚地称之为观察者的优秀品质。4月份，最迟5月份，我们给它们配对，单独放在花盆里，放一层土，压实。食物只是一片萵苣叶，要常常换上新鲜的。花盆上盖上一块玻璃，以防它们跳出来跑掉。

这种装置简单有效，必要时还可以加一个金属网罩，那就更加高级了，这样我们就可以获得一些极其有趣的资料了。我们以后再谈这些。眼下，我们要盯着看它产卵，必须时刻警惕着，不让有利时机溜掉。

我持之以恒的观察有了初步满意的结果是在6月的第一个星期。我突然发现母蟋蟀一动不动，输卵管垂直地插入土层里。它并不在意我这个冒失的观察者，久久地待在那同一个点上。最后，它拔出输卵管，漫不经心地把那小孔洞的痕迹给抹掉，歇息片刻，溜达了一会儿，随即便在其花盆内它的地界儿里继续产卵。它像白额螽斯一样重复干着，但动作要慢得多。二十四小时之后，产卵似乎结束了。为了保险起见，我又继续观察了两天。

接下去，我翻动花盆的土。卵呈淡黄色，两端圆圆的，长约三毫米。卵一个一个地垂直排列于土里，每次产卵的数目不等，有多有少，相互靠紧在一起。我在整个花盆的两厘米深的土里都发现有卵。我用放大镜勉为其难地尽量数清土里的卵，我估计一只母蟋蟀一次产卵有五六百个。这么多的卵肯定不久就会被大大地淘汰的。

蟋蟀卵真像是个绝妙的小机械。孵出后，卵壳似一只不透明的白筒子，顶端有一个十分规则的圆孔，圆孔边缘是一个圆帽，作为孔盖用。圆帽并非由新生儿随意顶开或钻破的，而是中间有一条特别线条，闭合不紧，可自动启开。看卵孵出会挺有趣的。

卵产下之后大约半个月，前端出现两个又大又圆的黑黄点，那是蟋蟀的眼睛。在这两个圆点稍高处，在圆筒子的顶端，出现一条细小的环状肉。卵壳将从这儿裂开。很快，半透明的卵就能让我们看到婴儿那孵化中的小样儿。这时候就必须倍加小心，增加观察次数，尤其是早晨。

幸运垂青耐心的人，我的孜孜不倦终于有了报偿。稍稍隆起的肉在不停地变化着，出现了一拱就破的一条细线。卵的顶端被其中的婴儿的额头顶着，顺着那条细肉线抻着，像小香水瓶一样微微启开，分落两旁。蟋蟀便像小魔鬼似的从这个魔盒中钻出来了。

小魔鬼出来之后，壳儿还鼓胀着，光滑而完整，呈纯白色，圆帽挂在孔口。鸟蛋是由雏鸟喙上专门长着的一个硬肉瘤撞破的；蟋蟀的卵则是一个高级小机械，犹如一只象牙盒子似的自动启开。小蟋蟀额头一顶，铰链（jiǎoliàn，用来连接两个固体并允许两者之间做相对转动的机械装置，所连接的两部分或其中一部分能绕着铰链的轴转动）就启动，壳就张开了。

小蟋蟀一脱掉身上的那件精细外套，浑身发灰，几近白色，立刻便与上面压着的土搏斗开来。它用大颚拱土；它蹬踢着，把松软碍事的土扒拉到身后去。它终于钻出土层，沐浴着灿烂的阳光但它如此瘦小，不比一只跳蚤（zǎo）大，在弱肉强食的世界上经历风险。二十四小时，它体色变化，成了一个漂亮的小黑蟋蟀，乌黑的颜色可与成年蟋蟀一争高下。原先的灰白色只剩下一条白带围在胸前，宛如牵着婴孩学步的背带。

它十分敏捷，用它那颤动着的长触须在探查周围空间；它奔跑，蹦跳，开心得很，以后体态发胖就没这么欢蹦乱跳的了。它年幼胃嫩，该给它吃些什么呢？我全然不知。我像喂成年蟋蟀一样，拿嫩莴苣叶喂它，它不屑吃它，或者也许是吃了点而我没看出来，因为它咬的印迹不明显。

不几天工夫，我的十对蟋蟀大家庭成了我的一大负担。一下子就是五六千只小蟋蟀，当然是一群漂亮的小家伙，可它们都需要如何照料我却一无所知，这叫我如何是好。

啊，我可爱的小家伙们，我将给予你们充分的自由，我将把你们托付给大自然这个至高无上的教育者。

我就这么办了。我找到花园里最好的一些地方，把它们这儿那儿地放生一些。如果它们一个个都活得很好，明年我的门前会有多么美妙动听的音乐会呀！（将蟋蟀鸣声比作音乐会，充满怜爱之情。）但是，这美景并未出现，可能不会有什么美妙动听的音乐会了，因为母蟋蟀虽然大量产崽，但随之而来的是凶残的杀戮。幸存下来的很可能只有几对蟋蟀。

首先奔来抢掠这天赐美味、大开杀戒的是小灰壁虎和蚂蚁。尤其是蚂蚁这个可恶的强徒恐怕不会在我的花园里给我留下一只蟋蟀的。它抓住可怜的小家伙们，咬破它们的肚皮，疯狂地大嚼一通。

啊！该死的恶虫！可我们一直把它们视为第一流的昆虫呢！书本上在赞扬，对它们还赞不绝口，博物学家们把它们捧上了天，每天都在为它们锦上添花。动物界同人类一样，让自己威声远扬的办法有千万种，但最可靠的办法则是损人利己，这是千真万确的道理。（作者从动物的世界引申出人类世界的规律。）

谁都不了解弥足珍贵的清洁工食粪虫和埋葬虫，可吸血的蚊虫、长毒刺的凶狠好斗的黄蜂以及专干坏事的蚂蚁却无人不知，无人不晓。在南方的村子里，蚂蚁毁坏房屋椽（chuán，放在檩上架着屋面板和瓦的木条）子的热情如同它们掏空一棵无花果树一样。我无须赘述，每个人都能从人类的档案馆中找到类似的例证：好人无人知晓，恶人声名远扬。

由于蚂蚁以及别的一些杀戮者的屠杀之无情，我花园中开始时数量多多的蟋蟀日渐稀少，使我的研究难以为继。我只好跑到花园以外的地方去进行观察了。

8 月里，在尚未被三伏天（初伏、中伏、末伏的合称，通常代指夏天最热的时段）的烈日烤干的草地上，一小块落叶的绿洲中，我发现了已经长大了的小蟋蟀，与成年蟋蟀一样全身墨黑，初生时的白带子已经全褪去了。它居无定所，一片枯叶、一片砖瓦足可以遮风避雨，犹如不考虑何处歇足的流浪民族的帐篷一样。

直到 10 月末，初寒来临，它才开始筑巢做窝。据我对囚于钟形罩中的蟋蟀的观察，这个活非常简单。蟋蟀从不在其中的一个裸露地点筑巢，而总是在吃剩的莴苣叶遮盖着的地方做窝，莴苣叶代替了草丛作为隐藏时不可或缺的遮檐。

蟋蟀工兵用前爪挖掘，利用其颚钳挖掉大沙砾（沙和砾石的混合物。砾，

lì)。我看见它用它那有两排锯齿的有力的后腿在蹬踢，把挖出的土踹（chuài）到身后，呈一斜面。这就是它筑巢做窝的全部工艺。

一开始活干得挺快。在我的囚室的松软土层里，两小时的工夫，挖掘者便消失在地下了。它还不时地边后退边扫土地回到洞口。如果干累了，它便在尚未完工的屋门口停下来，头伸在外面，触须微微地颤动着。休息片刻之后，它又返回去，边挖边扫地又继续干起来。不一会儿，它又干干歇歇，歇息的时间也越来越长，我观察的劲头儿也随之减低了。

最紧迫的活计完成了。洞深两寸，目前已够用了，余下的活计费时费力，得抽空去做，每天干点。天气日渐转凉，自己的身体在渐渐长大，巢穴得逐渐加深加宽。即使到了大冬天，只要天气暖和，洞口有太阳，也能常常看见蟋蟀在往外弄土，说明它在修整扩建巢穴。到了春光明媚时，巢穴仍在继续维修，不停地修复，直至屋主去世为止。

4月过完，蟋蟀开始歌唱，先是一只两只，羞答答地在独鸣，不久便响起交响乐来，每个草窠（草丛。窠，kē）里都有一只在歌唱。我很喜欢把蟋蟀列为万象更新时的歌唱家之首。在我家乡的灌木丛中，在百里香和薰衣草盛开之时，蟋蟀不乏其应和者：百灵鸟飞向蓝天，展放歌喉，从云端把其美妙的歌声传到人间。地上的蟋蟀虽歌声单调，缺乏艺术修养，但其淳朴的声音与万象更新的质朴欢快又是多么的和谐呀！它那是万物复苏的赞歌，是萌芽的种子和嫩绿的小草能听懂的歌。（作者在行文中插入了诗意的想象，增加文字美感。）在这二重唱中，优胜奖将授予谁？我将把它授予蟋蟀。它以歌手之多和歌声不断占了上风。当田野里青蓝色的薰衣草如同散发青烟的香炉，在迎风摇曳时，百灵鸟就不再歌唱了，人们只能听见蟋蟀仍在继续低声地唱着，仍在庄重地歌颂着。

现在，解剖家跑来啰唆了，粗暴地对蟋蟀说："把你那唱歌的玩意儿让我们瞧瞧。"它的乐器极其简单，如同真正有价值的一切东西一样；它与螽斯的乐器原理相同：带齿条的琴弓和振动膜。

蟋蟀的右鞘翅除了裹住侧面的皱襞（褶皱，皱纹。襞，bì）而外，几乎全部覆盖在左鞘翅上。这与我们所见到的绿蚱蜢、螽斯、距螽以及它们的近亲完全相反。蟋蟀是右撇子，而其他的则是左撇子。

两个鞘翅结构完全一样，知道一个也就了解了另一个。我们来看看右鞘翅吧。它几乎平贴在背上，但在侧面突呈直角斜下，以翼端紧裹着身体，翼上有一些斜向平行细脉。背脊上有一些粗壮的翅脉，呈深黑色，整体构成一幅复杂而奇特的图画，形同阿拉伯文似的天书。

鞘翅透明，呈淡淡的棕红色，只是两个连接处不是如此，一个连接处大些，三角形，位于前部，另一个小些，椭圆形，位于后部。这两个连接处都由一条粗翅脉围着，并有一些细小的皱纹。第一处还有四五条加固的人字形条纹；后一处只是一条弓形的曲线。这两处就是这类昆虫的镜膜（昆虫的发声器官，昆虫发声器有大小两室，镜膜位于大室内），构成其发声部位。其皮膜的确比别处的细薄，是透明的，尽管略呈黑色。

那确实是精巧的乐器，比螽斯的要高级得多。弓上的一百五十个三棱柱齿与左鞘翅的梯级互相啮合，使四个扬琴同时振动，下方的两个扬琴靠直接摩擦发音，上方的两个则由摩擦工具振动发声。所以，它发出的声音是多么雄浑有力啊！螽斯只有一个不起眼的镜膜，声音只能传到几步远的地方，而蟋蟀有四个振动器，歌声可以传到数百米以外。

蟋蟀声音亮度可与蝉匹敌，而且，还不像蝉的叫声那么沙哑，令人讨厌。更妙的是，蟋蟀的叫声抑扬顿挫（yìyángdùncuò，声音高低起伏，停顿转折）。我们说过，蟋蟀的鞘翅各自在体侧伸出，形成一个阔边，这就是制振器；阔边多少往下一点，即可改变声音的强弱，使之根据与腹部软体部分接触的面积大小，时而是轻声低吟，时而是歌声嘹（liáo）亮。

只要是不爆发交尾期间本能的争斗，蟋蟀们便会在一起和平相处。但求欢者们之间，打斗是家常便饭，而且互不相让，但结局倒并不严重。两个情敌相互头顶着头，互相咬脑袋，但它们的脑壳是一顶坚硬的头盔，能够顶住对方铁钳的夹掐。只见它俩你顶我拱，扭在一起，然后复又挺立，随即各自离去。战败者逃之夭夭；得胜者放开歌喉羞辱对方，然后转而柔声低吟，围着情人轻唱求欢。（这句使用了拟人手法，生动地写出了蟋蟀交尾期的竞争。）

求欢者很会搔首弄姿（形容卖弄姿容，这里仅指梳妆打扮。搔，sāo；姿，zī）。它手指一勾，把一根触须拽回到大颚下面，把它蜷曲起来，用其唾液作为美发霜在其上涂抹。它那尖钩、镶着红饰带的长长的后腿，焦急地跺

（duò）着，向空中蹬踢着。它因激动而唱不出声来。它的鞘翅在急速地颤动着，但却不再发出声响，或者只是发出一阵凌乱的摩擦声。

求爱无果。母蟋蟀跑到一片生菜叶下躲藏起来。但是，它还是微微撩起门帘在偷看，而且也想被那只公蟋蟀看见。

> 它向柳树丛中逃去，
> 但却在偷窥着求欢者。

两千年前的一首牧歌就是这么温情地唱颂的。情人间打情骂俏到处都一个样儿！

拓展阅读 昆虫积累卡

蟋蟀

类别：节肢动物门昆虫纲直翅目蟋蟀科昆虫。

外形：成虫身体颜色多为黄褐色乃至黑褐色，头圆胸宽，触角丝状，口器为咀嚼式，大颚发达；雄性前翅上有发音器，雌性身体较大，鞘翅透明，呈淡棕色；卵为淡黄色，两端圆；幼虫初生时身体透明，外形和成虫相似。

习性：住所必须经蟋蟀自己亲手挖掘而成，住所所在地排水条件优良且拥有充足而温暖的阳光，雄性发出的声音是右弓盖着左弓时发出的，声音圆润响亮；为了迷惑前来捕捉它的人，发出距离不定的幻声，这是因为它改变了下翼鞘被弓压迫的部位或翼鞘的位置，而产生了声音的高低和抑扬的变化。一次产卵为五六百个，垂直排列在土里。

专题探究

跟法布尔学写作

以书中的《田野地头的蟋蟀》一文为例，令读者感受最深的就是作者法布尔细致的观察和生动的描写。比如对于动物左右两只翅膀的区别，许多人恐怕都没有注意到，有的即使注意到了，也不会用语言描绘出来。而法布尔，不仅注意到了，而且用语言精细地描写了出来。“人无我有，人有我细”，也许只有做到这样，我们的文章才是独一无二的。

原文选段一

蟋蟀的右鞘翅除了裹住侧面的皱襞而外，几乎全部覆盖在左鞘翅上。这与我们所见到的绿蚱蜢、螽斯、距螽以及它们的近亲完全相反。蟋蟀是右撇子，而其他的则是左撇子。

鉴赏：法布尔注意到了蟋蟀的翅膀和其他昆虫的区别，他说“蟋蟀是右撇子，而其他的则是左撇子”，这就明确地将蟋蟀和其他昆虫区分开了。

原文选段二

两个鞘翅结构完全一样，知道一个也就了解了另一个。我们来看看右鞘翅吧。它几乎平贴在背上，但在侧面突呈直角斜下，以翼端紧裹着身体，翼上有一些斜向平行细脉。背脊上有一些粗壮的翅脉，呈深黑色，整体构成一幅复杂而奇特的图画，形同阿拉伯文似的天书。

鉴赏：法布尔对右鞘翅进行了细致的描写，先是外形，法布尔注意到了右鞘翅的侧面是“突呈直角斜下”的，“突”字说明了这个角度是突兀的，不是平滑的，给读者的印象就很深刻。

原文选段三

鞘翅透明，呈淡淡的棕红色，只是两个连接处不是如此，一个连接处大些，三角形，位于前部，另一个小些，椭圆形，位于后部。这两个连接处都由一条粗翅脉围着，并有一些细小的皱纹。第一处还有四五条加固的人字形条纹；后一处只是一条弓形的曲线。这两处就是这类昆虫的镜膜，构成其发声部位。其皮膜的确比别处的细薄，是透明的，尽管略呈黑色。

鉴赏：除了鞘翅上的一些花纹，还有脊背上翅膀的颜色，这些都是很细小的细节。然而，法布尔都观察到了，这说明他的观察是多么细致呀！同时，就连翅膀连接处的小小差别他也注意到了，如“一个连接处大些，三角形，位于前部，另一个小些，椭圆形，位于后部”，“第一处还有四五条加固的人字形条纹；后一处只是一条弓形的曲线”，大小、形状和位置，以及条纹的不同都描绘了出来，使蟋蟀的翅膀清晰地呈现在读者眼前，纤毫毕露。

圣 甲 虫

做窝筑巢、维护家庭，表现的是种种本能特性中最崇高的一种。鸟儿这灵巧的建筑师告诉了我们这一点；在本领方面更加多样化的昆虫也让我们见识了这一点。昆虫对我们说："母爱是本能的崇高灵感。"母爱旨在维护族类长期繁衍，这是具有远胜于保护个体的更加利害相关的大事，因此母爱在唤醒最迟钝的智力，使之高瞻远瞩。母爱远远高于神圣的源泉，不可思议的心智灵光便孕育其中，并会突然迸射而出，使我们顿悟一种避免失误的理性。母爱愈坚，本能愈优。

在这一方面最值得我们关注的是膜翅目昆虫，它们身上凝聚着最充分的母爱。它们所有的本能才干都倾注于为自己的子孙后代觅食谋屋。为了其复眼将永远再也看不到而其母爱之预见性深深知晓的家族繁衍，它们是种种天赋才能中的行家里手。有的是棉织品和许多絮状物品的编织能手；有的是细叶片篓筐的能工巧匠；有的是泥瓦匠，建造水泥房间、砖石屋顶；有的是陶瓷行家，用黏土制作高档的尖底瓮、坛罐和大肚瓶；有的擅长挖掘，在湿热的地下建造神秘的地宫。它们掌握着成百上千种技艺，与我们人类所掌握的相仿，甚至有些还不为我们所知，而它们却在用于住房的建设。随即便得考虑将来的食物：一堆堆的蜜，一块块的花粉糕，精心制作的野味罐头……这类的工程是专以家庭的未来为目的的，其中闪烁着在母爱激励之下本能的种种最高表现。

昆虫学范围内的其他一些昆虫，母爱一般来说都很浮皮潦草，敷衍塞责。几乎大多数的昆虫，只是把卵产在合适的地方就不管了，任由幼虫冒着危险和死亡去寻觅居所和食物。扶养如此马虎，才干有没有也就无所谓了。来库古（古代斯巴达共和国的著名立法者）把各种艺术统统从其共和国驱逐出去，他指责这些艺术是使人们萎靡不振、意志消沉的玩意儿。就这样，在以斯巴达方式养育的昆虫中，这些本能的高级灵感也就被去除掉了。母亲从温柔甜蜜的育婴中摆脱出来，那么一切特性中最最优秀的智能特性也就逐渐减弱，直至泯灭，因为的确是对于动物也好对于人类也好，家庭是尽善尽美的源泉。

如果说对子孙后代关怀备至、体贴入微的膜翅目昆虫令我们赞叹不已，那么不顾后代死活，任其听天由命的其他昆虫相比之下就显得很不像话了。而所谓的其他昆虫则几乎是昆虫之全部，起码就我所知，在各地的动物志中，只见过第二个例子，这种昆虫为自己的家人准备食物和住所，比如采蜜的昆虫和埋野味篓的昆虫。

而奇怪的是，这类在细腻的母爱方面可与以花为食的蜂类相媲美的昆虫，竟然是以垃圾为对象，以净化被牲畜污染的草地为己任的食粪虫类。要想再找到不忘母亲职责又有丰富的母性本能的昆虫母亲，就必须离开芬芳四溢的花坛，转向大马路上被骡马拉下的粪堆。大自然中类似的两个极端比比皆是。对于大自然来说，我们的丑和美，我们的龌龊与干净算什么？大自然以污秽创造出鲜花；用一点点粪肥它就能给我们创造出优质的麦粒。

各种食粪虫尽管成天与粪便打交道，但却享有一种美誉。它们的身材一般都小巧玲珑，穿戴庄重而且无可挑剔地光鲜，身子胖乎乎的，呈短壮体形，额头和胸廓上都佩戴着奇异饰物，因此在收藏家的标本盒里显得光彩照人，尤其是我国的那些品种，乌黑油亮，外加一些热带的品种，金光闪烁，黑紫油亮。

它们是畜群的挥之不去的客人，但它们身上可散发出一种苯甲酸的微微香气，可以净化一下羊圈里的空气。它们那田园诗般的习性令昆虫分类词典的编纂者们大为震惊，因此他们这些以前不怎么关心其痛痒的学者们，这一回都改变了看法，对它们进行简介时也用上了一些听起来好听顺耳的名字：梅丽贝、迪蒂尔、阿曼达、科利冬、阿莱克西丝、莫普絮斯等。这些名字都是古代田园诗人们常用且叫响了的名字。维吉尔式的田园诗中的词汇用来赞颂食粪虫了。

一堆牛粪堆儿上，瞧那个你争我夺的劲头呀！从全球各地蜂拥到加利福尼亚的淘金者们也没有它们的那股狂热劲。在太阳太毒之前，它们成百成百地奔来，大大小小，形状各异，体形有长有短，品种齐全，全都乱糟糟地爬来滚去，意欲在这个大蛋糕上为自己分上一份儿。有的在露天干活，在表层搜刮；有的钻进厚实的牛粪堆里，挖出地道，寻找优质矿脉；有的开凿底层，立即把财宝埋进地里；那些个头小又无力气的则待在一旁捡拾其身强力壮的合作者们掉下的渣渣屑屑什么的。有几个新来的想必是饿得不行，在原地就吃上了，但大多数则是想大捞一把，藏于安全之处，以备不时之需。当你想置身于百里香遍地的原野时，一点新鲜牛粪都见不到，突然来到这里，见到这么大堆大堆的宝物，那真是天赐之物呀，只有有福分的才有这么幸运。因此，它们便把今天这宝贵财富小心谨慎地收藏起来。粪香四溢，方圆一公里都能闻到，食粪虫们闻讯纷纷赶来，抢夺、瓜分这些美味食品。有几个落在后面的又跑又飞地正忙着往前赶哩。

那个生怕到得太晚而向着粪堆一溜儿小跑的是哪一位？它那长长的爪子僵硬笨拙地倒腾着，仿佛其肚腹下面有一个机械在推动着似的；它的那对棕红色小触角大张开来，透着垂涎欲滴的焦急不安。它在拼命地赶，它赶到了，还撞倒了几位食客。它就是圣甲虫，一身墨黑，是食粪虫中个头最大又最有名气的一种。古埃及对它尊崇备至，把它视作长生不老的象征。它已入席，与其同桌的食友并肩战斗，其食友们正在用自己宽大的前爪心轻轻地拍打粪球，进行最后的加工，或者再往粪球上加上最后一层，然后抽身而去，回家安安心心地享用自己的劳动成果。我们来看一看那有名的粪球的一道道制作工序。

圣甲虫头部边缘是个帽子，宽大扁平，上有六个细尖齿，排成半圆。这就是它的挖掘和切割工具，是它的叉耙，可以用来撬起和抛撒无养分的植物纤维，把好东西耙在一起积聚起来。挑选食物就是这样进行的，因为对于这些精细的行家来说，什么好什么差它们是十分清楚的。如果圣甲虫是为自己寻找食物的，它们选个差不离儿就行了，但如果是为了自己的孩子考虑的，那它们则会严格挑选，一丝不苟。

为解决自己的食物问题，圣甲虫并不挑剔，粗略地选一选就行了。它用带齿的头盔拱一拱，挑一挑，去除不需要的，然后把其他的归拢一下就得了。两条前腿一起用力地忙乎。其前腿是扁平的，弯成弓形，上有粗壮的纹脉，外侧配备着五个硬齿。假如需要用力，推开障碍物，在粪堆中的最厚实的部分清出一条道来，圣甲虫便用肘力，也就是说用其带齿的前腿左扫右拨，再用齿耙用力一耙，便清出一个半圆形的空地来。场地清好之后，前腿还有另一种工作要做：把顶耙耙到的东西归拢在一起，弄到自己的肚腹下面的后面四只爪子之间去。这后面四只爪子是生就为了做旋工工作的。这些足爪，尤其是那最后的一对，又细又长，微微弯曲成弓形，顶端长有一个很锋利的尖爪。稍许看上一眼就会知道它们酷似圆规，在其弧形支脚之间，环成一种球形，可测量球面，加工球形。它们的功用确实是加工粪球的。

食物一耙一耙地被耙到肚腹下面的四条腿中间，后腿再稍一用力，就把粪球的雏形按腿部曲线给挤压成了。然后，这雏形粪球不时地被四条后腿形成的两副圆规摇动，挤压，逐渐变小变实，再由肚腹加工，粪球的形状臻于完善。如果粪球表面层太硬，有剥落的危险的话，如果某一部分纤维太多，无法旋的话，前腿就对不合适的地方进行再加工，它们用宽大的拍子轻轻拍打粪球，使得新添加的东西与原先的拍得很实的合二为一，并把那些不易粘贴的东西拍实在粪球上。

烈日当空，加工工作在紧张地进行之中，你可以看到旋工的活干得多么利索，让你肃然起敬。那活计如此这般地飞快地进行着：一开始是个小弹丸，现在变成了一粒核桃，不一会儿就有苹果一般大小了。我曾见过食量大的圣甲虫竟然旋出一个拳头大小的粪球。这肯定得花好几天的工夫。

储备的食物制作完毕，现在就得撤出混乱的战场，把食物运到合适的地方。这时候圣甲虫最令人惊奇的习性开始展现出来了。圣甲虫迫不及待地上路了；它用两条长后腿搂住粪球，而后腿尖端利爪则插入球体中去，当作旋转轴；它以中间的两条腿作为支撑，而以前腿带护臂甲的齿足作为杠杆，双足轮流着地按压，弓身，低头，翘臀，倒退着运送粪球。后腿是这部机器的主要部件，它们在不停地运作；它们一来一回，变换着足爪，以调整轴心，让负载物保持平衡，并在其一左一右地交替推动之下，把粪球往前滚动。这样一来，粪球表面各点都轮流地接触地面，使之不停地碾压，形状更加完美，而球面硬度因均匀地受压而趋于一致。

使劲呀！行了，它滚动了，它一定会被运到家的，当然少不了遇上困难。这一个困难说来就来，但还不算严重：圣甲虫碰到了一个斜坡，沉重的粪球要顺着斜坡滚下去的，但是圣甲虫认准了自己的理儿，偏要横穿这条天然道，这可够大胆儿的，稍一失足，稍踩到一点碍事的沙子，就会失去平衡，就前功尽弃了。果不其然，它脚下一出溜儿，粪球便滚到沟里去了；圣甲虫被滑落的粪球一带，弄了个仰面朝天，手脚乱蹬乱踢的。它终于翻转身来，追赶粪球。它的机器更加卖力地工作起来。——该当心点了，傻蛋儿；沿着沟底走，既省力又保险；沟底路好走，特别平坦；你不用太用力，粪球就能滚动向前的。——可是圣甲虫就是不听，它偏要向着那个对它来说是不祥之物的斜坡。也许再登高处对它来说是合适的。对此我无话可说，因为就身居高处的优越性而言，圣甲虫的看法比我的看法更有远见。——可你至少该走这条道呀，那是个缓坡，你很容易从那儿爬到顶上的。——它根本就不听，如果有什么很陡的、无法攀登的斜坡，那个顽固的家伙就偏偏选中它。于是，西西弗斯（希腊神话中的一个暴君，死后受到惩罚，在地狱中把巨石往山上推，快到山顶时，巨石又滑下来，他只好永无休止地推着）的工作开始了。它小心翼翼地，一步一步地，艰难万分地往上滚动那巨大的粪球。它一直是倒退着在推动。我在寻思，它是运用何种稳定神功把这么个庞然大物稳定在斜坡上的。啊！稍一协调不好，它便白忙活半天了：粪球滚落下去，把它也连带着摔下去了。然后，它又开始往上爬，不一会儿又摔了下去。它随即又往上爬，这一次走得挺好，艰难路段总算通过了，原来是一个禾本植物的根在作怪，让它摔下去好几次，这一次它谨慎地绕开了这个该死的根。再使一把力就到顶了，但要小心再小心啊。坡陡道艰，稍有不慎便前功尽弃。你瞧，脚踩在光滑的卵石上，一滑，粪球和圣甲虫一起连滚带翻地又滑掉下去了。可圣甲虫又开始往上爬，仍旧坚韧不拔，没有什么能使它气馁的。十次，二十次地试着这老也爬不上去的攀登，最后，它或者是以顽强的意志战胜了千难万险，或者是经过更加缜密的思考，承认自己先前所做的无谓的努力，它选择了平坦的路径，终于如愿以偿，完成了任务。

圣甲虫并非总是单独地运送那珍贵的粪球，它经常要找一位同伴相帮，或者说得更确切一些，是同伴主动跑来帮忙。一般情况下是这么干的：一个圣甲虫制成了粪球之后，便爬出纷乱熙攘的群体，倒退着推动自己的战利品离开工地，最晚赶来的那些圣甲虫有一个在它的身旁，刚开始在制作自己的粪球，便突然放下手中的活计，奔向滚动着的粪球，助那个幸运的拥有者一臂之力，后者似乎很乐意接受这种帮助。这之后，这两个同伴便联手干起活来。它俩争先恐后地努力把粪球往安全的地方运去。在工地上是否果真有过

协议，双方默许平分这块蛋糕？在一个揉制粪球时，另一个是否在挖掘富矿脉以提取原料，添加到共同的财富上去呢？我从未看到这种合作，我一直看到的只是每只圣甲虫都独自地在开采地点忙乎着自己的活计。因此，后来者是没有任何既定权益的。

那么，是否是异性间的一种合作，是一对圣甲虫在忙着成家立业？有一段时间，我确实这么想过。两只圣甲虫，一前一后，激情满怀地在一起推动着那沉重的粪球，这让我想起了以前有人手摇风琴唱着的歌子：为了布置家什，咱们怎么办呀？——我们一起推酒桶，你在前来我在后。通过解剖，我便丢掉了这种恩爱夫妻的场景。圣甲虫从外表上看去是分不出雌雄来的。因此我把两只一起运送粪球的圣甲虫拿来解剖；我发现它们往往是同一个性别的。

既无家庭共同体，也无劳动共同体。那么这种表面上的合伙儿存在的理由是什么呢？理由很简单，纯粹是想打劫。那个熟心的同伴假借着帮一把手，其实是心怀叵测，一有机会便抢走粪球。把粪粒制成球既累人又要有耐心；如果能抢个现成，或者至少强行入席，那可就合算得多了。如果主人没有警惕，帮忙者就可抢了粪球逃之夭夭；如果主人的警惕性很高，那就以自己也出了一份力而二人同席。这一手怎么都可获益，因此抢掠就成了收效最好的一种手段。有的就阴险狡猾地这么去干了，正如我刚才所说的那样；它们兴冲冲地去帮一位同伴，其实后者根本用不着它们帮忙，而且它们装着好心好意，实际上心里暗藏杀机，还有一些圣甲虫，也许更加大胆，更加相信自己的实力，干脆直奔主题，强行抢走他人的粪球。

这种抢劫行径无处不在。一只圣甲虫独自推动着自己通过努力劳动所获得的合法收益安静地离去了。另外一只，也不知是从哪里冒出来的，飞来抢夺，身子重重地落下，把被烟熏了似的翅膀收在鞘翅下面，然后挥起带锯齿的臂甲的背面扇倒粪球的主人，后者正在忙着推动粪球，根本就无招架之力。当受袭者拼命挣扎，重新站稳脚跟时，攻击者已经立于粪球高处，那是击退对手的最有利的位置。它把臂甲收回胸前，准备迎敌，以防不测。失窃者围着粪球转来转去，寻找有利的出击点；盗窃者则立于城堡顶上不停地转动，始终面对着失窃者。如果失窃者立起身来攀登，盗窃者便朝前者的背部猛地一击。如果进攻者不改变策略来收回失物的话，那防守者因占据城堡高处，必将一次次地挫败对手的进攻。这时，进攻者企图把城堡及其守卫一并推翻。粪球底部受到摇晃，开始缓缓滚动起来，盗窃者也随着滚动，但它想尽办法始终立于粪球顶上。它做到了，但并非始终如此。它在不停地急速跟着转动，使自己保持平衡。万一脚下一滑，优势没了，那就只好与对手短兵相接，双方身体对身体，胸部对胸部，你顶我撞开来。它们的爪子绞在一起，节肢缠绕，角盔相撞，发出金属锉磨的尖厉之声。然后，把对手掀翻，挣脱开来的那一位便匆忙爬上粪球顶端，抢占有利地形。围困又开始了，忽而抢掠者被包围，忽而被抢者受包围，这全由肉搏时的胜败来决定。抢劫者无疑贼胆包天且敢于冒险，往往总是占据上风。因此，被抢劫者经过两次失败之后，便失去斗志，明智地回到粪堆去重新制作一个粪球。而那个抢劫得手者非常害怕已解除的险情会重新出现，便把抢掠来的粪球，赶忙往自己觉得保险的地方推去。有时候，我还看见有第二个抢劫者突然飞临，抢掠前一个窃贼的赃物。说心里话，我对它并不反感。

我徒劳无益地在思索，那个把“财产即赃物”这个大胆的谬语狂言运用到圣甲虫的习俗中的普鲁东是何许人也？那个把“武力胜过权力”的野蛮法则在食粪虫中加以发扬光大的外交家是谁？由于手头缺少资料，我无法追本溯源地探清这些习以为常的抢劫行径，无法搞明白这种为了抢夺粪团而滥用武力的缘由，我所能肯定的只是抢劫骗取是圣甲虫的一种惯用伎俩。这些运送粪球的昆虫相互间你抢我夺，毫无顾忌，我还真没有见过其他昆虫这么厚颜无耻地干过。干脆，我把这种昆虫心理方面的问题留给未来的观察者们去探索吧，我还是回过头来谈谈那两个合伙运送粪球的家伙。

尽管用词不甚贴切，我还是称那两个合作者为合伙运送者。它们中一个是强行入伙，而另一个则也许是无可奈何地接受的，生怕会遇到更大的不测。它俩的相逢倒还算和气。合伙者到来之时，物主正一门心思在干自己的活；新来者似乎怀着最大的善意，立即投入工作。二人一推一拉，相互配合。物主占着主导位置，担当主角：它从粪球后面往前推，后腿朝上脑袋冲下。那个帮手则在前面，姿势与前者相反，脑袋朝上，带齿的双臂按在粪球上，长长的后腿撑着地。它俩一前一后把粪球夹在当中，粪球就这么滚动着。

它俩的配合并非总是很协调的，尤其是因为帮手背对路径，而物主的视线又被粪球遮挡住了。因此，事故频仍，摔个大马趴是常有的事，好在它们也泰然处之，摔倒了立即爬起来，仍旧是各就各位，各司其职。即使是在平地上，这种运输方式也是事倍功半的，因为二人的配合无法天衣无缝，其实只要粪球后面的一个圣甲虫干，也照样会干得很快，而且干得更利索。那个帮手虽然差点弄得无法运送，但在表现出自己的善良意愿之后，决定稍事休息，当然，它是不会放弃它已视作是自己的财产的那个宝贝粪球。摸过的粪球就是自己的粪球。但它也不会掉以轻心贸然从事的，否则对方会把它给晾在那儿。

它把腿收回到肚腹下面，身子贴在（可以说是嵌在）粪球上，与之浑然一体。粪球和这个贴在其表面的帮手在合法主人的推动下一起往前滚动着。粪球在它的身下，随着粪球的滚动，它忽而在上，忽而在下，忽而在左，忽而在右，它毫不在乎。它就是要帮忙帮到底，而且是默默无闻的。这种帮手真少见，让别人用车推着自己，还要得一份儿酬劳！这时。前方遇到一个大斜坡，它只好帮一把手了。行到陡坡上时，它当上了排头兵，只见它用自己那带齿的双臂猛拽住笨重的大粪球，而其同伴，那个物主则在下方拼命抵住，一点点地往上顶着。我看见这两个合伙者，就这样一个在上方拽着，一个在下方顶扛着，配合十分默契地往坡上爬着，如果没有两个人的通力合作，光靠一个人是怎么也无法把粪球推上去的。但是，并非所有的人在这一艰难时刻都会表现出同样热情的。有一些圣甲虫在攀爬斜坡这种必须通力合作才行的时刻，似乎根本没有看见有困难要克服似的。当倒霉的西西弗斯在拼了小命试图越过障碍时，另一位则高高在上，稳坐钓鱼台，与粪球一起滚下，一起滚上。

我们假定那只圣甲虫很幸运，找到了一个忠实的合伙者，或者更好一些，假定它在途中没有碰上不请自来的同类。那么，一切就绪，可以进行下一步了。地窖已挖好，是一个在松土地上挖的洞，通常是在沙地上挖，洞不深，有拳头般大小，有一条细道与外界相通，细道大小正好够让粪球进入。粮食一入地窖，圣甲虫便躲在家里，用藏于角落里的杂物把地窖入口堵住。大门一关，外面根本看不出这里下面有个宴会厅。大功告成，它高兴万分；宴会厅里全都登峰造极！餐桌上摆满了奢华食物；天花板遮挡住当空烈日，只让一丝温馨湿润的热气透进来；心平气静，环境幽暗，外面的蟋蟀阵阵合唱声，这一切都有助于肠胃功能的发挥。我神思恍惚，突然觉得自己在俯身于地窖门口，只觉得有海洋女神该拉忒亚的歌剧中的那段著名唱段隐约传来：“啊！周围的一切都在忙忙碌碌时，无所事事是多么美妙。”

谁敢去打扰这样的一个在宴席上怡然自得的家伙呀？但是，想探个究竟的欲望是什么都干得出来的，而这种胆量，我就有过。我把我私闯民宅的情况记录在此。我看到光一个粪球几乎就把宴会厅塞满了；这奢华的食物下抵地板上顶天花板。一条狭小的通道把粪球与墙体隔开。食者就在通道上用餐，顶多是两位，经常是独自一人，肚子贴在餐桌上，背顶着墙壁。座位一旦选好，就不再挪动了，然后便放开嘴吃起来，没有一点小的争吵，那样会少吃上一口的；也不挑挑拣拣的，否则就会浪费食物。一切都得按先后次序，一丝不苟地穿肠过肚。看到它们如此虔诚尽心地围着粪球在吃，你会以为它们意识到自己在完成大地净化的工作，它们知道自己投身的是那种以粪肥培育鲜花的精细化学工程，鲜花让人赏心悦目，圣甲虫的鞘翅能点缀春意盎然的草坪。马牛羊尽管消化系统很完美，但它们的排泄物中仍留有未消化的残留东西，而圣甲虫则把它们留下的那些残留物质加以利用，为此，圣甲虫就必须具备一套完整的工具。果然，通过解剖我惊叹地发现它的肠道出奇地长，盘来绕去，使得进入的食物可以慢慢地被吸收，直至最后一个可以利用的颗粒被消化掉为止。因此，食草动物未能吸收的东西，食粪虫类昆虫的高效蒸馏器却可从中提取一些财富，而这些财富经过稍加处理，就变成了圣甲虫的墨黑的铠甲和其他食粪虫类昆虫的金黄色的和赤红色的胸甲。

不过，这种令人赞叹不已的垃圾处理工作得在最短的时间内完成，这是环境卫生所限定的。而圣甲虫就具有这种也许其他昆虫所没有的很强的消化能力。一旦食物进入地窖里，圣甲虫便日夜不停地吃着，直到把食物消灭干净为止。当你有了一定的实践经验，把圣甲虫关在笼子里养是很容易的。我就是采用了这种办法获得了这些资料，这对著名的圣甲虫的高效消化功能的了解大有裨益。

整个粪球就这么一点一点地依次通过消化道，然后，圣甲虫隐士便爬出地面，寻找机遇，找到后，便再做粪球，一切就又重新开始了。

有一天，天气很热，闷热无风，这种氛围很适合我喂养的圣甲虫们大快朵颐的。于是，我手里拿着表，守在一个露天进食者的面前仔细观察着，从早上八点一直盯到晚上八点。这只圣甲虫似乎遇上了一块颇对胃口的食物，整整十二个小时，它都没停止过咀嚼，始终待在餐桌前的同一个地点一动不动地吃个没完。晚上八点钟时，我最后看了它一次。只见它的胃口始终未减，那样子像刚开始吃时一样地起劲。这宴席还持续了一段时间，直到整个食物全部消灭干净为止。第二天，那只圣甲虫确实没再在那儿了，头一天大嚼个没完的那块食物只剩下点渣渣末末了。

时针转了一圈还要多，这么长的一幕就是进餐，狼吞虎咽，精彩至极，但是，那消化的一幕则更是妙不可言。圣甲虫前头不停地吃，后头则不断地排泄，那已不再含营养成分的排泄物连成一条黑色细线，如同鞋匠的细蜡绳。它是边吃边排泄，足见其消化之神速。刚一开始咀嚼，它那拔丝机便运转起来，直到最后几口吃完之后，这机器才停止运转。那根细蜡绳从头到尾没有出现断头，始终挂在排泄口上，下面的则已盘成一堆，只要没有干透，则可以轻易展开来成为一条细长绳。

排泄的过程如同秒表一般精确。每隔一分钟，更精确地说是四十五秒，一小节排泄物便出来了，细绳则增长三四毫米。等细绳长到一定程度，我便把它截断，放在刻度尺上量量其长度。我测量的结果，总长度为十二小时两米八十八。晚上八点，我是提着提灯最后一次去察看的，这之后，圣甲虫又继续消夜，所以进餐与制绳工作又持续了一段时间，所以圣甲虫拉成的那根没有断头的细长绳总长约为三米。

知道了绳长及其直径，排泄物的体积很容易便能测算出来。而要测出圣甲虫的精确体积，同样也不难，只要把它放入有水的量筒，查看一下水位线即可。所获得的数据并非没有意义：这些数据告诉我们，圣甲虫一次连续十二个小时的进食竟消化掉几乎与自己的体积相等的食物。多么好的胃呀，而且消化又是这么强，消化速度又这么快！一开始咀嚼，排泄物便立即被消化成细绳状，不停地拉长，直到进餐结束。在这台也许从不失业的蒸馏器里（除非加工的原料出现短缺），原料一进入，立即由胃囊进行加工，吸收殆尽，然后排出。这使我不由得想到，这么一座如此高效地清除垃圾的实验室在环境卫生方面是可以起点作用的。

圣甲虫的梨形粪球

一个年轻的牧羊人负责替我抽空观察圣甲虫的活动情况。6 月下旬的一个星期日，他兴冲冲地跑来告诉我说，他觉得此刻是研究圣甲虫的好机会，说他突然看见圣甲虫从地下爬出来，他便在它爬出来的地方翻找，在不深的地方就发现了一个奇怪的东西，便给我带了来。

那玩意儿确实挺奇怪的，彻底地推翻了我原先以为了解的那点情况。从形状上看，它就像个小小的梨子，大概熟过了头，色泽不新鲜了，变成了紫褐色。这个稀奇古怪的玩意儿，这个似乎在车工（用车床进行切削的工种，也指车床操作工人）车间车出来的漂亮玩具，会是什么呢？是人工塑造而成的？是一个仿梨子制品供孩子玩的？我确实是这么以为的。孩子们围了过来，目不转睛地盯着这个漂亮玩意儿，都想拿走放进自己的玩具盒里。这玩意儿形状比玛瑙（一种玉石，有各种颜色，呈层状、环状花纹，质地坚硬耐磨）弹子更漂亮，比象牙球和杨木陀螺（tuóluó）更让人喜爱。实际上，这玩意儿的材质并不显得上乘，但摸上去很硬实，且带有十分艺术性的曲线。这没有关系，反正在深入了解它之前，我是不会把这个从地下找到的小梨给孩子们当玩具的。

它真的是圣甲虫的杰作吗？它里面会有一个卵、一条幼虫？牧羊青年肯定地对我说有。他说他在挖的时候不小心把一只同样的小梨给弄碎了，里面就有一只白色的卵，像一个麦粒那么大。我不太相信他说的，因为他给我拿来的小梨与我所期待的粪球相去甚远。

剖开这个令人生疑的玩意儿，看看它里面有什么东西，这也许是冒失的：即使如牧羊青年好像认定的那样，里面果真有虫卵，我这么把它剖开也许会影响里面胚胎（pēitāi，初期发育的生物体，由精子和卵子结合发育而成，也有未受精的卵发育而成的）的存活。再说，我在想，梨形与所有已知的情况是矛盾的，很可能是偶然造成的。谁知道日后会不会再遇上偶然的情况给我提供同样的东西呢？（作者写出了他思考和探索的过程。这一思绪恰好体现了一句谚语：耳听为虚，眼见为实。）最好保持它的原样，静观情况的发展，特别是应去现场看个究竟。

第二天天一亮，牧羊青年已在那儿放羊了。我爬上山坡见到了他。山坡上的树木最近被砍光了，夏季的毒日头晒得人后脖子疼，好在还得两三个小时之后太阳才晒得到我们。清晨，凉风习习，羊群在牧羊犬的看管下静静地吃草，因此我和牧羊青年便一起搜寻起来。

很快就找到了一个圣甲虫的洞穴，上面新堆成一个鼹（yǎn）鼠丘，一眼就可认出来。我的同伴用力地挖起来。我把我的小铲子给了他，我那把小铲子又轻巧又结实，我每次外出都没忘记带上它，因为我见土就想挖一挖，怎么也改不了。我躺在地上，目不转睛，好仔细查看被挖开的洞穴内部的安排布置。牧羊青年用小铲子挖着，用没拿铲子的手把浮土弄掉。

我们成功了：一个洞穴打开了，只见那湿热的半张开的地洞里一只完美的梨形粪球待在那儿。是呀，说真格的，第一次看到圣甲虫妈妈的杰作那印象之深刻，永远也无法抹去。即使我是挖掘古埃及圣骨的考古学家，当我挖到某个法老（古埃及国王的尊称）的地下墓穴中绿宝石雕琢成的圣虫，我也不会比这次更加激动。（这一句使用了夸张的手法，既增添了幽默的趣味，又将自己挖到梨形粪球的喜悦表现得淋漓尽致。）啊！突然金光四射，真理发现的快乐呀，什么快乐可与你相媲美！牧羊青年也高兴万分，他见我笑自己也笑，他看见我幸福欢快自己也喜形于色。

偶然的事不会重现，一件事不会一模一样地再现，一句古老的格言就是这么告诉我们的。（这里引用了古老的格言。引用格言、俗语、警句，会使文章更具说服力。）我这已是第二次看到这种奇特的梨形粪球了。这种形状是正常的，不是例外？圣甲虫在地上滚动的那个类似这种球体的球体是否并不存在？我们继续挖下去，再看看究竟是怎么回事。我们又找到了第二个洞穴。同第一个一样，里面也有一只梨形粪球。这两个玩意儿一模一样，简直像是一个模子里倒出来的。有一个细节颇有价值：在第二个洞里，在梨形粪球旁边，圣甲虫妈妈怜爱地紧搂着梨形粪球，想必是专心一意地在对它进行最后的加工，然后自己就永远地离开这个洞穴。一切疑惑都驱散了：我认识这个雕塑工，我了解它的杰作。

在上午剩下的时间里，我便只是对已知的这些情况进行充分的求证：在毒日头把我晒得受不了只好离开挖掘现场之前，我已拥有一打（一打十二个。打，dá）形状相同大小几乎一样的梨形粪球。有许多次我都发现有圣甲虫妈妈在洞穴深处的车间里。

最后，先提一下后来我所了解到的情况。在6月末到9月份的整个大热天里，我几乎每天都到圣甲虫经常出没的地方去探查。我用小铲子挖开一个个洞穴，获得了一些超乎我期盼的资料。我从笼子里的饲养中又获得了另一些资料，这些资料真的也很宝贵，但却无法与在田野里的自由空间中所获得的资料相比拟。（这句使用了对比手法。对于作者而言，野外实践和观察是最重要的研究方法。）不管怎么说，我挖掘过少说也不下一百来个洞穴，而且始终都次次见到那种梨形粪球，但却从来没有，一次都没有见到过圆圆的粪球，一次也没见到过书本上告诉我们的那种浑圆形状的粪球。

这个错误我以前也犯过，因为我非常相信大师们的金口玉言。以前，我在安格尔高原的研究没有任何结果，我在实验室进行饲养也可悲地以失败而告终，但我又一心想给青年读者们一个圣甲虫如何筑巢做窝的看法，所以就接受了传统的浑圆粪球的荒谬（非常离谱，不合情理）说法，而且还通过类比推理，用别的食粪虫的一点情况试着勾勒圣甲虫卵的外形，导致了不可饶恕的错误的出现。

现在，我们来详述一下这个真实的故事，并用我亲眼所见并且一见再见的事实作为依据。圣甲虫的地下窝巢在地面上一看便知，因为洞外有一堆浮土，似一个鼹鼠丘，是圣甲虫妈妈把洞中挖出的土推到洞外堆积而成的，以便留出一个洞来。这个鼹鼠丘下开着一个大约一分米的不太深的洞，有一条或直或曲的水平通道从洞底通到可能有拳头般大小的宽敞大厅。这就是地下室，虫卵被食物包裹着，在离地面几寸的地下，由酷热的太阳烘烤慢慢孵化；这也是圣甲虫妈妈宽敞的车间，它可以在里面灵活自如地把未来的宝宝的面包揉（róu）制、加工成为梨形。

这个粪球面包躺倒时长轴线是水平方向的。其形状以及大小让人想到圣让节（即圣约翰节，在每年的6月24日，纪念施洗者约翰的节日）时期的小梨子，色泽鲜艳，香气扑鼻，提前成熟，让孩子们爱不释手。梨形粪球的大小基本都差不太多。最大个儿的长四十五毫米，宽三十五毫米；最小个儿的长三十五毫米，宽二十八毫米。

梨形粪球的表面虽不像仿大理石那么光滑，但却非常规则匀称，经过很小的红土颗粒仔细打磨（mó）过的。它原是十分松软的，宛如可塑性黏土，因为是刚做好的，但很快便因风干的缘故外层结起一层硬皮，用手指捏都捏不碎，比木头都硬。这层硬皮是一个保护层，使得隐于其中者避免与外界接触，可以极其安静地消受自己的食物。但是，如果连中间也都风干了，那就非常危险了。我们以后将有机会来谈被迫面对太硬面包的幼虫的可怜处境的。

圣甲虫面包铺加工的是什么样的面团呢？马牛骡（luó，马和驴的后代）是它的供货者吗？绝对不是。不过，我以前一直以为是的，而且每个看见它在一大堆普通牛粪中拼命收集，为己所用的人，也都会这么以为的。它通常就在那儿揉制粪球，然后弄到沙土地下的某个隐蔽所去消受一番。

如果那种沾满草梗（gěng）的粗糙（cāo）面包只是为自己吃的话，那没有什么问题，但如果是给它们的小宝宝们准备的，那就不行了。它必须去进行精加工，使之营养丰富且易于消化。它需要的是绵羊留下的美味，而不是干瘪（biě）的牛拉下的一地黑橄榄；绵羊留下的美味是在其不太干的肠子中逐渐形成、加工制作的单层硬饼干。这才是圣甲虫所要的材料、专门用于加工的面团。那不是马的那种无脂肪的粗纤维（xiānwéi）材料，而是腻滑而有黏性的均匀的物质，饱含着富于营养的汁液。这种材料因其黏性和腻滑而极为适于加工成为梨形艺术品，而且它又柔软可口，很符合新生儿嫩弱的胃。（粪便本是令人反胃的东西，但作者能站在圣甲虫的角度，赞美圣甲虫妈妈选材得当。）在这么一个小小的梨形体中，幼虫将可以获得充足的营养。

这就是梨形食品如此之小的原因所在。它那么小，以致使我在看到圣甲虫妈妈正在制作梨形粪球之前，一直怀疑这新玩意儿究竟是什么尤物。我一直都没能从这么小的梨形粪球中看出那是圣甲虫幼虫的食粮，因为圣甲虫既贪馋且个头也挺大。

在这个形状独特新颖的大面包团里，虫卵在什么地方呀？大家自然而然地就会认为它在那圆圆的梨肚子的中心。这中心点是最安全的地方，不受外面的一切干扰，而且是恒温的。再者，新生幼虫无论从哪儿下口都能遇到厚厚的食物层，不会咬上几口就没有了。因为在它的周围全都是一样的，它也就用不着去挑选了；它随便把自己那嫩牙咬到哪儿，都会无忧无虑、津津有味地继续吃下去。

这种看法似乎非常有道理，以致我也跟着上当了。在我用小刀的刀锋一层一层地往梨肚子中心剥去，深信在中心点会找到虫卵时，却大出我意料，那儿根本就没有虫卵。梨肚子中心非但不是空的，而且是实实的。那儿也是一堆质地均匀的食物。

我的推断看上去似乎很合理，换了任何一位观察者也会与我持同样看法的，但是圣甲虫却有自己的主张。我们有我们的逻辑，而且还颇引以为豪；但圣甲虫也有自己的逻辑，而且在这一点上还远胜于我们。（这一句起了承上启下的作用。同时，作者使用了先提出假设再自行驳倒的议论手法。）圣甲虫颇有远见，能预见会发生什么事情，所以便把卵下到别处去了。

到底下到哪儿去了呢？下到梨形粪球最细薄的部分，在最顶端的梨颈那儿。把梨颈纵向剖开，但须加倍小心，别弄坏了里面的东西。那儿挖有一洞，四壁光洁锃亮（形容反光发亮。锃，zèng）亮。这就是胚胎所在的圣龛（kān，供奉神佛的小格子），这就是孵化室。相对于圣甲虫妈妈的个头来说，虫卵算是挺大的了，它呈长椭圆形，白乎乎的，长约十毫米，宽有五毫米多。它同四壁之间有一层薄薄的间隔，与四壁都不紧贴，只是梨颈顶端的壁后，虫卵的头顶粘在上面而已。梨形粪球通常是水平躺放着的，除了头顶黏着的那一点以外，幼虫实际上是悬浮在空中，睡在这张最有弹性最热乎的空气床上。

现在，我们已清楚明白了，让我们来看看圣甲虫这么干的原因何在。让我们了解一下为什么是个梨形，这在昆虫的制作工艺中可是一种很奇特的形状。让我们来看看虫卵放在那么个奇怪的地方究竟有什么好处。我知道，探究事情的原委和来龙去脉是非常繁难艰辛的。你可能会像踏人流沙里去似的，因为那是个神秘的领域，变化多端，一不小心就会陷下去无法自拔的。难道因为危险就放弃这种探索吗？为什么要放弃呀？

我们的科学与我们手段之贫乏相比更显得其伟大辉煌，但是面对无穷的未知时又显得如此的可悲。它对于绝对的真理都知道些什么？它一无所知。世界只有在我们认识了它之后才使我们感到有兴趣。认识不了，一切都变得枯燥（zào）乏（fá）味，混沌（hùndùn，模糊不清、无知无识的样子）虚无。一大堆事实并非科学，那只不过是一篇索然寡味（没有意味，没有兴趣的样子。寡，guǎ）的目录而已。必须解读这篇目录，用心灵之火去使之化解开来；必须发挥思想和理想之光的作用；必须诠释。

让我们去攀登这个高峰，以解释圣甲虫的所作所为吧。也许我们可以把我们的逻辑运用到圣甲虫身上去，不管怎么说，看到理性对我们的支配与本能对动物的支配如此绝妙的一致，是非常有趣的。

圣甲虫处于幼虫状态时有一个巨大的危险在威胁着它，那就是食物变干燥。幼虫生活其间的地下洞穴的天花板是一层约一分米厚的土层。这极薄的一层土又如何挡得住能把土烤焦的大热天的酷热呢？那酷热都能把砖坯（未经过烧制的砖的毛坯。坯，pī）烧硬了。所以幼虫的居室温度高极了，当我把手伸进去时，都感到有股子热气在往外冒。

食物至少得存放三四个星期，所以很有可能在卵孵化之前变干，甚至变得无法为幼虫食用。当幼虫那嫩牙咬不着原本是松软的面包而咬着硬得如石头般的硬皮时，可怜的幼虫将会饿死，而且确实有因饥饿而死亡的。我就发现过有不少8月烈日的牺牲者，它们早已把松软的食物吃了一个大洞，后来因啃不动剩下的太硬的食物而死于吃出的那个大洞中。粪球剩下的是一个厚厚的壳，像一只没有口的球形锅子，可怜的幼虫在锅里被烤干瘪了。

在那个干硬得像石头似的厚壳中，幼虫即使变成了成虫也一样会饿死的，因为它冲不破围城，逃不出来。关于幼虫的彻底解放我稍后还要论述，在此就不再就这一点多加赘述了，我们就只关心一下幼虫的悲惨处境吧。

我们说了，食物变干燥对于幼虫来说是致命的。我们见到的在厚壳中干死的幼虫就证明了这一点，下面要做的实验会更加明确地证实这一点。在7月份那筑巢做窝的季节里，我在一些硬纸盒或杉木盒里放了一打当天早上从产地挖到的梨形粪球。这些被密封起来的盒子被放在我实验室的暗处，那儿的气温与外面的气温一样，结果，没有一只盒子见到成果：要么是卵干瘪了，要么是幼虫孵化出来后很快就死去了。相反，在一些白铁盒或玻璃笼中，情况十分不错，全部存活。

这种差别原因何在？其实很简单，在7月份的高温天气里，硬纸板或杉木板隔热效果差，水分很快就蒸发掉，所以梨形粪球变干，幼虫便饿死了。

而白铁盒或玻璃笼则相反，隔热效果好，水分不易蒸发，食物能保持松软，所以幼虫如同在出生地的洞穴中一样很好地成长。

圣甲虫有两种方法避免食物干燥。首先，它用它那宽臂的铠（kǎi）甲使劲地压紧压实梨形粪球的外层，弄成一层比中心更均匀更密实的保护性外皮。如果我把一个用这种方法制作的食品罐头捏碎，那层外皮通常会一下子脱落，露出中心的内核来。这让我联想到一只核桃的皮儿和仁儿来。圣甲虫妈妈在按压时只涉及几毫米的表层，所以便出现了一个外壳。它并没往深处按压，这样中间的那个大内核也就分出来了。夏季最炎热的时候，为了让食物保鲜，家庭主妇会把面包放在密封的坛子里；而圣甲虫妈妈的做法有异曲同工（不同的曲调演奏得同样美妙，比喻不同的事情有同样的好效果）之妙，它通过按压，制成外壳，以保护里面的孩子们的食粮。

圣甲虫的所作所为远胜于此：它变成了一位几何学家，能够解决最小值的难题。在其他所有的条件完全相同的情况下，蒸发显然与蒸发面的大小成正比。因此，为了减少水分的丧失，就必须让食物的表面积尽量的小；但又必须让这个最小的表面积包含最大数量的营养物质，以便让幼虫吃饱吃好。那么，什么样的形状才能达到面积最小而体积又能达到要求呢？按几何学的回答，那就是球形。

圣甲虫因此便把幼虫的食粮加工成为球形，而梨颈暂时地忽略一边；这种球形并非为强加给圣甲虫一个必需的外形而在盲目的机械条件下造成的结果；也不是在地上滚动而突然获得的成果。我们已经看见了，为了更方便更快捷地把收集到的食物弄到别处去食用，圣甲虫把食物加工成球形，但又没有挪（nuó）动它的位置。总之，我们已经承认这个球形在滚动之前就做成了。

同样，我们马上也可以确定，为幼虫准备的梨形则是在洞底深处制作而成的。它没有滚动过，它甚至都没有挪过窝儿。圣甲虫完全按照所需要的外形对它进行了加工，犹如泥塑艺人用拇指捏泥人一样。

圣甲虫利用自己配备的工具也能制作出曲线不如梨形柔和的其他一些形状出来。譬（pì）如，它就能制作较粗糙的圆柱体，那是粪金龟通常制作的香肠面包；它也能草率从事，让没有固定形状的粪块是什么样就什么样。如果草率从事，活就干得更快，它也就有更多的闲暇尽享阳光下的欢乐了。但是不然，圣甲虫专门选择制作梨形粪球，而这种形状要做得精确是十分不容易的。它制作这种繁难的梨形粪球，就像是它深知蒸发的规律以及几何学的规律似的。

现在剩下的是搞清楚梨颈的事了。它的功能、作用究竟是什么？答案显然是：有很大的作用。孵化室就在梨颈部位，卵就在其中。而所有的胚胎，无论是植物的还是动物的，都需要空气这个生命的原动力。为了让激发生机的空气这种助燃剂渗透进去，鸟的蛋壳上满是气孔。圣甲虫的梨形粪球就类似于鸡蛋。

为了避免过快地干燥，梨形粪球的外壳被压实成一层很硬的外皮；它的营养核，也就是蛋黄、卵黄，是藏于外皮内的松软的球；它的透气室就是顶端的那个小屋，亦即梨颈上的那个小窝窝，里面的空气把胚胎团团围住。为了呼气吸气，有哪儿能比孵化室更好的？那儿位于尖角上，沐浴在空气中，气体可以透过薄薄的壁自由地渗进渗出。

空气和高温是最重要的条件，所以食粪虫中没有谁敢等闲视之（看作平常的人或事物，不予重视）。我们以后会有机会看到，食粪虫的食物块形状各异；除了梨形以外，根据制作者的种属不同，还有圆柱形、鸟蛋形、球形、尖顶形等；但是，虽说是形状各不相同，首要的一点却是永远不变的：卵待在紧靠表面的一间孵化室里，这是呼吸新鲜空气和吸热的最佳方法。在这种精巧艺术方面，圣甲虫制作的梨形粪球独占鳌头（古代考上状元的人可以踏上皇宫大殿石阶上刻的鳌的头。比喻占首位或取得第一名。鳌，áo）。

我前面刚提到过，圣甲虫这位一流的揉制工在揉制粪球时所表现出的逻辑性可与我们人类相媲美。就我们现在所知，我所做的实验就证明了这一点。但还有更好的证明。我们把下面这个问题让我们的科学加以阐释吧。胚胎是被包围在一大块食物中的，而因为干燥，这大块食物会很快变得无法食用。如何加工这种食物块才好呢？为了容易地呼吸到新鲜空气和吸收热量，把卵产在哪儿好呢？（作者常常用提问的方式，回顾前文，引起下文。）

所提问题中的第一个问题已经回答过了。我们从所获知识中得知，蒸发是与蒸发表面的面积大小成正比的，所以食物应做成球状，因为球状体包含的物质最多而表面面积又最小。至于虫卵，既然需要一个保护套加以保护，免得有任何伤害性的接触，就必须把它放置在一个薄的圆柱形套子里，再让套子立在球体上方。

这样，必需的条件就得以满足了；制作成球状的食物可以保持新鲜了；由一个圆柱形薄套保护着的卵可以通畅地呼吸新鲜空气和吸收热量。这必需的条件虽然满足了，但那形状却太难看。讲实用就顾不上美了。

一个艺术家把我们推理得来的粗糙作品进行了加工。它把圆柱形修改成半椭圆形，显得优美雅致得多；它又在这个球体上加工出一个精巧的曲面，与球体仍连接在一起，这就变成了一个梨形，变成了一个带颈的葫芦。这样一来，这就是一件艺术品了，非常漂亮。

圣甲虫所做的正是美学要求我们做的。它是不是也有一种审美观？它知道自己制作的梨形很美吗？它肯定是看不出梨形之美的，它是在地下漆黑一片中制作的。但是它摸得出来。尽管它的触觉不值得一提，而且身披粗糙的角质外壳，但不管怎么说，对自己精心揉制出来的外形轮廓是不会没有感觉的！

拓展阅读 昆虫积累卡

圣甲虫

类别：节肢动物门昆虫纲鞘翅目金龟子科蜣螂属昆虫。

外形：成虫的体壳闪烁着青铜色、弱翠绿或深蓝色的光芒，身体多为卵圆形，或者为椭圆形，触角为鳃叶状；幼虫的身体为白色，头部为黄棕色，身体弯曲为马蹄形状。

习性：日常活动是把从地面上收集的污物，揉搓成圆球，接着滚动到自己希望到达的地方；富有合作精神，会帮助同伴运送粪球，同伴中也有贼甲虫，会用狡猾的手段甚至采用强力手段抢夺其他圣甲虫的劳动成果；胃口大，消化能力极强，只要把食物搬到家，就连续不停地吃，直到把食物吃完为止；为自己的卵建造了一个“梨”状的粪球屋，幼虫一般在最炎热干燥的月份出生。

圣甲虫的造型术

圣甲虫是如何制作那有着慈母爱的梨形粪球的？首先可以肯定的是，这绝不是在地上通过滚动制作而成的，因为它的形状从各个方面看都是无法向前滚动的。就算那梨形葫芦的肚子可以滚动的话，但是那个椭圆形凸出来的梨颈里面可是个孵化室呀！这个精巧的杰作也不可能是猛烈撞击的结果。它如同首饰匠的首饰一样，是不可能让铁匠放在铁砧上捶打出来的。我同意其他的一些已经提及的十分明显的原因，但愿梨形粪球的形状将永远把我们从那认为卵是放在一个摇来晃去的粪球里的陈旧看法中摆脱出来。

为了自己的杰作，圣甲虫这个雕塑家与真正的雕塑家们一样，关起门来潜心制作。它藏在自己的洞穴中，专心一意地加工被它运入洞中的粪料。在对待粪料的方法上有两种情况。一种是在粪堆里按照我们已知的那种办法选取优质食料，就地揉制成小球，搓成圆形后再滚动它。如果只是为解决自己的口粮问题，它肯定就这么做了。如果它认为粪球体积过大，又不适宜就地挖洞，它便滚动着这个大家伙上路；它毫无目的地走着，直到找到一个合适的地点为止。路途中，粪球不会越滚越圆，但表面那一层会稍稍变硬，沾上一些泥土和细沙粒。这层沾上土和沙的表层是其跋涉之远近的真实记录。这一点很重要，我们一会儿会用得上的。

还有一种情况是，在它从中选取粪料的粪堆附近就很适合挖洞。那地方没什么石头，很容易挖洞。这样就无须长途跋涉，也就用不着滚动粪球了。羊的松软蛋糕被收集起来，原样储存，放进车间，需要时再切成小块加工。

这种情况通常并不多见，因为地面粗糙，石头太多。轻易就可以挖洞的地点零零星星，圣甲虫不得不身负重荷四处寻觅。不过，我的笼子里铺的一层土是过过筛子的，挖洞就极其容易，每一处都可以挖洞造巢，因此，圣甲虫妈妈为产卵而劳作时，只要把附近的粪块弄到地下去就行了，用不着先把粪块弄成个什么固定的形状。

这种无须事先揉成粪球再运输储存的方法无论是在野地里还是在我的笼子中，其最后的结果都非常令人惊讶。头一天，我看见一块没有形状的粪料消失在地下，第二天或第三天，我查看了它的车间，发现艺术家正面对自己的杰作哩。当初的不成形的粪块，被一块块拖进洞中的碎块，已经变成了形状完美、无可挑剔的梨形粪球了。

这件艺术品身上有着其艺术家的印记；立于洞底地上的那一部分沾着少许的泥土；其余部分都很光滑明亮。在圣甲虫制作梨形粪球时，由于粪球自身的重量，由于圣甲虫的轻轻拍打，仍很松软的梨形粪球接触地面的那一面就沾上了点泥土，而其他的大部分面积则保持了圣甲虫精心加工所给予它的精细完美。

这些仔细观察到的细节的结论是显而易见的：梨形粪球不是旋转制作而成的；它不是圣甲虫在宽敞车间的地上经过滚动获得的，如果是那样的话，它就应该全身到处都沾上了泥土才对。另外，它那凸起的颈部也排除了这种制作方法的可能性。它甚至都没有从一头翻转到另一头；它的朝上一面一点儿泥土都没有沾，这就是有力的证据。圣甲虫没有移动也没有翻转，就在它所在的地方原地对梨形粪球进行了加工制作；它用它那宽臂轻轻地拍打梨形粪球，正如我们在露天地里看见它制作时的那样。

现在我们回过头来说说田野里的通常情况。这时候，粪球是从远处运来拖进洞穴里去的，整个表面全都沾满了泥土。圣甲虫将如何处理这只粪球？粪球上已经显现出未来梨形粪球的肚子来了。我如果只想求得答案而不考虑曾经使用过的方法的话，这答案是很容易得到的：只要在洞中连同其小粪球一起抓住圣甲虫妈妈，把它和小粪球全都弄到我的实验里，进行仔细观察，研究进展情况就可以了，而这种事我干过许多次。

我用一只短颈大口瓶装满筛过的湿润的土，并把土夯实到需要的程度。然后，我把圣甲虫妈妈及其紧搂住的宝贝粪球放在我制造的土层表面。我把大口瓶放在半明半暗的地方之后，等待着。我的耐心并未受到太久的考验。圣甲虫因卵巢的活计所迫，便重新开始了被我打断了的工作。

在某些情况中，我看见圣甲虫一直待在地面上，把粪球打碎敲破，弄得粪渣满地皆是。这根本不是因为圣甲虫被捉住，成了俘虏的绝望之举，恍惚之中把宝贝粪球给毁坏掉。它那是明智的合乎卫生的举动。对在一些疯狂的争抢者中间匆忙弄到的粪球进行仔细的检查往往是必要的，因为在强盗们中间，就在收获地点进行翻检并不总是很合适的。粪球有可能裹进一些小蜣螂、蜉金龟什么的，因为忙着拼抢而顾不上仔细挑拣。

这些无意间闯入其间的入侵者非常自在地待在粪球里，将来会与合法的消费者争食未来的梨形粪球的。必须把这帮馋虫从粪球中清除出去。因此，圣甲虫妈妈便把粪球打碎，变成碎屑，仔细搜查。然后，再重新把粪渣聚拢，粪球又做好了，这时表面已无泥土了。于是圣甲虫把它拖入地下，把它加工制作成为除支撑的那一面而外无泥土的梨形粪球。

但更常见的是，粪球被圣甲虫妈妈原样埋入地下，如同我从洞中把它挖出来时那样，外层很粗糙，这是因为圣甲虫妈妈把它从收集点一路滚动，直至理想的加工点所造成的。在这种情况下，我在大口瓶底看见的是已成为梨形的粪球，外壳很粗糙，表面嵌满了沿途沾上的泥土和沙子，足见梨形粪球并不要求从里到外进行全面的加工改造，而是通过简单的按压，拉出梨颈就成了。

在绝大多数情况之下，一切都是这样正常发展的。我在田野里挖出来的梨形粪球几乎全都有一层硬痂，程度不同地都不很光滑。如果没有发现这硬痂是因长途运输所造成的，那便会以为这沾满土和沙的外壳是圣甲虫在地下制作时滚动粪球所致。我所看到的那几个罕见的光滑粪球，特别是我的笼子里挖出的那几个极其干净光洁的粪球，彻底地纠正了这一错误。这几个梨形粪球告诉我们，用就近收集的并且未成形便储存起来的粪料加工成梨形粪球必须彻底地塑造，而且根本就不是用滚动加工的方法；这几个梨形粪球还告诉我们，那些表层粗糙的梨形粪球并不是在车间里滚动时沾上泥土造成的，而纯粹是表明它们在地面进行了长途跋涉所致。

亲眼观看梨形粪球的加工制作并非易事：那个在黑暗中干活的艺术家稍被光线照到，就坚决罢工停手。它需要漆黑一片才能进行雕塑；我则必须有光亮才能看到它。这两个条件不可能同时得到满足。不过，我们不妨试一试，断断续续地抓住那不能完全展露的真情实况。我采用了下面这个办法。

我还是用了先前的那个短颈大口瓶。我在瓶底铺了一层几指厚的土。为了弄一个我所必需的四壁透明的车间，我在土层上支起一个三脚架，有一分米高，我在其上放置一个与大口瓶瓶口直径相同的枞木盖板。这样装置好的玻璃壁板房就是圣甲虫干活的宽敞的地下室。枞木板边缘被切开一个小口，刚够圣甲虫及其粪球通过的。最后，在枞木盖板上堆上一层尽可能厚的土。

在堆土时，盖板上的土有一部分会滑落，从所开缺口处漏到房间里去。形成一个宽宽的斜坡。这是我计划好的。当圣甲虫发现连接口之后便借助这一斜坡，下到我为之准备好的透明屋中去。当然，这个透明屋必须全黑之后它才会去的。因此，我便用硬纸板做了一个上面封住口的套，把短颈大口瓶给罩上。这样一来，那间房间就全黑了，符合了圣甲虫的要求。我只要猛地拿起套来，我所要的光亮也就有了。

万事俱备，我便开始寻找带着自己的粪球宝宝刚退隐进天然洞穴中的圣甲虫妈妈。正如我所希望的，一个上午就全安排妥当了。我把那位圣甲虫妈妈及其粪球宝宝放在上层土的表面上，并在大口瓶上罩上了纸套，然后便耐心地等待着。只要卵没安置好，圣甲虫妈妈便会执着地完成自己的工作，它将会为自己挖一个新的洞穴，并随时一点一点地把粪球往洞坑中拖；它将会穿过上面的那层不太厚的土；它将碰到枞木板盖的阻碍，这是与它多次在露天地里挖洞时遇到的阻挡去路的碎石一样的障碍；它将会探寻受阻的原因，并发现了那个缺口，于是它便从这个小门下到下面的小屋，小屋对它来说很宽敞，可以自由爬动，如同我刚才让它搬家前它所住的地下室一样。我就是这么推断的。但这一切都将需要时间去验证，而我觉得最好是一直等到第二天，以满足自己那急不可耐的好奇心。

到时候了，去看看去。头一天我把实验室的门敞开着，因为门锁的一点点响动就会惊动我的那个疑心很重的劳作者，它会马上停下手中的活。为了减小动静，我进实验室前换上了一双软底拖鞋。我猛地一下掀去纸套。太好了！我的推断一点没错儿。

圣甲虫正待在玻璃车间里，我看见它正在忙活着，宽爪正放在梨形粪球的雏形上。但是，这突然地一亮，把它惊住了，一动不动的，仿佛僵住了似的。这种情况延续了几秒钟的工夫。然后，它转过身去，笨拙地往回爬上斜坡，想进到地道的黑暗的高处。我看了一眼它干的活，记下了其作品的形状、姿态、方位，然后又把纸套给套上，让里面全黑下来。如果想再做这种实验，就不能让这种突然袭击持续得太久。

我突然而短暂的窥探向我们透露了这项神秘工程的初步信息。一开始完全呈圆球形的粪球现在出现一个大鼓包，像个不太深的火山口。这件活计让我想起某些史前时期的瓦罐——只是这件活计的比例要小得多——圆肚，边口厚实，颈部有一圈小槽勒着，这个梨形粪球的雏形道出了圣甲虫的制作工艺，这工艺与不懂得陶车技术的第四纪人类的工艺完全一样。

这可塑的粪球一侧被勾勒出一圈，挖出了一圈沟槽，那就是梨形粪球的颈部。这只粪球雏形还被拉伸出来一个又圆又钝的凸起，这凸起部分的中心部位被挤压过，粪料被挤压到周边去了，因而形成一个边缘不规则的火山口。这样，初步的活计就算结束了。

傍晚时分，我又悄无声息地突然再次探访。早上被惊扰的圣甲虫妈妈已经恢复常态，回到了自己的车间。现在又突然一片光明，它又一次受到惊吓，慌忙逃窜，奔到上面去躲藏起来。被我用亮光三番两次地折腾的可怜的圣甲虫妈妈逃到上面躲了起来，但却是满怀遗憾，极不甘心的。

它的活计有所进展。火山口变深了；厚实的边口消失了，变得细薄，收拢起来，伸长为梨颈。但是，粪球并没挪动过。它的姿态、方位完全是我先前记下的那样。接地的那一面仍旧在下面，仍在同一个点上；朝上的一面仍旧朝上；已成为梨颈的火山口依然在我的右边。由此可见，我原先的推断是完全正确的：粪球没有滚动；仅仅是挤压，然后揉制加工。

第二天，我进行了第三次探访。昨天还是半开着的袋状梨颈现已闭合了。卵产下了；工程也完工了，只需再进行一番全面磨光、修饰即可。我惊扰它时，圣甲虫妈妈想必正在做这种磨光、修饰工作，因为它是极其注意粪球的几何形完美的。

工程中最繁难的部分我给错过了。我大致看清楚了卵的孵化室是怎么建成的：围绕着初始阶段的火山口的凸出物经爪子的按压后变小变薄了，然后伸长成在开口处逐渐缩小的口袋。到这时为止的活计还是可以给出满意的解答的。但是，当我想到圣甲虫的那些僵硬的工具，那让人联想到木偶动作的宽大锯齿状铠甲的生硬笨拙的动作的时候，卵将在其中孵化的那间小屋怎么建得那么漂亮完美，我就解释不清楚了。

用这种挖矿石倒挺合适的粗糙工具，圣甲虫是怎么建成那育婴室、那内部极其光洁的产卵房的？那锯齿极大、如同采石用的锯子的爪子，在从那口袋的狭窄口子伸进去时，是不是变得与刷子一般柔软了？为什么不可能呢？我们早就介绍过这种情况了，而圣甲虫的情况则又是在证明这一点：工具在能工巧匠的手里什么都能干。圣甲虫用自己所配备的随便什么工具都能发挥其专家的才能。它如同富兰克林所说的那种模范工人，能把刨子当锯子，能把锯子当刨子，怎么使唤都行。圣甲虫就用它刨土的那把大锯齿耙作抹刀和刷子用，把幼虫将要诞生的小屋抹得溜光。

最后，还有一个有关这个孵化室的细节。在梨颈的顶端，有一处总是显得与众不同：有几根纤维竖立在那儿，可梨颈的其他地方全都细心地加以抹光。那儿是塞子，圣甲虫妈妈一产完卵便用这个塞子把那狭小的开口塞上；而这个塞子结构松散，说明没有被拍打按压，而其他地方全都仔细拍压过了，一点突出的纤维都没有。

为什么在其他地方圣甲虫都用爪子拍压实了而唯独顶端这儿偏偏来个例外呢？因为圣甲虫卵用其后端靠在这个塞子上，如果它受到挤压，被往后推去，这个塞子就会把此压力传导给胚胎，使胚胎有死去的危险。圣甲虫妈妈了解这一危险，便用一个没有拍压过的塞子封住口子，这样孵化室内的空气更加流通，而虫卵也避免受到挤拍所引起的震荡的危害。

西班牙蜣螂

为了虫卵，昆虫由本能所做的正是人通过经验和研究之所得的理性会让昆虫去做的，这一点可不是哲学微不足道的道理所产生的结果。因此，受到科学之严谨的启迪，我凡事都要谨慎对待之。我这并不是要给科学一副令人憎恶的面孔，因为我相信人们能够不使用一些粗俗的词汇也可以讲出一些绝妙的事情来。清晰明白是要笔杆子的人的高尚手段。我要尽可能地做到这一点。因此，使我停笔思考的那种谨慎是属于另一个范畴的。

我在问自己，我这是不是受到一种幻想的欺骗。我心中在想：“圣甲虫和其他一些甲虫是粪球制作工匠。那是它们的行当，不知它们是从哪儿学的这门手艺，也许是机体结构导致的，特别是因为它们有长长的爪子，而且有的爪子还稍微弯曲。如果它们在为卵而忙碌的话，那它们在地下继续发挥自己那制作粪球的特长又有什么可大惊小怪的呢？”

如果先不谈那些很难讲细致讲清楚的梨颈和蛋形粪球突出的一端的话，剩下的就是最大的食物团，也就是昆虫在洞外制作的食物球团；还剩下的是圣甲虫在太阳地里把玩的而并不做他用的小粪球。

那么，这种在夏季酷热中被认为是最有效的防止干燥的球形物是做什么用的呢？就物理学而言，粪球及其相似形状粪蛋的这种特性是毋庸置疑的，但是，这两种形状同已克服的困难只有一种偶然的联系。机体结构导致这种在田野里制作粪球的昆虫在地下仍在制作粪球。如果说幼虫直到最后都有软嫩的食物放在嘴边而悠然自得的话，那我们也别因此就对其母之本能大加赞扬。

为了最终说服自己，我得找一只仪表堂堂的食粪虫，它在日常生活中根本就不懂得粪球制作工艺，但产卵时刻到来时，它又会一反常态，把收集到的材料制作成粪球。我家附近有这样的食粪虫吗？有。它甚至是除圣甲虫之外最美最大的一种，那就是西班牙蜣螂，它前胸截成一个陡坡，头上也长着一个怪角，极其引人注目。

西班牙蜣螂身子矮胖，缩成一团，又圆又厚，行动迟缓，肯定对圣甲虫的体操技能一窍不通。它的爪子极短，稍有一点动静，爪子就缩回肚腹下面，与粪球制作工们的长腿简直无法相比。只要看看它那五短身材、笨拙的样子，就很容易猜想得到它是根本不喜欢推着一个大粪球去长途跋涉的。

西班牙蜣螂确实是喜静不喜动。一旦找够了食物，夜间或者日暮黄昏时分，它就在粪堆下挖洞。挖的是个粗糙的洞，能放得下一只大苹果。然后，它三下两下地一扒拉，粪料便成了屋顶，或者至少挡在其门口；体积颇大的食物没有一个准形状地落入洞中，这也正是它贪馋好吃的明证。只要宝贝食物没有吃完，西班牙蜣螂就不再回到地面，一门心思地大快朵颐（即大吃大嚼，痛痛快快地大吃一顿。朵颐：鼓动腮颊。颐，yí）。直到饭尽粮绝，这种隐居生活才会结束。于是，晚间，它就又开始寻觅、收获、挖洞，另建一个临时居所。

有了这种无须事先准备就可吞食垃圾的本领，很明显眼下西班牙蜣螂根本就不去了解揉捏粪球的工艺。再者，它爪子短小，笨拙，似乎根本干不了这种工艺活。

5月里，最迟6月份，产卵期到了。西班牙蜣螂已习惯了用最肮脏的粪料填饱自己的肚子，这下要考虑自己的子女了，这就让它犯难了。如同圣甲虫一样，这时候它也必须弄到绵羊的软软的排泄物做成一个软面包。而且还得同圣甲虫一样，这个软面包必须营养丰富，就地整个儿地埋入地下，地面上不留任何残渣碎末，因为必须勤俭节约，一点也不能浪费。

只见它没有远行，没有运送，没有任何的准备工作，那个软面包就被划拉到洞里去，就在它自己栖身之地。为了自己的孩子们，它在重复做着原先为自己所做的事情。至于地洞，足有一个鼹鼠洞大，是个宽大的洞穴，离地有二十厘米左右深。我发现它比西班牙蜣螂大快朵颐时住的那种临时住宅要宽敞得多，精致得多。

不过，我们还是让西班牙蜣螂自由地干活吧。偶然发现的情况所提供的资料可能是不全面的，是片断的，内在关系也不明显。笼中的喂养就非常利于观察，而且蜣螂也十分配合。我们还是先看看它是怎么储存食物的吧。

在黄昏那朦胧的光线下，我看见它出现在洞门口。它是从地下深处爬上来收集食物的。它没花什么工夫就找到了：洞口附近就有很多的食物，是我放的，而且我还精心地常常更换。它天生胆小，一有动静就随时准备缩回去，所以它步子很缓慢，不灵活。它用头盔划拉，翻找，用前爪拖拽，很小的一抱食物就给弄出来了，但却被拖散开来，掉成碎末。蜣螂把食物倒退着拖着，消失在地下。不到两分钟的工夫，它又爬到地面上来了。它仍旧小心翼翼地，用展开的触角瓣探查周围，然后才跨出门槛。

粪堆与它之间相隔两三寸。闯到粪堆那儿，对它来说可是一件了不得的大事。它宁愿食物正好位于其洞宅门旁，构成其住宅的屋顶。这样它就用不着出门，免得提心吊胆的。可我却另有打算。为了观察方便起见，我把食物放在门口，但离洞口并不远。慢慢地，胆小的蜣螂心里踏实了，来到露天地里，到了我的面前，但我还是尽可能地不让它发现。它又没完没了地在一趟一趟地搬运食物了，但它搬运的总是一些不成形的碎块、碎屑，就像是用小镊子夹住的那样。

我对它储存食物的方法已经颇有了解，所以任由它自己继续这么干了大半夜。天亮时，地面上什么都没有了，蜣螂也就没再出来。只一夜工夫，足够的宝藏便堆积起来了。我们先等上一段时间，让它有余暇把自己的收获随其心愿地整理存放好。在这个周末之前，我在笼子里翻挖，把我曾看见它存放一部分粮食的那个洞挖开来。

如同在野外的洞中一样，那是个屋顶不平的宽敞大厅，屋顶低矮，但地面几乎是平坦的。在大厅一角，有一个圆洞张开着，像是一个瓶口。那是太平门，通向一条地道，往上直达地面。在这个新土上挖成的住宅四壁都被精心压紧，压实，我挖掘时虽有震动，但却没有坍塌。看得出来，蜣螂为了未来，施展了全身本领，费尽了全部挖掘工的力气，建造了坚固耐用的住宅。如果说那个只是为了在其中填饱肚子的陋室是匆匆挖成的，既无样式又不坚固的话，那么现在的这座房屋则是面积又大建筑又精美的地宫。

我怀疑雌雄蜣螂同心协力地完成了这项大的工程；至少，我经常看到一对蜣螂待在用于产卵的地洞里。这宽敞而豪华的屋子想必曾经是婚礼的彩厅；婚礼就是在这个大拱顶下举行的，而新郎想必帮着盖了这座大厅，以此来表达自己那不一般的爱情。我还猜想新郎也帮着新娘收集和存放粮食。在我看来，新郎是那么强壮，也一抱一抱地把粮食运往地宫。两人齐心协力，这份细致的活计就干得快了。但是，一旦屋内存粮已满，新郎就悄悄地退去，回返地面，去别处安家立命，让蜣螂妈妈独自去完成母亲的职责。雄蜣螂在这个家里的作用也就完成了。

在这个我们看见有那么多的小粒粮食运进来的地宫中能发现什么呢？一大堆乱七八糟的散乱颗粒吗？绝对不是的。我在里面发现的始终都是一个整块的大圆面包，占满了整个屋子，只在四周留下一条狭小的过道，只能容得下蜣螂妈妈来回走动。

这块巨大的蛋糕没有固定的形状。我见到过蛋形的，形状和大小如火鸡蛋；我也见到过扁平椭圆形的，状如一个普通的洋葱头；我还见到过几乎浑圆形的，如同荷兰奶酪一般；我也曾见到过朝上的一面圆圆的，微微鼓起，就像是普罗旺斯的乡村面包，或者更像是复活节时食用的蒙古包状的烤饼。不管是什么形状的，表面都很光滑，曲线也很均匀。

这下子我明白了：蜣螂妈妈把先后搬运进洞的无数散碎食物聚集起来，揉成一整块；然后，它把这一整块食物搅拌、混合、压实成为颗粒均匀的食物。我多次看到这位女面包师站在那个大面包上；与之相比，圣甲虫做的那个小粪球简直是小巫见大巫了。在这个有时有一厘米宽的粪球凸面上，西班牙蜣螂走动着，踱着步；它轻轻地拍打这个大面包，让它变得瓷实，均匀。我只能偷偷地瞥上一眼这个滑稽场景，因为一看见有人，女面包师便顺着弯曲的斜坡滑下来，藏于面包下面。

为了深入观察，研究细枝末节，就必须要点花招。这并不困难。也许是因为我长期与圣甲虫打交道使我在研究方法上变得更加机灵了，也许是西班牙蜣螂心并不太细，更能忍受狭窄囚室的烦闷，所以我得以毫无阻碍、随心所欲地观察筑巢的各个阶段的情况。我使用了两种方法，每个方法都告诉了我某些特殊的东西。

在笼子里有了几个雌蜣螂做成的大面包之后，我便把蜣螂妈妈与这几个大面包一起搬出来，放到我的实验室里去。容器分两种，按我的愿望让它们或明或暗。如果我希望容器里面光亮，我就用大口玻璃瓶，直径差不多与蜣螂洞一般大小，也就是十二厘米左右。每只瓶子底部铺了一层薄薄的新沙子，薄得蜣螂无法钻进去，但却足以让它不致在玻璃地上滑来滑去，而且还让它以为是与我刚让它搬离的地方一样的沙地。我把蜣螂妈妈及其大面包就放在这层沙子上。

无须指出，即使在光线极其微弱的状况下，蜣螂因惊吓而不会做什么的。它需要完全无光亮，于是我便用一个硬纸板盒把大口瓶给罩起来了。我只要小心翼翼地稍稍掀起一点这个硬纸板盒，就可以在我认为合适的时间随时借着室内的弱光，偷窥女囚正在干什么，甚至能观察上好一段时间。大家都看到了，这个方法比我当时想观察圣甲虫制作梨形粪球时所使用的方法简便得多。西班牙蜣螂性格更温驯一些，适合使用这种方法，换了圣甲虫可能就行不通了。因此，我在实验室的大桌子上放了一打这样的可明可暗的容器。谁要是见到这一溜瓶子，可能会误以为灰纸盒套下面盖着的是异邦的食品调料哩。

如果要全不透光的，我就用花盆，里面堆上新沙子。花盆下面弄成一个窝，用硬纸板搭个屋顶，挡住上面的沙子，蜣螂妈妈和它的大面包就放在窝里。或者干脆我就把它和它的大面包放在沙子上面。它会自己挖洞做窝，把面包藏进去，如同平常一样。无论采用哪种方法，都得用一块玻璃片盖住，免得让俘虏逃逸。我期待着这些不同的不透亮的容器能为我澄清一个棘手的问题，这个问题我以后会阐明的。

这些用不透亮的纸盒罩住的大口瓶能告诉我们一些什么呢？能告诉我们许多东西，非常有趣的东西。它们让我们知道，这个大面包尽管形状多变，但它始终是规则的，它的曲线并非是因为滚动导致的。我们在检查天然洞穴时已经很清楚，这么大的一个圆球几乎占满了整个屋子，所以是无法滚动的。再者，蜣螂也没有这么大的力气去推动这么大的一个粪球。

不时地查看大口瓶都会得知同一个结论。我看见蜣螂妈妈立于面包上，这儿摸摸那儿敲敲，轻轻地拍打，抹平突出的地方，把粪球修整得臻于完善；我还从未见到过它试图把那个大家伙翻转过来。这就十分清楚了：圆面包并非滚动而成的。

蜣螂妈妈的勤奋与耐心细致让我想到我以前从未想到的一个问题：制作的时间之长。为什么要对这块大东西翻来覆去地修修补补？为什么在吃它之前要等待那么长的时间？确实，要经过一个星期甚至更多的时间之后，蜣螂在面包打磨，变得光鲜之后才决心享用它。

当面包师把面团和好搅匀之后，它就把它拢成一堆，放到和面槽的一个角落里。在体积大的块团内，面包发酵的温度调节得更好。蜣螂深谙面包制作的这一诀窍。它把收集到的食物堆在一起，精心揉制，做成粗坯，然后再让它有时间去进行内部发酵，让粪团味道变美，并让它有一定的硬度，以利于日后的加工。只要这道化学程序没有完成，女面包师及其小伙计就会等待。对蜣螂来说，这个等待时间很长，至少得一个星期。

发酵成功了。小伙计把大面团分成小面团。女面包师也在这么干。它用头盔上的大刀和前爪上的锯齿切开一个圆槽口，并切下一小块体积规则的面团来。这切割动作干净利落，一刀成形，无须再修修补补，完全符合要求。

现在就要加工这个小面团了。于是，蜣螂便用它那似乎并不适于这种工作的短小的爪子尽量地抱住小面团，使用其唯一可以使用的挤压方法把小面团加以挤压。它非常认真执着地在尚未定型的粪球上移动着，上上下下，左转右绕，有板有眼地这儿多压几下那儿少压几下，然后又始终耐心地细致地加以修饰。如此这般地干了二十四小时之后，凹凸不平的粪团就变成了有如梨子般大小的完美的球形面包了。在它那拥挤狭小的车间的一角，矮胖的艺术家几乎待在原地不能动弹地完成了自己的杰作，而且一次也没挪动过那个面团。经过耐心细致的长时间工作之后，它终于制作成了那个十分浑圆的球形，而这是它那笨拙的工具以及狭小的空间让人觉得根本不可能完成的事。

它还得花较长的时间去仔细完善、抹光那个球形，用爪子温情地翻来覆去地抹，直到把一点点突兀都给抹掉为止。看上去它那细心的涂抹永无止境似的。但是，将近第二天的傍晚时分，它认为这个圆球已经合适了。蜣螂妈妈爬上其建筑物的圆顶，一直在压挤，在上面压出一个不怎么深的火山口来，它把卵产在这个小盆里了。

然后，它用极其粗糙的工具，以极大的谨慎与惊人的细致，把火山口边缘聚拢，做成一个拱顶，盖在卵的上方。蜣螂妈妈慢慢地转动，把粪料一点点地耙拢，推向高处，把顶封上。这是各个工序中最棘手的活。稍稍压重一些，扒拉得不到位，都可能危及薄薄的天花板下的虫卵。封顶的工作不时地要停一停。蜣螂妈妈低着头，一动不动，似乎在屏息聆听，看看洞内有何异常。

看来安然无恙，于是，耐心的女工又开始干起来：从两侧一点点往屋顶耙粪料，屋顶逐渐变尖，变长。一个顶端很小的蛋形就这样代替了球形。在多少有点凹凸的蛋形下面的就是虫卵的孵化室。这项细致的活计还得花上二十四小时。加工粪球，在粪球上挖出个小盆，在盆内产卵，把圆盆封顶盖住虫卵，这些工序加在一起需要四十八小时，有时还要更长一些。

蜣螂妈妈又回到了那个切去一块的大面包旁。它又切下了一小块，用同样的操作法把它变成一个蛋形粪球，在又一个小盆中产下卵。余下的粪球面包还可以做第三个，甚至还常常可以做第四个蛋形粪球。蜣螂妈妈在洞穴只堆积了唯一的一个粪料堆，据我所见，顶多也就够做四个蛋形粪球的。

卵产下后，蜣螂妈妈便待在自己那小窝里，里面差不多满满当当地挤放看三四只摇篮，一个一个紧挨在一起，尖的一头冲上。它现在要干什么呢？想必是要出去转转，这么久没有进食，得恢复一下体力了吧？谁要是这么想那就大错特错了。它仍旧待在窝里，自从它下到洞中，它什么都没有吃过，绝对没有去碰那个大面包；大面包已经分成几等份，将是它的子女们的食粮。在疼爱子女方面，西班牙蜣螂克制自己的精神确实非常感人，宁可自己挨饿也绝不让子女缺少吃喝。

它这么忍受饥饿还有第二个原因：守护在摇篮边上。自6月底开始，地洞就难以弄成了，因为雷雨大风以及行人的踩踏，洞都消失了。我所看到的几个洞穴里，蜣螂妈妈总是在一堆粪球边上打盹儿；每个粪球里都有一条已发育完全的胖嘟嘟的幼虫在大吃大喝着。

我用那些装满新沙子的花盆做的不透亮的容器里的情况证实了我从田野上所看到的情况。蜣螂妈妈们于5月上旬连同食物被埋进沙里，它们就再没有在玻璃罩下的地面上露过面。产完卵后，它们便在洞中隐居了；它们同它们的那些粪球一起度过闷热的伏天，毫无疑问，它们是在守护着那些摇篮，我把大口玻璃瓶盖子揭开看到的就是这种情况。

直到9月份头几场秋雨过后，它们才爬到外面来。而这时候，新的一代已经完全成形了。蜣螂妈妈在地下很高兴地看到子女们长大了，这在昆虫界是极其少有的天伦之乐。它听见自己的孩子们刮擦着茧子要破茧而出；它看见它如此精心加工的保险箱被打破；如果地面的湿气没能让囚室变得软一些的话，它也许会走上前去帮自己那些精疲力竭还出不来的孩子。妈妈及其孩子们一起离开地洞，一起上来迎接秋高气爽，这时节，太阳暖洋洋的，路上绵羊的天赐美食比比皆是。

米诺多蒂菲

为了给本章要介绍的这个昆虫命名，专业分类学家采用了两个吓人的名字：一个是米诺多，就是弥诺斯的那头在克里特岛地下迷宫中以人肉为食的公牛的名字；另一个是蒂菲，即巨人族中的一位，系大地之子，试图登天的那位的名字。凭借弥诺斯之女阿里阿德涅给的一团线，阿德尼安·忒修斯捉住了米诺多，将它杀死，安然无恙地走出地下迷宫，从而使得自己祖国的百姓永远摆脱了被这半人半兽的怪物吞食的厄运。蒂菲则在自己垒起的高山之巅遭到雷劈，跌进埃特拉火山口里。

他依然在火山口中。他的气息化作了火山的烟雾。他如果一咳嗽，便会引起火山喷发出岩浆来；他如果想换个肩膀扛着，让另一个肩膀歇上一歇，便会让西西里岛不得安宁：他会引发西西里岛的地震。

在昆虫的故事里找到一种对这类古老神话的回忆倒并不让人觉得扫兴。这些神话人物的名字听起来既响亮又悦耳，它们并不会引起与实况真情相悖的矛盾，而那些按照构词法硬造出来的名称反而总会名实不符的。如果用一些朦胧近似的名字把神话与历史联系起来，这种名字才是最符合人意的。米诺多蒂菲就是这种情况。

因此，人们称一种体形较大、与地下打洞的昆虫血缘极其相近的黑色鞘翅目昆虫为米诺多蒂菲。它是一种平和无害的昆虫，但它的角可比弥诺斯的公牛要厉害。在我们的那些披着甲胄的昆虫中，谁都没有它的武器那么咄咄逼人。雄性米诺多带菲胸前有三根一束的平行前伸的锋利长矛。假如它体大如公牛的话，即使忒修斯本人在野外遇上了它，也不敢迎战它那支可怕的三叉戟的。

寓言中的蒂菲野心勃勃，想通过把连根拔起的群山垒成一根立柱，去洗劫诸神的仙境。博物学家们的蒂菲则不会登天，只会下地，能把地钻得很深很深。蒂菲用肩膀一打，把一个省弄得震颤起来；我们的昆虫蒂菲则用脊背去拱，把泥土拱松动，让小土堆震颤不已，如同被埋在火山中的蒂菲一动，埃特拉火山就轰隆作响似的。

我们将要描述的就是这种昆虫。

但是，讲这个故事有什么用处呢？这么深入细致地去研究又有什么意义呢？这我知道，这种研究不会让一粒胡椒身价百倍，不会让一堆烂白菜成为无价之宝，也不会造成装备一支舰队、让决心拼个你死我活的人们相互对峙的那样的一些严重后果。我们的这种昆虫并不期盼这么多的荣耀。它只是通过自己那些千变万化的表现来展示自己的生活；它能够帮助我们多少弄懂一点所有的书中的最晦涩的那本书——我们人类自身的书。

它很容易弄到，饲养也不费钱，观察起来也挺有意思，所以它比其他的那些高级动物更能满足我们的好奇心。再说，与我们成为近邻的那些高级动物研究起来很单调乏味，而它则不然，它的本能、习性和身体构造都颇具特点，是我们闻所未闻的，所以它能向我们揭示一个新的世界，仿佛我们是在与另一个星球的生物举行研讨会。这就是我高度评价这种昆虫并坚持不懈地与之建立联系的原因之所在。

米诺多蒂菲喜爱露天沙土地，因为羊群去牧场必经那里，一路上总要不停地拉下羊粪蛋的。那是它日常的美食。如果没有羊粪蛋，它也能退而求其次，找点很容易收集的兔子的细小粪便来凑合。一般来说，兔子总是躲到百里香丛中去拉屎撒尿，因为它十分胆小，怕暴露目标，受到袭击。

大约在 3 月份的头几天，就可以碰见米诺多蒂菲夫妇齐心协力，潜心修窝筑巢。此前一直分居于各自的浅洞穴中的雌雄米诺多蒂菲，现在开始要共同生活较长的一段时间。

夫妻双方在那么多的同类中间还能相互认出对方来吗？它俩之间存在着海誓山盟吗？如果说婚姻破裂的机会十分罕见的话，那么对于雌性来说甚至这种破裂的机会根本就不存在，因为做母亲的很久以来就不再离开其住处了，相反，对做父亲的来说，婚姻破裂的机会却很多，因为其职责所在，必须经常外出。如同我们马上就会看到的那样，雄性一辈子都得为储备粮食奔忙，是天生的垃圾搬运工。它独自一人白天按时把妻子洞中挖出来的土运走；夜晚它又独自在自家宅子周围搜寻，寻找为自己的孩子们做大面包的小粪球。

有时候，各家住宅比邻而建。收集粮食的丈夫归来时会不会摸错了门，闯进他人家中去呢？在它外出寻食时，会不会在路上碰见一位待字闺中的散步女子，于是便忘了前妻的恩爱，准备离婚呢？这个问题值得研究。我已尽力在用下面这个方法解决这一问题了。

有两对夫妇正在挖土建巢时被我挖了出来。我用针尖在它们鞘翅下部边缘做了无法抹去的记号，所以我能把它们区分开来。我随手把这四位分别放在一块有两拃深的沙土场地上。这样的土质一夜工夫就能挖出一口井来。在它们急需粮食的情况下，我就给它们弄一把羊粪放进去。我用一只瓦钵翻扣在场地上，既可防止它们逃逸又可遮阳，让它们安安静静地去沉思默想。

第二天，非常满意的答案出来了。场地上只有两个洞穴，两对夫妇如原先一样重新相聚在一起，都各自找到了自己的结发妻子。次日，我又做了第二次实验，然后又做了第二次实验，结果都一样：用针尖做了记号的一对在一个洞中，没做记号的另一对则在通道尽头的另一个洞穴里。

我又重复做了五次实验，它们每天都得重新开始组建家庭。现在，事情变糟了。有时，接受试验的四只中每只各居一屋，有时在同一个洞穴中住着两只雄性，或者两只雌性，有时一个雌性接待另一雌性或雄性，但组合方式与一开始完全不同。我过分地重复实验了，这以后就乱了套了。我每天这么折腾都把这些挖掘工弄烦了。一个摇摇欲坠的宅子老是在重建，终于把合法夫妻给拆散了。既然房屋每天倒塌，正常的夫妻生活也就过不下去了。

不过这并无多大关系，反正一开始的那三次实验已足以证明，尽管那两对夫妇一次一次地受到惊吓，但似乎并没有破坏它们夫妇关系那微妙的纽带，夫妇关系仍有着一定的抗拒力。夫妇双方在我精心制造的一系列混乱之中仍旧能够认出对方来。它们相互间信守着山盟海誓，这在朝三暮四的昆虫界确实是一种难能可贵的高尚品质。

我们人类是根据话语、音色、音调相互识别的，而它们则是哑巴，没有任何方法呼唤。剩下的只能是嗅觉了。米诺多蒂菲寻找自己的妻子的情况让我想起了我家的爱犬汤姆。汤姆在发情期间，鼻子朝上，嗅闻由风送来的空气，然后跳过围墙，急忙奔向远方传来的具有魔力的召唤。我由此还想起了大孔雀蝶，它们从好几公里以外飞来向刚出茧的正值婚嫁的雌蝶表示敬意。

但是，这种对比尚有许多不尽如人意之处。狗和大孔雀蝶在受到妙龄雌蝶召唤时尚不认识这位美人儿，而对长途跋涉前去朝圣一窍不通的米诺多蒂菲则完全相反，它稍微转上一圈便径直奔向它已经常与之接触的女人了；它通过对方身体中散发出的与别人不同的气味，通过某种除了它这个情郎而外别人闻不出来的某些独特气味把它的女人辨别出来了。

这些带有气味的散发物由什么成分构成的呢？米诺多蒂菲尚未告诉我。这很遗憾，它本会告诉一些有关其嗅觉之神功的有趣的故事的。

那么，这对夫妻在家中是怎么分工的呢？要想知道这一点那可不是容易的事，不是用小刀尖挑出来看看就行了的事。谁要是想参观在洞中挖掘的这种昆虫的话，就得动用镐头，那可是很累的活。这种昆虫的宅子可不像圣甲虫、螳螂和其他一些昆虫的屋子，用小铲子轻轻一铲，毫不费力地就挖开了；米诺多蒂菲住在一口深井中，只有用一把结实的铁铲，连续挖上好几个小时才能挖到底。只要太阳稍许毒一点，干完这个活你一定会累趴下的。

唉！我年岁大了，可怜的关节都生锈了！明知地下有个有趣的问题想探究一番，可就是力不从心，挖不动了！但是，我热情未减，仍旧如当年挖掘条蜂喜爱的海绵性山坡时一样的热情似火。我对研究工作的喜爱并未减退，不过力气上差些。幸好我有一个帮手。他就是我的儿子保尔，他身轻体健，臂膀有力，帮了我的大忙了。我动脑，他动手。

家中的其他人，包括孩子们的妈妈，都非常积极，平常总帮我们一把。坑越挖越深，必须隔着老远仔细观察铲子挖上来的那些东西，查找点滴资料，这时候人多眼睛就亮。一个人没看见的，另一个人就会瞅见。双目失明的于贝尔依靠一个目光敏锐的忠实仆人对蜜蜂进行研究。我比这位伟大的瑞士博物学家条件可强得多了。我的眼睛虽然已经老花，但视力还是挺好的，何况我的家人的眼睛都很好，他们都在帮助我。如果说我还在继续进行研究的话，他们是功不可没的，我非常感激他们。

一大清早，我们就到了现场。我们找到了一个洞穴，还有一个挺大的土堆，土堆呈圆柱形，是一下子推上来的一整块土。挪开土块，便现出一口很深很深的井。我用途中捡拾的一根很长很直溜儿的灯芯草秆儿试探着往井下伸去，越伸越深。最后，在一米五十左右的深处，那根灯芯草秆儿就不再往下去了。我们探到了，我们探到米诺多蒂菲的卧房了。

我们用小铲子小心翼翼地剥落卧房外面的土，于是便看到了屋里的主人，先挖出来的是雄性米诺多蒂菲，再稍许往下挖一点就挖到了雌性米诺多蒂菲了。夫妻俩被取出来之后，露出一个颜色很深的圆点：那是粮食柱的末端。现在小心又小心，轻轻地挖。我们沿着洞底边缘把中间的那块土与其周围的土切割开来，然后用小铲子兜底儿把那块土整个儿地铲起来，既要小心谨慎又得干净利落。铲起来了！我们弄到了米诺多蒂菲夫妇及其卧房了。我们挖了一个上午，累得精疲力竭，总算弄到了这笔财富。保尔背上直冒热气，可见他花了多大的力气。

一米五十这个深度不是也不可能是一成不变的，许多因素都会使深度改变，比如昆虫钻过的地方的湿度和土质如何啦，根据或多或少地接近产卵期，昆虫干活的热情的大小和时间是否充裕啦。我看见过有一些洞穴还要稍许深一些；我也见到过另有一些洞穴还没达到一米深。不管是什么情况，为了生儿育女，米诺多蒂菲都必须有一个很深很深的住所，而据我所知，没有任何一种昆虫挖掘工挖过这么深的。我们马上就该思考是什么样的迫切需要在逼使羊粪蛋的收集者居住在那么深的地方的。

在离开现场之前，我们先记下一个事实，确证这一事实以后会很有价值的。雌性米诺多蒂菲是住在洞穴底部的，而其丈夫则待在其上方不远处，它俩都被吓得一动也不敢动，现在尚无法确知它俩在干什么。

这一细节在我翻挖的各个洞穴中都一再地被发现，它似乎说明这对伙伴各自有一个固定的位置。

更擅长养儿育女的米诺多蒂菲妈妈住在下层。它独自在挖掘，因为它精通垂直挖掘的技术，这种挖法事半功倍，可以挖得很深。它是个能工巧匠，始终不停地对着坑道工作面挖掘着。它的丈夫只是一名小工，待在它的身后，用它的角背篓随时清理浮土。这之后，能工巧匠变成了女面包师，把为孩子们准备的糕点揉制成圆柱形；而米诺多蒂菲爸爸则为它打下手，为妈妈从外面运进来面食原料。如同在所有的和睦家庭中一样，女主内男主外。这可能就是为什么在管形宅子中它俩所居的住处始终不变的缘故。将来我们将会知晓这种猜测是否与事实相符。

现在，让我们在家里从容地、舒服地观察我们好不容易挖掘出来的洞穴中间的那整块土。这块土中有一个呈香肠状的食品罐头，长短粗细几乎像拇指一般。里面装着的食品颜色很深，压得很瓷实，分好多层，可以辨别出其中有已压碎了的羊粪蛋。有时候，面包揉得很细，从头到尾全都十分地均匀；更多的时候这圆柱形面团像一种牛皮糖，里面有一些疙疙瘩瘩的。根据女面包师的忙闲情况，它所揉制的面包看上去千差万别，有时间就做得讲究，没时间则敷衍了事。

食品罐头紧紧地嵌在洞穴的那个死胡同里，那儿的墙壁比井里其他地方的更光滑，更平整。用小刀尖轻易地就可把它与周围土层剥离开来，就像剥树皮似的。我就这样弄到了不沾一点泥土的这个食品罐头。

这项工作已做完，我们现在来了解一下卵的情况，因为这只罐头肯定是为幼虫准备的。由于我从前了解到粪金龟是把自己的卵就产在“血肠”底部食物中间的一个特别的窝窝儿里的，所以我期待着在“香肠”底部的一个密室里找到粪金龟的近亲米诺多蒂菲的卵。我判断错了。我要找的卵并不在我所猜想的地方，也不在“香肠”的上部，反正食品罐头里哪儿都没有。

我又在食品罐头外面寻找，终于找到了。卵就在罐头食品柱的下面的沙土里，完全没有妈妈们精心安排的保护。那儿没有一间新生儿细嫩肌肤所要求的墙壁光滑的小房间，而只有一个并非精心建造而是妈妈胡乱扒拉起来的粗糙的废墟堆。幼虫将在这个离食物有一段距离的硬床上孵化。为了吃到食物，幼虫必须扒拉沙土，穿过这个有几毫米厚的沙土天花板。

我既已挖出了那连带着食品罐头的整块土，又有我自制的器具，我就可以观察这段香肠是如何制成的了。

米诺多蒂菲爸爸爬出洞外，选好一个粪球，其长度大于井口直径。它把粪球往井口挪去，要么倒退着用前爪拖拽，要么用头盔轻轻顶着一下一下地往前推。推到井口边时，它是不是猛一使劲，一下子把粪球推进洞里去呢？绝对不是，它有自己的计划，不让粪球重重地摔落下去。

它爬进井口，前足搂紧粪球，小心地把一头塞进井内。到了离井底一定距离的地方，它只需把粪球稍微倾斜一点，粪球就可以两头顶着井壁，因为其轴心很宽。这样就构成了一块临时的楼板，可以承重两三个粪球。这就是米诺多蒂菲爸爸的加工车间，它可以在此干活而又不影响在下面工作着的自己的妻子。这是一座磨坊，制作面包的粗面粉就要在这儿进行加工。

这个磨坊工爸爸装备精良。你瞧它的那支三叉戟。十分坚挺的前胸上戳着一束三根的锋利长矛，两边的两根长，而中间的那根短，三根的矛头全都直指前方。这件兵器有何用途呢？我起先以为只不过是雄性的一件饰物，如同粪金龟族中其他许多族类都佩戴着的一样，只是形状各异而已。可米诺多蒂菲的这个可不是饰物，而是它的一件劳动工具。

那三根矛尖并不取齐，形成了一个凹弧，里面可以装载一个粪球。在那块没铺得太好、摇来晃去的楼板上，米诺多蒂菲爸爸得用四只后爪支撑着井壁才能保持平衡。那它将如何把那个滑动的粪球固定住，并把它压碎呢？我们来看看它是怎么干的吧。

它稍稍弯下身子，把三叉戟插入粪球，这样一来粪球便卡在新月形的工具中固定不动了。米诺多蒂菲爸爸的前爪是空着的，因此它便可以用其前臂上的锯齿状臂铠去锯粪球，把它切成一小块一小块的，从楼板缝隙处掉下去，落在米诺多蒂菲妈妈的身旁。

从磨坊工那儿掉下去的是粗粉，没有过过筛子，里面还掺杂着没太磨细的碎块。尽管这面粉磨得不细，但仍给正在精心制作面包的女面包师帮了大忙，使它得以简化工序，一下子就可以把好粉次粉分离开来。当楼上的粪球，包括楼板全被磨碎之后，有角的磨坊工匠便回到了地面，寻找新的粪料，然后再从容不迫地重新开始研磨。

作坊中的女面包师也没有闲着。它把自己身旁纷纷散落的面粉捡拾起来，进一步碾细，进行精加工，再进行分类，软一些的用作面包心，硬一些的用作面包皮。它转过来绕过去的，用自己那扁平的胳膊轻轻地拍打着原料；然后，它把原料一层层地摊开，再用脚踩瓷实，宛如葡萄酒酿制工在榨葡萄汁一般。踩瓷实之后的大面饼便于储存。经过将近十天的共同努力，夫妇二人终于制作成功了长圆柱形的大面包。丈夫供应面粉，妻子揉制加工。

现在应该概括一下米诺多蒂菲的种种品德了。当严冬过去之后，雄性米诺多蒂菲便开始寻觅配偶，找到之后便与之安居地下，从此，它便对自己的妻子忠贞不渝，尽管它要经常外出，而且也会碰上可能让它移情别恋的女性，但它始终不忘发妻。它以一种没有什么可以使之减退的热情帮助自己的那位在孩子们独立之前绝不出门的挖掘女工。整整一个多月，它用它那岔口背篓把挖出的土运往洞外，始终任劳任怨，永不被那艰难的攀登所吓倒。它把轻松的耙土工作留给妻子做，自己则干着最重最累的活，把土从一条狭窄、高深、垂直的坑道往上推出洞外。

随后，这位运土小工又变成了粮食寻觅者，到处去收集粮食，为孩子们准备吃的东西。为了减轻妻子剥皮、分拣、装料的工作，它又当上了磨面工。在离洞底一定的距离处，它在研碎被太阳晒干晒硬了的粮食，加工成粗粉、细粉；面粉不停地纷纷散落在女面包师的面包房内。最后，它精疲力竭地离开了家，在洞外露天地里凄然地死去。它英勇不屈地尽了自己作为父亲的职责；它为了自己的家人过得幸福而做出了无私的奉献。

而米诺多蒂菲妈妈也一心扑在这个家上，从未出过大门。古人把这种贞洁女子称之为domi mansit（此为普罗旺斯方言俗语，意为“模范妈妈”）。它把一个个面团揉成圆柱形，把一只只卵分别产于一个个面团里，从此便守护着自己这些宝贝，直到孩子们长大，能独立离去为止。当金风送爽时节到来时，模范妈妈终于又回到地面上来，孩子们簇拥着它。孩子们自由自在地四散而去，到羊群常去吃草的地方去捡拾粪球，大快朵颐。这时候，一心为了孩子们的慈母已无事可做，溘然长逝。

是的，在父亲们对自己的孩子那普遍的漠不关心中间，米诺多蒂菲是个例外，它对自己的孩子们倾注了全部的心血。它总是想到自己的家人，从未想到自己。它原可尽享美好的时光，原可与同伴们一起欢宴，原可与女邻居们调情嬉耍，但它却并未这样，而是埋头于地下的劳作，拼死拼活地为自己的家人留下一份产业。当它足僵爪硬，奄奄一息时，它可以无愧地自己告慰自己：“我尽了做父亲的职责，我为家人尽力了。”

南美潘帕斯草原的食粪虫

跑遍全球，穿越五洲四海，从南极到北极，观察生命在各种气候条件下的无穷无尽的变化情况，对于善于考察研究的人来说这肯定是最美好的运气。鲁滨孙的漂流让我欢喜兴奋，我年轻的时候就怀着他那种美妙的幻想。然而，紧随着周游世界那美丽梦幻而来的却是郁闷和蛰居的现实。印度的热带丛林、巴西的原始森林、南美大兀鹰喜爱的安第斯山脉的高峰峻岭，全都缩作一块作为探察场的荒石园了。

但上苍保佑，让我并不为此而抱怨不已。思想上的收获并非一定要长途跋涉。让-雅克（即卢梭，法国18世纪著名作家，著有《忏悔录》《新爱洛伊丝》等名著）在他那金丝雀生活的海绿树丛中采集植物；贝纳丹·德·圣比埃（1737—1814，法国作家）偶然地在其窗边长出来的一株草莓上发现了一个世界；萨维埃·德·梅斯特尔（1763—1852，法国作家，著有《在我屋内旅行》等）把一张扶手椅当作马车在自己的房间里做了一次最著名的旅行。

这种旅行方式是我力所能及的，只是没有马车，因为在荆棘丛中驾车太难了。我在荒石园周围上百次地一段一段地绕行；我在一家又一家人家驻足，耐心地询问，隔这么一长段时间，我就能获得零零星星的答案。

我对最小的昆虫小村镇都非常熟悉；我在这个小村镇里了解了螳螂栖息的各种细枝；我熟悉了苍白的意大利蟋蟀在宁静的夏夜轻轻鸣唱的所有荆棘丛；我认识了黄蜂这个棉花小袋编织工耙平的棉絮的所有小草；我踏遍了切叶蜂这个树叶的剪裁工出没的所有丁香矮树丛。

如果说荒石园的角角落落的踏勘还不够的话，我就跑得远一些，能获得更多的贡品。我绕过旁边的藩篱，在大约一百米的地方，我同埃及圣甲虫、天牛、粪金龟、蜣螂、螽斯、蟋蟀、绿蚱蜢等有了接触，总之我与一大群昆虫部落进行了接触，要想了解它们的进化史，那得耗尽一个人整整的一生。

当然，我同自己的近邻接触就足够了，非常够了，用不着长途跋涉跑到很远很远的地方去。

再说，跑遍世界，把注意力分散在那么多的研究对象上，这不是在观察研究。四处旅行的昆虫学家可以把自己所得之许许多多的标本钉在标本盒里，这是专业词汇分类学家和昆虫采集者的乐趣，但是收集详尽的资料则是另一码事。他们是科学上流浪的犹太人，没有时间驻足停留。当他们为了研究这样那样的事实时，就可能要长时间地停在一地，然而，下一站又在催促着他们上路。我们就不要让他们在这种状况下勉为其难了。就让他们在软木板上钉吧，就让他们用塔菲亚酒（西印度群岛的一种甘蔗酒）的短颈大口瓶去浸泡吧，就让他们把耐心观察、需时费力的活留给深居简出的人吧。

这就是为什么除了专业分类词汇学家列出的枯燥乏味的昆虫体貌特征而外，昆虫的历史极其贫乏的原因之所在。异国的昆虫数量繁多，无以数计，它们的习性我们几乎始终一无所知。但是我们可以把我们眼前所见到的情景与别处发生的情况加以比较；看一看同一种昆虫在不同的气候条件下，其基本本能是如何变化的，这是非常有好处的。

这时候，无法远行的遗憾重又涌上心头，使我比以往任何时候都更加地感到无奈，除非我在《一千零一夜》的那张魔毯上找到一个座位，飞到我所想去的地方。啊！神奇的飞毯啊，你要比萨维埃·德·梅斯特尔的马车合适得多。但愿我能在你上面有一个角落可坐，怀揣着一张往返机票！

我果然找到了这个角落。这个意想不到的好运是基督教会学校的修士、布宜诺斯艾利斯市萨尔中学的朱迪利安教友带给我的。他虚怀若谷，受其恩泽者理应对他表示的感激会令他很不高兴。我在此只想说，按照我的要求，他的双眼代替了我的眼睛。他寻找，发现，观察，然后把他的笔记以及发现的材料寄来给我。我用通信的方式同他一起寻找，发现，观察。

我成功了，多亏了这么卓绝的合作者，我在那张魔毯上找到了座位。我现在到了阿根廷共和国的潘帕斯大草原，渴望着把塞里昂的食粪虫的本领与其另一个半球上竞争者的本领做一番比较。

开端极好！萍水相逢竟然让我首先得到了法那斯米隆那漂亮的昆虫，全身黑中透蓝。

雄性法那斯米隆前胸有个凹下的半月形，肩部有锋利的翼端，额上竖着一个可与西班牙蜣螂媲美的扁角，角的末端呈三叉形。雌性则以普通的褶皱代替了这漂亮的装饰。雄性与雌性的头罩前部都有一个双头尖，肯定是一个挖掘工具，也是用于切割的解剖刀。这种昆虫短粗、壮实、呈四角形，让人联想到蒙彼利埃周围非常罕见的一种昆虫——奥氏宽胸蜣螂。

如果形状相似则本领也必然相似的话，那我们就该毫不迟疑地把如同奥氏宽胸蜣螂制作的同样又粗又短的香肠面包归之于法那斯米隆。唉！每当牵涉本能的问题时，昆虫的体形结构就会造成误导。这种脊背正方、爪子短小的食粪虫在制作葫芦时技艺超群。连圣甲虫都制作不了这么像模像样，尤其是个头又这么大的葫芦。

这种粗壮短小的昆虫制作的产品之精美让人拍案叫绝。这种葫芦制作得如此符合几何学标准，简直无可挑剔：葫芦颈并不细长，然而却把优雅与力量结合在一起。它似乎是以印第安人的某种葫芦作为模型制作的，特别是因为它的细颈半开，鼓凸部分刻有漂亮的格子纹饰，那是这种昆虫的跗骨的印迹。它好像是用藤柳条嵌护着的一只铁壶，大小可以达到甚至超过一只鸡蛋。

这真是一件极其奇特而稀有的珍品，尤其是这竟然是出自一个外形笨拙、粗短的工人之手。不，这再一次说明工具不能造就艺术家，人和虫都是这么个理儿。引导制作工匠完成杰作的有比工具更重要的东西：我说的是“头脑”——昆虫的才智。

法那斯米隆对困难嗤之以鼻。不仅如此，它还对我们的分类学不屑一顾。一说食粪虫，就解释为牛粪的狂热追慕者。可法那斯米隆之重视牛粪既非为自己食用也不是为了自己的孩子们享用。我们常常会看见它待在家禽、狗、猫的尸骨架下，因为它需要尸体的脓血。我所绘出的那只葫芦就是立在一只猫头鹰的尸体下面的。

这种把埋葬虫的胃口与圣甲虫的才能相结合的虫，谁愿意怎么看就怎么看吧。我呢，我不想去解释这种现象，因为昆虫的一些癖好让我困惑不解，它们的这些癖好似乎是谁也无法仅仅根据其外貌就能判断得出来的。

我知道在我家附近就有一种食粪虫，它也是尸体残余的唯一的享用者。它就是粪金龟，是经常光顾死鼹鼠和死兔子的常客。但是，这种侏儒殡葬工并不因此就鄙视粪便，它像其他的金龟子一样照旧大吃不误。也许它有着双重饮食标准：奶油球形蛋糕是供给成虫的，而略微发臭的有浓重口味的腐肉食料则是喂给幼虫的。

类似情况在别的昆虫别的口味方面也同样存在。捕食性膜翅目昆虫汲取花冠底部的蜜，但它喂自己的孩子时却用的是野味的肉。同一个胃，先吃野味肉，后汲取糖汁。这种消化用的胃囊在发育过程中必须发生变化吗？！不管怎么说，这种胃同我们人的胃一样，年轻时喜食的东西到了晚年就对此鄙夷厌恶了。

让我们更加深入地观察研究一下法那斯米隆的杰作。我弄到的那些葫芦全都干透了，硬得几乎跟石头一样，颜色也变成浅咖啡色了。我用放大镜仔细观察，里外都没有发现一丁点木质碎屑，这种木质碎屑是牧草的一个证明。这么说，这怪异的食粪虫没有利用牛屎饼，也没有利用任何类似的粪料。它是用其他材料制作自己的产品的。是什么材料呢？一开始挺难弄清楚。

我把葫芦放在耳边摇动，有轻微的响声，就像是一个干果壳里面有一个果仁在自由滚动时发出的声响一样。葫芦里是不是有一只因干燥而抽缩了的幼虫呀？我起先一直是这么认为的，但我弄错了。那里面有比这更好的东西，可让我长了见识了。

我小心翼翼地用刀尖挑破葫芦。在一个同质的均匀内壁——我的三个标品中最大的一个的内壁竟厚达两厘米——中，嵌着一个圆圆的核，满满当当地充填在内壁孔洞里，但却与内壁毫不粘贴，所以可以自由地晃动，因此我摇动时就听见了响声。

就颜色与外形而言，内核与外壳并无差异。但是，把内核砸碎，仔细检查碎屑，我就从中发现一些碎骨、绒毛絮、皮肤片、细肉块，它们全都淹没在类似巧克力的土质糊状物中。

我把这种糊状物在放大镜下面进行了筛选，去除了尸体的残碎物之后，放在红红的木炭上烤，它立即变得黑黑的了，表层覆盖着一层鼓胀的光亮物，并散发出一股呛人的烟，很容易闻出那是烧焦的动物骨肉的气味。这个核全部浸透了腐尸的脓血。

我对外壳进行同样处理后，它也同样变黑了，但黑的程度没有核那么深。

它几乎不怎么冒烟。它的外层也没有覆盖一层乌黑发亮的鼓胀物。它一点也没含有与内核所含有的那些腐尸的碎片相同的东西。内核与外壳经烧烤之后，其残余物都变成一种细细的红黏土。

通过这粗略的观察分析，我们得知法那斯米隆是如何进行烹饪的。供给幼虫的食品是一种酥馅饼……肉馅是用它头罩上的两把解剖刀和前爪的齿状大刀把尸体上能剔出来的所有东西全都剔出来做成的，有下脚毛、绒毛、捣碎的骨头、细条的肉和皮等。一开始，这种烤野味的作料拌稠的馅呈浸透腐尸肉汁的细黏土冻状，现在变得硬如砖头。最后，酥馅饼的糊状外表变成了黏土硬壳。

这位糕点师傅对其糕点进行了包装，用圆花饰、流苏、甜瓜筋囊加以美化。法那斯米隆对这种厨艺美学并非外行。它把酥馅饼的外壳做成葫芦状，并饰以指纹状的饰纹。

这种无法食用的外壳在肉汁中浸泡的时间太短，可想而知，并不受法那斯米隆的青睐。等幼虫的胃变得皮实了，可以消受粗糙的食物时，它会刮点内壁上的东西充饥，这一点倒是有可能的。但是，从整体来看，直到幼虫长大能出走之前，这个葫芦一直完好无损。它不仅开始时是保护馅饼新鲜的保护神，而且始终都是隐居其间的幼虫的保险箱。

在糊状物的上面，紧挨着葫芦的颈部，被修整成一个黏土内壁的小圆屋，这是整个内壁的延伸部分。一块用同样材料制成的挺厚的地板把它与粮食隔开。这就是孵化室，卵就产在那儿，我在那儿发现了卵，可惜已经干了。幼虫在这个孵化室里孵化出来，事先得打开一扇隔在孵化室和粮食之间的活动门，才能爬到那个可食的粪球处。

幼虫诞生在一个高出那块食物并与之并不相通的小保险匣里。新生幼虫自己必须及时地钻开那食品罐头盒盖里。后来，当幼虫待在那罐头食品上面时，我的确发现地板上钻了一个刚好能让它钻过去的孔。

这块美味的牛肉片，裹着厚厚的一层陶质覆盖层，致使这份食物根据缓慢孵化的需要，长时间地保持新鲜？怎么达到这一目的的？我仍搞不清楚。卵在其同样是黏土质的小屋里安全无虞地待着，完好无损；到这时为止，一切都尽善尽美。法那斯米隆深谙构筑防御工事的奥秘，深知食物过早地发干的危险。现在剩下的是胚胎呼吸的需求问题了。

为了解决这个呼吸问题，法那斯米隆也是匠心独运，智慧超群的。葫芦颈部沿着轴线打通了一条顶多只能插入一根细麦管的通道。这个闸口在内部开在孵化室顶部最高处，在外部则开在葫芦柄的末端，呈喇叭形半张开着。这就是通风管道，它极其狭窄而且又有灰尘阻而不塞，因此便防止了外来的入侵者。我敢说这是简单但绝妙的杰作。我说得有错吗？如果说这样的一个建筑是偶然的结果的话，那么必须承认盲目的偶然却具有一种非凡的远见卓识。

这种迟钝的昆虫是如何才建好这项极其繁难、极其复杂的工程的呢？我在以一个旁观者的目光观察这南美潘帕斯草原的昆虫时，只有上述这个工程结构在指引着我。从这个工程结构上可以不出大错地推断出这个建筑工所使用的方法。因此，我就这样对它工作的进行情况进行了设想。

它先是遇上了一具小昆虫尸体，尸体的渗液使下面的黏土变软。于是，它根据软黏土的大小或多或少地收集起来。收集的多少并没有明确的规定。如果这种软黏土非常之多，收集者就大加消费，粮仓也就更加地牢固。这样一来，制成的葫芦就特别大，大得超过鸡蛋的体积，还有一个两厘米厚的外壳。但是，这么一大堆的材料远远超出模型工的能力，所以加工得很不好，外观上看上去，一眼就看出是一项十分艰苦笨拙的劳动所创造出来的成果。如果软黏土很稀少，它便严格节省着使用，这样它动作也就自然得多，弄出来的葫芦反而匀称齐整。

那黏土可能先是通过前爪的按压和头罩的劳作变成球形，然后挖出一个很宽很厚的盆形。蜣螂和圣甲虫就是如此做的，它们在圆粪球的顶部挖出一个小盆，在对蛋形或梨形做最后打磨之前，把卵产在小盆里。

在这第一项劳作中，法那斯米隆只是一个陶瓷工。不管尸体渗液浸润黏土有多么不充分，只要具有可塑性，任何黏土对它来说都是可以加工运作的。

现在，它变成了肉类加工者了。它用它那带锯齿的大刀从腐尸上切、锯下一些细碎小块来；它又撕又拽，把它认为最适合幼虫口味的部分弄下来。然后，它把这些碎片统统聚集起来，再把它们同脓血最多的黏土搅和在一块。这一切搅拌得非常均匀，就地制成了一只圆粪球，无须滚动，如同其他食粪虫制作自己的小粪球一样。补充说一句，这只粪球是按照幼虫的需要量制作的，它的体积几乎始终不变，无论最后那个葫芦有多大。

现在酥馅饼做好了。它被放进大张开口的黏土盆里存好。它没挤没压，以后可以自由转动，不会与其外壳有一点粘连。这时候，陶瓷制作的活又开始了。

昆虫用力挤压黏土盆厚厚的边缘，为肉食制好模套，最后使肉食的顶端被一层薄薄的内壁包裹住，而其他部分则由一层厚厚的内壁包住。顶端的内壁上，留有一个环形软垫；这儿的内壁的厚度与日后在顶端钻洞进粮仓的幼虫的弱小程度成正比。随后，这个环形软垫也进行压模，变成一个半圆形的窟窿，卵就产在其中。

通过挤压黏土盆的边缘，使之慢慢封口，变成孵化室，制作葫芦的工序就宣告结束了。这道工序尤其需要高超的技艺。在做葫芦柄的同时，必须一边紧压粪料，一边沿着轴线留出通道作为通风口。

我觉得建造这个通风闸口极其困难，因为计算稍微有点偏差，这个狭窄的口子就会立刻被堵住了。我们最优秀的陶瓷工中最最心灵手巧的工匠如果缺少一根针的帮助也是干不成这件活的，它把针先垫在里边，完工之后，就把这根针抽出来。这种昆虫是一种用关节连接着的机械木偶，在它自己都没有想到的情况之下，就挖出了一条穿过大葫芦柄的通道。如果它想到了，也许就挖不成了。

葫芦制作完后，就得对它粉饰加工了。这是一件费时费工的粉饰活，要使曲线完美流畅，并在软黏土上留下印记，如同史前的陶瓷工用拇指尖印在其大肚双耳坛上的印记一样。

这件活计完工了，它将爬到另一具尸体下面重新开工，因为一个洞穴只有一个葫芦，多了不行，如同圣甲虫制作它的梨形小粪球一样。

粪金龟和公共卫生

食粪虫以成虫的形态完成一年的轮回，在来年春季的欢乐节日里由自己的子女们围在膝前，而且家里添丁进口，成员翻了一两番，这在昆虫的世界里肯定是无出其右的。蜜蜂这种本能方面的贵族，一旦蜜罐装满也就随即死去；另一位贵族——蝴蝶，虽非本能方面的贵族但却是服饰华美的贵族，当它把自己那成团的卵固定在得天独厚之地时也随即离开人间；浑身披着铠甲的步甲虫在把自己的子孙后代撒放在乱石下之后，随即也就命归黄泉了。

其他昆虫也是如此，除了那些群居的昆虫而外。群居昆虫的母亲能够独自或在仆从陪伴下幸存下来。规律是带普遍性的：昆虫天生是无父无母的孤儿。可我们要讲的这种情况却是一种意想不到的反常现象：卑贱的滚粪球工却逃过了那种扼杀高贵者的残酷规律。食粪虫尽享天年，成了长寿元老，而且鉴于其所做的贡献，它也确实当之无愧。

有一种公共卫生要求在最短的时间里把任何腐烂的东西全部清除干净。巴黎至今尚未解决它那可怕的垃圾问题，这迟早是这座巨大城市的生存或死亡的问题。大家在寻思，这城市之光会不会有这么一天被土壤中饱含的腐烂物质散发出的臭气给熏得熄灭了。聚集着数百万人口的大都市虽拥有无尽的财力与智力但也无法解决的问题，一个小小的村庄却无须花钱无须操心费力就给解决了。

大自然对乡村的清洁卫生倾注关怀，但对城市的舒适却漠然置之，虽说还谈不上是充满敌意。大自然为乡间田野创造了两类清洁工，没有什么能使之厌烦倦怠、疲劳懒散的。第一类是苍蝇、葬尸虫、皮蠹、食尸虫类、阎虫科，它们专司尸体解剖。它们把尸体分割切碎，在自己的胃里把碎尸烂肉消化之后再还以生命。

一只鼹鼠被耕作的农具划破肚皮，它已发紫的脏腑把田间小径弄污；一条栖息在草地上的游蛇被行人踩死，这个蠢货还以为自己是除了祸害，干了好事；一只尚未长毛的雏鸟从窝里摔下，落在托着其窝的大树下面，可怜巴巴地摔成了肉酱；成千上万的这种残尸碎肉无处不在，如果不及时地加以清理，其臭气将成为很大的公害。但我们也不必害怕：这种尸体一旦在某处出现，小收尸工们便立即赶到。它们随即对尸体进行处理，掏空内脏，吃得只剩下骨头，或者至少要把尸体弄得如同一具干尸。用不了二十四小时，死去的鼹鼠、游蛇、雏鸟等便没了踪影，环境卫生保持住了。

第二类清洁工也同样是热情饱满的。城市里为了清洁卫生而在厕所里用氨水消毒，其味极其难闻，农村里的厕所就用不着洒氨水。农民在需要独自一人待着时，一堵矮墙、一道藩篱、一丛荆棘即可避人耳目。无须赘言，你一定会知道此人在那里干什么。当你被一簇簇长生草、厚厚的苔藓以及其他一些美丽的东西装点的陈砖旧瓦所吸引，走近一堵好似为葡萄培土的矮墙边时，哇呀！在这如此美丽的隐蔽处跟前，那是一大摊什么玩意儿呀！你赶紧逃之夭夭，苔藓、长生草、青苔等等都不再吸引你了。你第二天再去原地看一看，那摊东西不见了，那块地方变得干净了：食粪虫来过这里。

防止屡屡出现的有碍观瞻的东西被人看到，对于这些勇士们来说，只是它们职责中最微不足道的了；它们肩负的是一项更崇高的使命。科学向我们证实，人类最可怕的种种灾祸都能在微生物中找到根源；微生物与霉菌相近，属于植物界的极边缘的生物。在流行病暴发期间，这些可怕的病原菌在动物的排泄物中迅速大量地繁殖。它们污染着空气和水这两种生命的第一要素；它们散布在我们的衣物、食物上，把疾病传播开来。凡是被这些病原菌污染了的东西统统都要用火烧掉，用消毒剂消灭掉，用土深埋掉。

为保险起见，绝不要让垃圾积存在地面上。垃圾是否无害？垃圾是否危险？虽然说不准，但最好还是把垃圾消除掉。早在微生物让我们明白这种警惕是多么必要之前，古代的贤哲似乎就已经明白了这一点。东方民族比我们更容易受到传染病的危害，他们早已在这一方面掌握了一些明确的规律。摩西（据《圣经·出埃及记》记载，摩西为公元前13世纪古代以色列人的领袖，率领在埃及的希伯来人返回故土）虽然是古埃及这方面科学的传播者，他在自己的人民在阿拉伯沙漠中流浪的时候，已经在法典中制定了处理的方法。他说道："你为了解决自己的内急，你就走出营地，带上一根尖头棍子，在沙地上挖个坑，然后再用挖出的沙土把你的污秽物掩埋起来。"（参阅《摩西五经·经五》第一百二十三章第十二和第十三节。——原作者注）

这种处理方法简单之中透着重大意义。可以相信，如果在大规模朝觐克尔白天房（麦加城内大群陵庙中心的建筑）期间，伊斯兰教采取这种措施以及其他一些类似措施的话，麦加就不会每年都成为霍乱的发源地，欧洲也就不用在红海两岸设防以防堵瘟疫的蔓延。

普罗旺斯农民也像自己祖先中的一支阿拉伯人一样不注意卫生，根本不考虑这方面的险情。幸好，摩西训诫的忠实执行者——食粪虫在为此而辛勤劳作。消灭、掩埋带菌物质全都是它。以色列人一有内急要解决便腰里别着一根尖头棍跑出营地，而食粪虫也随即赶到，还带着比以色列人的尖头棍更高级的挖掘工具。解手的人一走，它便立即挖出一个井坑，把污秽物深埋掉，不再产生危害。

这帮掩埋工所进行的服务工作对于野外的环境卫生意义十分重大；而我们，这种净化工作的主要受益者，反而对这些小勇士有点鄙夷不屑，还用粗言恶语对待它们。做好事，不为人理解，反遭恶名，被石头砸死，被人用脚踩死。看来这已成了一定之规了。蟾蜍、刺猬、猫头鹰、蝙蝠，以及其他一些为我们服务的动物，就是明证，它们不企求我们什么，只是希望我们多少有点宽容心。

那些垃圾污物肆无忌惮地暴露在太阳地里，而保护我们免受其害的，在我们这一带，最英勇卓绝的卫士就是粪金龟。这并不是因为它们比其他的埋粪工更加勤快，而是因为它们有一副好的身子骨，能干苦活累活。再者，当需要稍稍恢复一下体力时，它们就喜欢对我们最恶心的污秽物下手。

我们附近有四种粪金龟在从事这项工作。有两种（突变粪金龟和野生粪金龟）比较罕见，我们也就不专门去观察、研究它们了；相反，另外两种（粪生粪金龟和伪善粪金龟）却十分常见。后两种粪金龟背部墨黑，胸前都穿着华美的衣服。看到专事淘粪的工人竟穿得如此漂亮，我不禁惊讶无语。粪生粪金龟面部下方像紫水晶般闪亮，而伪善粪金龟的面部下方则闪烁着黄铜的光芒。我笼子里喂养着的就是这两种粪金龟。

我们先来看看它们作为掩埋工都有哪些能耐。笼中一共有十二只，两种粪金龟混在一起。笼子里原先大量放置食物，这一次事先把所剩的吃食全部清除掉了。我想估算一下一只粪金龟一次能掩埋多少东西。日落时分，我把刚在我家门前拉了一摊的骡子的粪便放进笼子里去给那十二个囚徒。那摊粪便不算少，足可装上一篮子的。

第二天早晨，那摊骡粪全都埋于地下了。地上几乎一点也没有了，顶多有点碎渣渣什么的。我因此可以大致估算出：按每只粪金龟都干了同样的工作量，那它们每人掩埋了大约有一立方分米的粪便。如果我们想到它们那瘦小的身材，又要挖洞又要运物，那真叫人感叹：这可真像泰坦（希腊神话中的巨神族，乌拉诺斯和地神盖亚所生的子女，共十二人，六男六女）干的活呀。而且，这还仅仅用了一个夜晚而已。

它们存粮这么丰富，是不是就守着财富待在地下不出来了。绝不是这样的！现在正是大好时光。黄昏来临，宁静温馨。现在正是精神振奋、心情舒畅的时刻，正是去远处大路上寻物觅宝之时，因为路上正有牛羊群放牧归去。我的住客们离开了地窖，返身回到地上。我听见它们簌簌地在爬栅栏，冒失地撞到壁板上，黄昏时的这番热闹气氛我是预料到的。我白天已经收集了与头一天一样丰盛的食物，正好拿来喂给它们。到了夜里，这些食物又都不见了踪影。第二天，地面上又干干净净的了。只要夜色美好，只要我总有足够的东西满足这帮贪得无厌的敛财奴，那么这种情况就永远会继续下去的。

尽管其食物异常丰富，粪金龟在日落时分还是会离开已储存的食物，在太阳的余晖中嬉戏，并去寻找新的开发工地。对于它来说，好像已得到的并不算什么，只有将要得到的才有价值。那么，每晚黄昏那美好时刻它所更新的粮食仓库，它到底用来干什么呢？很明显，粪金龟一夜之间是无法消费完这么丰盛的食物的。它储存的食物多得已不知如何处理；它只知积攒，却不完全利用；而且，它还总也不满足于自己那满仓粮，每晚还在拼死拼活地忙着往仓库里运送。

它随处建造粮仓，每天随便遇上哪座仓库便在那里弄些吃上一顿，吃不了的就几乎全部剩在那儿。从我笼子里喂养的粪金龟来看，它们那种掩埋工的本能要比作为消费者的食欲来得迫切。笼子里的地面在增高，我则不得不随时把它弄平。如果我把土堆挖开，我就会发现坑井中堆满了粪便，厚厚的，原封未动。原先的泥土已经变成了粪和土的结块，难以分开，如果我要继续观察而不致搞错，就得大加清理才行。

要想把结块中的粪便分离出来，总免不了有误差，不是分出来的多了，就是分出来的少了，与精确的量难以一致，但从我的观察中，有一点是明白无误的：粪金龟是热情似火的掩埋工，它们往地下运送的食物远远超过它们日常之所需。这样的一种掩埋工作是由一大群出力多少不一的合作者的劳动大军完成的，所以很显然，土壤的净化在很大的程度上得以实现，而且有这么一支辅助性的劳动大军在做出贡献，公共卫生的保持也才能有望，这是值得庆幸的。

此外，植物以及因植物的连锁反应而连带的一大批生物也得益于这种掩埋工作。粪金龟埋到地下并于第二天抛弃的那些东西并未丢失，远未丧失其利用价值。世界的结算中什么也不会丢失的，清单的总数是永恒的。粪金龟埋起来的小块软粪便将会使周围的一簇禾本植物枝繁叶茂。一只绵羊路过这儿，把这丛青草吃掉。羊长肥，人也就有了美味羊腿可以享受了。粪金龟的辛勤劳动给我们带来了一块美味肉块。

9、10月份，当头几场秋雨浸透土壤，圣甲虫得以打破出生的牢笼时，粪生粪金龟和伪善粪金龟开始建造自家住宅，这住宅建造得很简陋，有辱这些享有挖土工美称的勇士们。如果单纯是挖掘一个避难所以防冬季的严寒的话，粪金龟倒也不负其挖土工之美名：在井的深度、工程之完美和速度方面，没有谁可与之相提并论的。在沙土地和不难挖掘的土地上，我曾发现一些坑洞，洞深竟达一米。还有的能挖得更深，我因为没有耐心，再说工具也不凑手，也就没有去挖挖看究竟深有几许。这就是粪金龟，熟练的挖井工，无人可及的打洞者。如果天寒地冻，它会下到不用担心霜冻的地层。

但是，建造子孙住宅就是另一码事了。美好季节转瞬即逝；如果要给每只卵配备一个这样的地堡，那时间是来不及的。要挖掘一个深洞，粪金龟就必须把冬天来临之前的空闲时间全部用上，别无他法。要使避难所更加安全，它就得把心思全用在造房建屋上，暂时不能去干别的事情。可在产卵期间，这么辛勤的劳作是不可能的？时间过得很快。它得在四五个星期内给很多的子女住的吃的，这就无法长时间地去挖深井了。

粪金龟为其幼虫挖的地洞并不比西班牙蜣螂和圣甲虫挖的深多少，尽管季节有所不同。就我在野地里发现的所有地洞来看，也就是三分米左右，尽管那儿土很好挖，挖多深都没问题。

这种简陋的住处状如一段香肠或猪血腊肠，长度不超过两分米。这段香肠几乎都是不规则的，有时弯曲，有时又多少有些凹凸不平。这种不完美的情况是由于石头地的高低起伏所导致的，粪金龟是直线和垂直的挖掘工，无法总是按照自己的艺术标准去挖掘。于是，与地道紧贴在一起的粮食也就很忠实地再现了其模具的不规则性。香肠底部是圆的，如同地洞底部一样。这圆圆的底部就是孵化室，这圆形的孵化室可以放下一只小榛子。因胚胎的需要，室的侧壁挺薄，空气能很容易地透进。在孵化室内，我看到有一种带点绿的黏液在闪亮，那是疏松多孔的粪核的半流质状物质，是粪金龟妈妈吐出来喂给新生幼儿的头一口食物。

卵就睡在这个圆圆的小窝里，与四周无任何接触。卵是白色的，呈加长的椭圆形，与成虫的体积相比较，卵的体积够大的了。粪生粪金龟的卵长有七八毫米，宽有四毫米多，比粪金龟卵的体积要稍小一点。

隧　蜂

你了解隧蜂吗？你大概不了解。这无伤大雅：即使不了解隧蜂，照样可以品尝人生的种种温馨甜蜜。然而，只要努力地去了解，这些不起眼的昆虫却会告诉我们许多奇闻趣事，而且，如果我们对这个纷繁的世界拓宽一点我们的知识面的话，同隧蜂打打交道并不是什么让人鄙夷不屑的事。既然我们现在有空闲的时间，那就了解了解它们吧。它们值得我们去了解的。

怎么识别它们呢？它们是一些酿蜜工匠，体形一般较为纤细，比我们蜂箱中养的蜜蜂更加修长。它们成群地生活在一起，身材和体色又多种多样。有的比一般的胡蜂个头要大，有的与家养的蜜蜂大小相同，甚至还要小一些。这么多种多样，会让没经验的人束手无策，但是，有一个特征是永远不会改变的。任何隧蜂都清晰可辨地烙有本品种的印记。

你看看隧蜂肚腹背面腹尖上那最后一道腹环。如果你抓住的是一只隧蜂，那么其腹环会有一道光滑明亮的细沟。当隧蜂处于防卫状态时，细沟则忽上忽下地滑动。这条似出鞘兵器的滑动槽沟证明它就是隧蜂家族之一员，无须再去辨别它的体形、体色。在针管昆虫属中，其他任何蜂类都没有这种新颖独特的滑动槽沟。这是隧蜂的明显标记，是隧蜂家族的族徽。

4 月份，工程谨慎小心地开始了，不是一些新土小包的话，外面是一点也看不出来的。外面工地上没有一点动静。工匠们极少跑到地面上来，因为它们在井下的活计十分繁忙。有时候，这儿那儿，有这么一个小土包的顶端晃动起来，随即便顺着圆锥体的坡面滑落下去，这是一个工匠造成的，它把清理的杂物抱出来，往土包上推，但它自己并没露出地面。眼下，隧蜂只忙乎这种事。

5 月带着鲜花和阳光来到了。4 月里的挖土方的工人现在变成了采花工。我无论何时都能够看见它们待在开了天窗的小土包顶上，个个都浑身沾满黄花粉。个头最大的是斑纹蜂，我经常看见它们在我家花园小径上筑巢建窝。我们仔细地观察一下斑纹蜂。每当储存食物的活计干起来的时候，总会不知从何处突然来了这么一位吃白食者。它将让我们目睹强抢豪夺是怎么回事。

5月里，上午十点钟左右，当储备粮食的工作正干得欢时，我每天都要去察看一番我那人口稠密的昆虫小镇。我在太阳地里，坐在一把矮椅子上，弓着腰，双臂支膝，一动不动地观察着，直到吃午饭时为止。引起我注意的是一个吃白食者，是一种叫不上名字的小飞虫，但却是隧蜂的凶狠的暴君。

这歹徒有名字没有？我想应该是有的，但我却并不太想浪费时间去查询这种对读者来说并没多大意义的事情。花时间去弄清枯燥的昆虫分类词典上的解说，倒不如把清楚明白的叙述事实提供给读者为好。我只需简略描绘一下这个罪犯的体貌特征就可以了。它是一种身长五毫米的双翅目昆虫，眼睛暗红，面色白净，胸廓深灰，上有五行细小黑点，黑点上长着后倾的纤毛，腹部呈浅灰色，腹下苍白，爪子系黑色。

在我所观察的隧蜂中，它的数量很多。它常常蜷缩在一个地穴附近的阳光下静候着。一旦隧蜂收获归来，爪上沾满黄色花粉，它便冲上前去，尾随隧蜂，前后左右飞来转去，紧追不舍。最后，隧蜂突然钻入自家洞中，这双翅目食客也随即迅疾落在洞穴入口附近。它一动不动地，头冲着洞门，等待着隧蜂干完自己的活计。隧蜂终于又露面了，头和胸廓探出洞穴，在自家门前停留片刻。那吃白食者仍旧纹丝不动。

它们常常是面对面，间隔不到一指宽。双方都声色不动。隧蜂没有戒备伺机偷食的食客，至少，其外表之平静让人做如是想；而食客也丝毫没有担心自己的大胆行为会受到惩罚。面对一根指头就能把它压扁的巨人，这个侏儒却仍旧岿然不动。

我本想看到双方有哪一方表现出胆怯来，但却未能如愿：没有任何迹象表明隧蜂已知自己家里有遭到打劫之虞；而食客也没有流露出任何因会遭到严厉惩处而有的担心。打劫者与受害者双方只是互相对视了片刻而已。

巨大的宽宏大量的隧蜂只要自己愿意，就可以用其利爪把这个毁其家园的小强盗给开膛破肚了，可以用其大颚压碎它，用其螯针扎透它，但隧蜂压根儿就没这么干，却任由那个小强盗血红着眼睛盯住自己的宅门，一动不动

地待在旁边。隧蜂表现出这种愚蠢的宽厚到底是为什么呢？

隧蜂飞走了。小飞蝇立刻飞进洞去，像进自己家门似的大大方方。现在，它可以随意地在储藏室里挑选了，因为所有的储藏室都是敞开着的；它还趁机建造了自己的产卵室。在隧蜂归来之前，没有谁会打扰它。让爪子沾满花粉，胃囊中饱含糖汁，是件颇费时间的活计，而私闯民宅者要干坏事也必须有充裕的时间。但罪犯的计时器非常精确，能准确地计算出隧蜂在外面的时间。当隧蜂从野外返回时，小飞蝇已经逃走了。它飞落在离洞穴不远的地方，待在一个有利位置，瞅准机会再次打劫。

万一小飞蝇正在打劫时，被隧蜂突然撞见，会怎么样呢？出不了大事的。我看见一些大胆的小飞蝇跟随隧蜂钻入洞内，并待上一段时间，而隧蜂则正在调制花粉和蜜糖。当隧蜂掺兑甜面团时，小飞蝇尚无法享用，于是它便飞出洞外，在门口等待着。小飞蝇回到太阳地里，并无惧色，步履平稳，这就明显地表明它在隧蜂工作的洞穴深处并未遇到什么麻烦事。

如果小飞蝇太性急，太讨厌，围着糕点转个不停，后颈上准会挨上一巴掌，这是糕点主人会有的举动，但也就仅此而已。盗贼与被偷盗者之间没有严重的打斗。这一点，从侏儒步履平稳、安然无恙地从忙着干活的巨人洞穴出来的样子就可以看得出来。

当隧蜂无论满载而归或一无所获地回到自己家中时，总要迟疑片刻；它迅速地贴着地面前后左右地飞上一阵。它的这种胡乱飞行让我首先想到的是，它在试图以这种凌乱的轨迹迷惑歹徒。它这么做确实是必要的，但它似乎并没有那么高的智商。

它所担心的并非敌人，而是寻找自家宅门时的困难，因为附近小土包一个又一个，相互重叠，昆虫小镇街小巷窄，再加上每天都有新的杂物清理出来，小镇面貌日日有变。它的犹豫不决明显可见，因为它经常摸错了门，闯到别人家中。一看到门口的细微差异，它立刻知道自己走错门了。

于是，它继续努力地开始弯来绕去地探查，有时突然飞得稍远一点。最后终于摸到自家宅穴。它喜不自胜地钻了进去，但是，不管它钻得有多快，小飞蝇还是待在其宅门附近，脸冲着其门口，等待着隧蜂飞出来后好进去偷蜜。

当屋主又出了洞门时，小飞蝇则稍稍退后一点，正好留出让对方通过的地方，仅此而已。它干吗要多挪地方呀？二者相遇是如此相安无事，所以如果不知道一些其他情况的话，你是想不到这是窃贼与屋主间的狭路相逢。

小飞蝇对隧蜂的突然出现并没有惊慌失措，它只是稍加小心了点而已。同样，隧蜂也没在意这个打劫它的强盗，除非后者跟着它飞，纠缠它。这时，隧蜂一个急转弯就飞远了。

吃白食者此刻也处于两难境地。隧蜂回来时甜汁在其嗉囊中，花粉沾在爪钳里，甜汁盗贼吃不着，花粉尚无定型，是粉末状的，也进不了口。再者，这一点点花粉也不够塞牙缝的。为了集腋成裘制成圆面包，隧蜂要多次外出去采集花粉。必需之材料采集齐备之后，隧蜂便用大颚尖掺和搅拌，再用爪子将和好的面团制成小丸。如果小飞蝇把卵产在做小丸的材料上，经这么一番揉捏，那肯定是完蛋了。

所以，小飞蝇的卵将是产在做好的面包上面的；因为面包的制作是在地下完成的，吃白食者就必须进入隧蜂的洞宅之中。小飞蝇贼胆包天，果真钻下去了，即使隧蜂身在洞中也全然不顾。失主要么是胆小怕事，要么是愚蠢的宽容，竟然任窃贼自行其是。

小飞蝇悉心窥探、私闯民宅的目的并不是想损人利己，不劳而获；它自己就可以在花朵上找到吃的，而且并不费事，比这么去偷去抢要省劲得多。我在想，它跑到隧蜂洞中也就是想简单地品尝一下食物，知道一下食物的质量如何，仅此而已。它的宏大的、唯一的要事就是建立自己的家庭。它窃取财富并非为了自己，而是为了自己的后代。

我们把花粉面包挖出来看看。我们将会发现这些花粉面包经常是被糟蹋成碎末状，白白地浪费了。散落在储藏室地板上的黄色粉末里，我们会看见有两三条尖嘴蛆虫蠕动着。那是双翅目昆虫的后代。有时与蛆虫在一起的还有真正的主人——隧蜂的幼虫，但却因吃不饱而孱弱不堪。蛆虫尽管不虐待隧蜂幼虫，但却抢食了后者最好的食物。隧蜂幼虫可怜兮兮，食不果腹，身体每况愈下，很快便一命呜呼了。其尸体变成了微小颗粒，与剩下的食物混在一起，成了蛆虫的口中之物。

可隧蜂妈妈在孩子遭难之时在干什么呢？它随时都有空去看看自己的宝宝的；它只要探头进洞，便可清楚地知晓孩子们的惨状。圆面包糟蹋一地，蛆虫在钻来钻去，稍看一眼就全清楚是怎么回事了。那它非把窃贼子孙弄个肚破肠流不可！用大颚把它们咬碎，扔出洞外，简直是轻而易举的事。可是愚蠢的妈妈竟然没有想到这么做，反而任由鸠占鹊巢者逍遥法外。

随后，隧蜂妈妈干的事还要愚蠢。成蛹期来到之后，隧蜂妈妈竟然像封堵其他各室一样把被洗劫一空的储藏室用泥盖封堵严实。这最后的壁垒对于正在变形期的隧蜂幼虫来说是绝妙的防护措施，但是当小飞蝇来过之后，你这么一堵，那可是荒唐透顶了。隧蜂妈妈对这种荒唐之举却毫不犹豫，这纯粹是本能使然，它竟然还把这个空房给贴上封条。我之所以说是空房，是因为狡猾的蛆虫吃光了食物之后，立即抽身潜逃了，仿佛预见到日后的小飞蝇会遇到一道无法逾越的屏障似的。在隧蜂妈妈封门之前，它们就已经离开了储藏室。

吃白食者既卑鄙狡诈，又小心谨慎。所有的蛆虫都会放弃那些黏土小屋，因为这些小屋一旦堵上，那它们就会被葬身其间。黏土小屋的内壁有波状防水涂层，以防返潮，小飞蝇的幼虫表皮很敏感娇嫩，似乎对这种小屋备感舒适，是其理想的栖身之地，然而蛆虫却并不喜欢。它们担心一旦变成小飞蝇，却被困在其中，所以便匆匆离去，分散在升降井附近。

我挖到的小飞蝇确实都在小屋外面，从未在小屋里面见到过它们。我发现它们一个一个都挤在黏土里的一个窄小的窝儿内，那是它们还是蛆虫时移居到此后营建的。来年春天，出土期来临时，成虫只需从碎土中挤出去就能到达地面了，这一点儿也不困难。

吃白食者的这种迫不得已的搬迁还有另一个也是十分重要的原因。7月里，隧蜂要第二次生育。而双翅目的小飞蝇则只生育一次，其后代此时尚处于蛹的状态，只等来年变成为成虫。采蜜的隧蜂妈妈又开始在家乡小镇忙着采蜜；它直接利用春天建筑的竖井和小屋，这可大大地节约了时间！精心构筑的竖井房舍全都完好如初。只需稍加修缮便可交付使用。

如果生就喜欢干净的隧蜂在打扫屋子时发现一只蝇蛹，会怎么样呢？它会把这个碍事的玩意儿当作建筑废料给处理掉。它会把这玩意儿用大颚夹起，也许把它夹碎，搬到洞外，扔进废物堆中。蝇蛹被扔到洞外，任随风吹日晒，必死无疑。

我很钦佩蛆虫明智的预见，不求一时之欢快，而谋未来的安然无恙。有两个危险在威胁着它：一是被堵在死牢中，即使变成飞蝇也无法飞出去；二是在隧蜂修缮宅子后清扫垃圾时把它一块儿扔到洞外，任随风吹雨打，抛尸野外。为了逃避这双重的灾难，在屋门封堵之前，在7月里隧蜂清扫洞宅之前，它便先行逃离险境。

我们现在来看一看吃白食者后来的情况。在整个6月里，当隧蜂休闲的时候，我对我那昆虫众多的昆虫小镇进行了全面的搜索，总共有五十来个洞穴。地下发生的惨案没有一件逃过我的眼睛的。我们一共四个人，用手把洞里挖出的土过筛，让土从手指缝中慢慢地筛下去。一个人检查完了，另一个人再重新检查一遍，然后第三个人、第四个人再进行两次复检。检查的结果令人心酸。我们竟然没有发现一只隧蜂的虫蛹，一只也没有。这隧蜂密集于此的街区，居民全部丧生，被双翅目昆虫取而代之。后者呈蛹状，多得无以计数，我把它们收集起来，以便观察其进化过程。

昆虫的生活季节结束了，原先的蛆虫已经在蛹壳内缩小，变硬，而那些棕红色的圆筒却保持静止不动状态。它们是一些具有潜在生命力的种子。7月的似火骄阳无法把它们从沉睡中烤醒。在这个隧蜂第二代出生期的月份中，好像上帝颁发了一道休战圣谕：吃白食者停工休整，隧蜂和平地劳作。如果敌对行动接二连三，夏天同春天时一样大开杀戒，那么受害太深的隧蜂也许就要灭种了。第二代隧蜂有这么大一段休养生息期，生态的平衡也就得以保持了。

4月里，当斑纹隧蜂在围墙内的小径上飞来飞去，寻找一个理想地点挖洞建巢时，吃白食者也在忙着化蛹成虫。啊！迫害者与受迫害者的历法是多么精确，多么令人难以置信呀！隧蜂开始建巢之时，小飞蝇也已准备就绪：它那以饥饿之法消灭对方的故技又重新开始了。

如果这只是一个孤立的情况，我们就不用去注意它了：多一只隧蜂少一只隧蜂对生态平衡并不重要。可是，不然！以各种各样的方式进行杀戮抢掠已经在芸芸众生中横行无度了。从最低等的生物到最高等的生物，凡是生产者都受到非生产者的盘剥。以其特殊地位本应超然于这些灾难之外的人类本身，却是这类弱肉强食残忍表现的最佳诠释者。人在心中想："做生意就是弄别人的钱。”正如小飞蝇心里所想：“干活就是弄隧蜂的蜜。”为了更好地抢掠，人类创造了战争这种大规模屠杀和以绞刑这种小型屠杀为荣的艺术。

人们每个星期日在村中小教堂里唱诵的那个崇高的梦想：“荣耀归于至高无上的上帝，和平归于凡世人间的善良百姓！”（原文为拉丁文。）我们将永远也看不到它会实现。如果战争关系到的只是人类本身，那么未来也许还会为我们保存和平，因为那些慷慨大度的人在致力于和平。但是，这灾祸在动物界也极其肆虐，而动物是冥顽不化的，是永远不会讲道理的。既然这种灾祸是普遍现象，那也许就是无法治愈的绝症了。未来的生活令人不寒而栗，将会如同今日之生活一样，是一场永无休止的屠杀。

于是，人们便挖空心思，终于想象出来一个巨人，能把各个星球把玩于股掌之中。他是无坚不摧的力量的化身，他也是正义和权力的代表。他知晓我们在打仗，在杀戮，在放火，野蛮人在获得胜利；他知晓我们拥有炸药、炮弹、鱼雷艇、装甲车以及各种各样的高级杀人武器；他还知晓包括草民百姓在内的因贪婪而引起的可怕的竞争；那么，这位正义者，这位强有力的巨人，如果他用拇指按住地球的话，他会犹豫着不把地球按碎吗？

他不会犹豫的……但他会让事物顺其自然地发展下去的。他心中也许会想：“古代的信仰是有道理的；地球是一个长了虫的核桃，被邪恶这只蛀虫在啃咬。这是一种野蛮的雏形，是朝着更加宽容的命运发展的一个艰难阶段。我们随其自然吧，因为秩序和正义总是排在最后的。”

隧蜂门卫

初春时节由孤独的隧蜂单独挖好的住所，到夏季来临时便成了全家人的共同财产。地下有将近一打的蜂房。可从这些蜂房里出来的全是雌蜂。这是我饲养的那三种隧蜂的共同规律。它们每年繁殖两代。春天出生的一代全是雌蜂；而夏季出生的一代则有雌有雄，而且雌雄数量几乎相等。

隧蜂家庭成员的减少，并非因事故所致，而是由饥不择食的小飞蝇造成的。隧蜂全家有一打姐妹（只是姐妹），个个勤劳，人人都能无须性伙伴而生儿育女。另外，隧蜂妈妈的住处绝不是一间破屋陋室：其住宅的主要部分是出入通道，清除一点瓦砾之后就可以进出。这就节省了对于隧蜂而言极其宝贵的时间。洞底的蜂房是一些黏土小屋，也几乎是完好无损，如要加以利用，只需用细毛刷轻轻清理一下即可。

那么，在有同等权利幸存的雌蜂中，谁将继承这所住宅呢？根据死亡的概率，继承者应有六七只或更多一点。隧蜂妈妈的住宅将属于谁呢？它们之间根本不为这事争吵。妈妈的宅子被认为是共有财产，这是无可争议的。隧蜂姐妹们从同一个通道平静地钻进钻出，去忙各自的活计，从不你争我夺。

在井的底部，每个隧蜂姐妹都有自己的一小块领地，那是一些新近挖好的一个个蜂房，因为旧的蜂房已被占用，现在数量不够用的了。在这些属于私产的凹室里，每个隧蜂妈妈都在一旁干活，看守着自己的财产，严守自己的隐私。其他的地方全都是可以自由往来的。

隧蜂忙着干活时进进出出的景象煞是好看。一只采花粉的雌蜂从田野归来，毛茸茸的爪子上沾满了花粉。如果洞门无蜂进出，它便立刻钻进地下去。在门口稍停片刻纯属浪费时间，而活不等人。有时候，有好几只间隔不久，相继而来。通道太狭窄，容不下两只同时进出，特别是要避免相互摩擦，蹭掉了各自爪子上的花粉。于是离洞口最近的就赶快钻入。其他的隧蜂则在门口按先后次序排好，不挤不拥，等着轮到自己进入。第一只一钻入地下，第二只便紧随其后，然后第三只、第四只，一只一只地快捷地跟着钻入地下。

有时候会遇到一只要进一只要出的情况。于是，要进去的便稍往后退，礼让要出的先出来。礼让是相互间的。我就看见过有一些隧蜂正要钻出地面，又返回去，让出通道给刚飞回来的隧蜂。通过大家的相互谦让，大家进进出出反而非常顺畅。

我们再仔细地观察，还有比这种进出的良好秩序更好的哩。当一只隧蜂在花间采集归来时，我看见一种关闭屋门的活门突然降了下去，让通道可以通行。当到来的隧蜂一钻进门里，活门又升回到原先的位置，几乎与地面持平，又关上了。有隧蜂出来，活门也同样操作。活门从后面推顶，往下降去，门就启开，隧蜂便可飞出。隧蜂一飞出来，门又重新关上。

这个在隧蜂每次飞进或飞出时在井坑圆柱体内像活塞似的或升或降，或开或闭的活门到底是什么东西？这是一只隧蜂，它已成了宅子的看门人。它用自己的大脑袋在前厅上面形成一道无法逾越的障碍。如果宅子里有谁要进来或出去，它就拉动绳子，也就是说，它就退至通道的一处较宽、可以容下两只隧蜂的地方。对方通过之后，它便立即回到洞口，用脑袋把口堵住。它一动不动，用目光搜索着，只有在抓捕那些不知趣的家伙时它才离开自己的岗位。

我们趁它飞出来抓捕的这一短暂时刻仔细观察一番。它看上去与其他现在正忙着采集花粉的隧蜂一模一样，不过，它已秃顶，衣服破旧，已无光泽。在其半脱毛的背部，漂亮的褐色与棕红相间的斑马纹腰带几乎已丧失殆尽。它的这身因长期干活而破损的衣服明白无误地告诉了我们一些情况。

在洞口站岗放哨看门守屋的这只隧蜂比其他的隧蜂年岁大。它是这个住宅的建造者，是现在正在忙着采集花粉的隧蜂姐妹们的妈妈，是现在还是幼虫的隧蜂们的外婆。三年前，当它还是个花季少女时，它单枪匹马地拼命干活，累得精疲力竭。现在，它的卵巢已经萎缩，它该休息了。不，“休息”一词在此运用不当。它还在干活，它在为这个家尽自己绵薄之力。它已经不能再生儿育女，便当上了看门人。它为自己家人开门关门，把陌生人拒之门外。

谨慎多疑的山羊羔从门缝望出去，对狼说道：“让我看看你的爪子，不然我就不开门。”（引自法国17世纪寓言诗人拉·封丹的寓言《狼、山羊和山羊羔》。）隧蜂外婆同样谨慎多疑，它也要对来者说道：“让我瞧瞧你的隧蜂黄爪子，不然就不让你进来。”如果被认为并非自家人，谁也甭想进得洞来。

我们就来看看。一只蚂蚁路过洞穴附近。蚂蚁是个厚颜无耻的亡命徒，它很想知道洞底下为何有蜜的甜香味飘上来。隧蜂看门人脖子一扭，意思是说：“滚开，不然要你的命！”通常，这种威吓的动作就足够了。蚂蚁见状赶紧走开。如果它赖着不走，隧蜂看门人便会飞出洞来，向那大胆狂徒扑过去，推搡它，驱赶它。把它赶跑之后，隧蜂看门人便立刻回到哨位，继续站岗放哨。

现在我们来谈谈切叶蜂。切叶蜂不谙挖洞技巧，便学着同胞的样儿，使用一些别的蜂留下的旧通道。当春天的小飞蝇把隧蜂的地下通道掏得空空荡荡的时候，这通道对于切叶蜂来说就很合适了。切叶蜂在寻找一处可以堆放其用刺槐叶制作的羊袋皮似的住所时，经常绕着我的隧蜂小镇飞来飞去，寻寻觅觅。它觉得有一个洞穴挺合适的；但是，在它落地之前，它的嗡嗡声已经被隧蜂看门人察觉了，只见后者突然飞出，在其门口做了几个手势。这就够了，切叶蜂立刻就明白了，赶紧离去。

有时候，切叶蜂还有时间迅疾落下，将头探入井口。隧蜂看门人立即出现，脑袋稍稍抬起，把洞口堵住。随即出现一种不太严重的对峙。外来者很快便明白这个洞穴已有主儿了，不可冒犯，也就不再坚持，到别处寻觅住所去了。

我曾亲眼看到一个老窃贼——寄生切叶蜂的媚态尖腹蜂，被猛烈地推搡了一阵。这个冒失鬼原以为自己钻入的是切叶蜂的住所。它弄错了；它遇上了隧蜂看门人，受到严厉惩戒。它赶忙溜之大吉。其他的那些或因忙中出错，或因野心勃勃而欲闯入隧蜂洞穴的昆虫也遭到了同样的下场。

在隧蜂外婆们之间，也是同样地互不相容。将近7月中旬，当隧蜂小镇热闹繁忙的时候，有两种隧蜂是很容易辨认的：年轻的隧蜂妈妈和隧蜂老媪。隧蜂妈妈数量更多，体轻身健，衣着鲜艳，不停地从田野到洞穴，从洞穴到田野地飞来飞去。而隧蜂老媪则面容枯槁，无精打采，懒散闲淡地从一个洞穴逛到另一个洞穴，让人看着好像是迷失了路径，摸不着自己的家门了。它们这么游来荡去的是怎么回事？我看见它们一个个都一副伤心痛苦状，由于春天的可恶的小飞蝇干的好事它们已无家可归了。很多洞穴全部被扫荡一空。夏季来临，隧蜂妈妈孤身一人，只好离开自己那已成空房的家屋，去寻找一处有摇篮需看护，有岗要站的住宅。但是，这些幸福的家庭已经有了自己的守卫，亦即其创建者，它紧把着自己的权利，对于自己的无业的邻居十分冷漠。一个哨兵足矣；两个哨兵的话，哨位太小，容纳不下。

有时候我还能看到两位隧蜂外婆在争吵。当寻找职业的游荡者突然来到大门前的时候，合法的那位看守者并不离开自己的哨位，不像见到自己的孩子从田野回来那样，退回到过道里去。它绝不让出通道，并用爪子和大颚进行威胁。对方也不示弱，仍旧想要闯入。双方便推搡起来。争斗以外来者的失败而告终；失败者只好去别处找碴儿寻衅了。

这些小场景让我们从斑马纹隧蜂的习性中隐约看到某些极有意思的细节。春季筑巢做窝的隧蜂妈妈一旦工程完工，就不再走出家门。它要么隐于狭小肮脏的洞穴深处，一心一意地干些琐碎的家务活，要么懒洋洋地等待着孩子们的出世。夏日炎炎，隧蜂小镇又一片繁忙热闹时，外面采集的活用不着它去干，只好在前厅入口处站岗放哨，只许自己外出劳作的孩子们进入，不许别有用心的歹徒有非分之想。没有隧蜂外婆的许可，谁也甭想入内。

没有任何迹象表明，这个警惕的门卫擅离过职守。我从未见过它离开家门，去花间大快朵颐，以恢复体力。它年事已高，而且其看家护院的活也不很累，也许就用不着吃什么东西。也许孩子们采集归来，时不时地从自己的胃囊中吐出一点来给它。不管吃与不吃，反正是隧蜂外婆不再出门了。

但是，它却需要有天伦之乐。它们当中有不少已无家庭欢乐了。双翅目小飞蝇把它们的家洗劫一空。被洗劫者们只好撇弃那已空空荡荡的洞穴，衣衫褴褛忧心忡忡地在隧蜂小镇四处游荡。它们并不走远，更经常的是待在原地一动不动。它们因而变得脾气暴躁，粗暴地对待他人，竭力赶走别人。它们就这样一天一天地变少，变衰，最后消亡。它们的下场是什么？小灰蜥蜴一直在窥伺着它们，拿它们饱了口福。

那些安居于自己领地中、看守着自己的孩子们劳作的制蜜作坊的隧蜂，始终保持着高度的警惕，一丝不苟。我同它们接触越多，就愈发地钦佩它们。清晨凉爽时，采集花粉的隧蜂们因找不到被太阳晒熟的花粉而闭门不出的时候，我就看见隧蜂门卫待在通道上端入口的自己的岗位上。它们一动不动地待在那儿，脑袋堵住入口，与地面持平，以防外来者侵入。如果我离得太近地观察它们，它们就稍稍后退，在暗处等着我这个不速之客离去。

上午八点至十二点，采集高峰时，我又来观察。由于采集女工们进进出出，一片繁忙，我就看见那扇门一会儿开一会儿关的，忙个不停。这时是隧蜂门卫最紧张最累的时刻。

午后，天气太热，花粉采集工们不再去田间野地里了。它们钻进住宅底部，油漆新建的蜂房，制作供虫卵所需的圆面包。隧蜂外婆始终留在上面，用自己那光秃秃的脑袋堵住大门。即使天气再热，门卫也不能午睡，因为必须保证全家人的安全。

夜幕降临或者更晚一些，我又回来观察。我凭借提灯的光亮又看到隧蜂门卫仍旧如白天一样地忠于职守。其他的隧蜂都休息了，而门卫却没有，它明显的是担心夜间会出现的危险，而这些危险只有它才了解。那么它最后会不会回到下一层的安静处去呢？有这种可能，因为这么长时间的全神贯注的看家护院非常累人，必须休息休息。

很明显，如此这般地守卫着的洞穴就可以避免类似于5月那使家庭大量减员的灾祸的发生。让盗窃隧蜂面包的窃贼小飞蝇现在来试试看！它的冥顽不化，它的大胆妄为绝逃不过时刻高度警惕着的门卫的，后者稍加威胁就能吓退来犯者，要是来犯者执意不走，那它非用大钳把来犯者夹碎不可。窃贼小飞蝇将不会来了，个中原委我们很清楚，因为到春回大地之前，它们都待在地下，处于蛹的状态。

但是，就算小飞蝇没了，可在蝇科这种低下层次中，还有其他一些攫取他人财富者。这些家伙什么坏事都干得出来，无所不用其极。可是，7月里，我在各个洞穴附近查看时就一个都没有撞见。这帮混账东西真是暗中偷盗的高手！它们多么了解隧蜂门口有门卫在把守着啊！对于它们来说，今天是没有机会了，所以一只蝇科昆虫都未出现，春天的那种灾祸未再降临。

隧蜂外婆因年岁大而免除了做母亲的烦恼，专司大门守卫、保护全家老小安全之职，这告诉我们在本能起源中突然出现的一些事。隧蜂外婆向我们展示了一种突然而至的才能。而这种才能，无论是在它自己过去的行为举止中还是在它女儿们的一举一动中都没有任何东西使我们能够猜测出来的。

从前，当凶残的小飞蝇当着它的面闯入家中时，或者更经常的是，当小飞蝇待在入口处，与它面面相对时，愚蠢的隧蜂竟然一动不动，甚至连吓唬一下这个红眼强盗都没有，而它本可以轻易地就把这个小侏儒制服的。它这是被吓住了吗？不会的，因为它仍然像没事似的忙着自个儿的事；不会的，因为强者不会就这么被弱者吓倒的。这是因为它对大祸临头一无所知，这是因为它愚不可及。

可是今天，这个三个月前还愚昧无知的隧蜂无师自通地非常了解了危险之所在了。任何外来者，只要一出现，无论个儿大个儿小，无论属于哪一种属，一概拒之门外。如果肢体的威吓无济于事的话，隧蜂门卫就会跑出洞外，向赖着不走者扑过去。原先的胆小者现在无所畏惧了。

怎么会有这种一百八十度的大转弯呢？我倒是希望这是因为隧蜂吸取了春天灾难的教训，从今往后便开始提防危险了；我也很想赞扬它是受到经验教训的启迪转而学会担当门卫的重任。但是，我这种想法是错误的。如果说隧蜂是由于一点点的进步，终于学会了安排一个门卫来看家护院的话，那又怎么会对窃贼的担心时有时无呢？5 月时节，它单枪匹马，的确无法长期把守大门：首要任务是干家务活。但是，自它的家族遭受迫害时起，它至少是应该了解这种寄生虫——小飞蝇，而且当后者每时每刻几乎都在自己的脚前爪下转悠时，甚至跑到自己的家中来时，它至少应该把窃贼赶走才对，但它并没有这么做。

所以，祖辈的深重苦难并没有给后代的平和性格留下任何本质的改变；而它亲身经历过的苦难与它 7 月里突然的警觉也毫不相干。动物与我们人一样，有自己的欢乐，也有自己的不幸。它疯狂地享受着欢乐，却很少去操心不幸之事，这不管怎么说，是动物享受生活的最佳方法。为了减轻苦难和保护家族，动物有本能的启迪，用不着凭什么经验或教训，隧蜂因此而知道设立一个门卫之职。

粮食准备充足之后，隧蜂便不再外出去采集花粉，也不再满载花粉而归，可这时候，隧蜂外婆仍一如既往地保持着警惕，坚守自己门卫的岗位。最后的准备工作就在地下洞穴中进行，那关系到一窝小隧蜂；各个蜂巢关闭了起来。直到所有的一切全部结束之前，洞口大门将始终严密地把守着。然后，隧蜂外婆和隧蜂妈妈将离开家屋。它们毕生忠于职守，将去往我不知道的什么地方默默地死去。

自 9 月起，第二代隧蜂便出现了，既有雌蜂，也有雄蜂。

老 象 虫

冬季，当昆虫蛰伏时，古币学的研究让我度过了一些美好的时光。我不无乐趣地反复琢磨古币那金属小圆块，那可是人们称之为历史的灾难的档案。在普罗旺斯的这片土地上，希腊人栽种了油橄榄树，拉丁人制定了法律。农民们在这片土地上翻耕时，却发现了这些几乎散落得到处都是的金属小圆块。他们把这些金属小圆块拿来给我，问我它们价值几何，但却从来不问我它们有多大的意义。

农民们发现的这些小圆块上的铭文跟他们有什么关系！人们从前受苦受难，今天仍在受苦受难，将来还是受苦受难，对他们来说，这就是对历史的概括，其余的全是瞎扯淡，纯粹是闲散无事的人的消遣而已。

我对过去的事物则无如此高的冷漠的达观态度。我用指甲尖刮擦小圆古币，小心翼翼地把上面的泥土弄干净，然后用放大镜仔细观察，试图解读上面的说明文字。当我读懂了这青铜古币或银质古币上的说明时，我可真是心花怒放，喜形于色啊。我刚刚读了一页有关人类的记载，但不是从书本那个令人生疑的叙述者那儿读到的，而是从与人物和事实同时代的几乎是活生生的档案中读到的。

这点银子被冲头冲压成扁平状，上面的说明文字标明VOOC，——VOCVNT，也就是维松，说明它是来自附近的那座小城维松的，博物学家普利尼有时就去那儿度假。在维松，这位著名的博物学编纂者普利尼也许在主人的饭桌上品尝过莺，那是古罗马美食家们赞不绝口的美味，就是在今天，在普罗旺斯的美食家眼里，它也是大名鼎鼎的，被称作“后腱子肉”。非常恼火的是，我的这点银子没有记录这些情况，这些情况可比一次大的战役更值得记忆的。

这枚古币一面是头像，另一面是一匹奔马。整个古币非常粗糙，头像、奔马都刻得不像个样子。一个第一次用石块在墙壁新抹的灰浆上练习画画的孩子也不至于刻画得这么差劲的。不，那帮勇猛剽悍的粗人肯定不是艺术家。

来自弗凯亚（小亚细亚古地区名）的那些外国人要比他们花样多得多！这是马萨里亚人（马萨里亚系法国马赛的古名）的一枚德拉克玛（希腊货币单位及古希腊银币名），该钱币正面是以弗所（古希腊小亚缰亚西岸的重要经商口岸）的黛安娜（希腊神话中的月神和狩猎女神）的头像，双颊丰腴，圆胖，下唇厚突，额头扁塌，戴着一顶凤冠，头发浓密，披在颈后，如瀑布一般，耳垂上吊着耳坠，脖颈上戴着珍珠项链，肩头挎着一张弓。在叙利亚的女信众眼里，这个偶像就应该是这样一副装扮。

其实，这并不美。如果说这样很豪华气派的话，那倒还说得过去，不管怎么说，这总要比我们今天那帮风雅女子让驴子耳朵戴上什么玩意儿摆来荡去的要强得多。时尚真是一种奇怪异常的癖好，在丑化人和物方面真是花样繁多！商业神说道：做买卖就不顾什么美不美的，在美和利之间，做买卖讲的是个利字。

这枚德拉克玛的背面是一头爪抓地、口大吼的雄狮。这种用某种猛兽来象征强大的未开化的行径并非自今日始，它仿佛是在说恶是力量的最高表现。老鹰、雄狮以及其他一些强徒恶兽经常被雕刻于钱币的反面。光现实中的还不够，还要凭空臆造出一些凶恶的怪兽来，比如半人半马的怪兽、凶龙、半马半鹰的带翅异兽、独角兽、双头鹰等什么的。

这些怪兽饰物的创造者们比用熊掌、鹰翅、插在头发上的豹牙来表示其英勇善战的印第安人更高明吗？这颇令人怀疑。

我们最近投入使用的银币背面的图像比上述可怕的怪兽要让人喜爱千百倍！我们今天的银币背面有一位播种女神，她在旭日东升时用灵巧的手在犁沟里播撒思想的良种。这种图像虽简朴但却崇高伟大，发人深省。

马赛的德拉克玛的长处就在于它那华美的浮雕。雕刻这枚古币头像轮廓的艺术家是位版画大师，但是他却缺乏灵气。双颊丰腴的黛安娜像个既放荡又凶蛮的悍妇。

这是已沦为尼姆（法国南方一城市名，在马赛的西边）殖民地的沃尔西人（古意大利民族）的纳马萨特。奥古斯都（公元前64—公元14，古罗马第一代皇帝屋大维）与其朝臣阿格里帕的脸部侧面相对。奥古斯都眉毛硬挺，脑袋扁平，鹰钩鼻子，让我感觉不出其威名显赫，尽管敦厚的诗人维吉尔说他是“成功造就的神”。如果奥古斯都的罪恶计划没有成功的话，奥古斯都神明也就成了凶徒渥大维了。

他的朝臣阿格里帕倒让我更喜欢一些。他是一位伟大的摆弄石头的人，他以他那泥瓦工程、引水渠、修桥铺路让粗野的沃尔西人稍稍开化了一点。离我们村子不远，一条宽阔的大道从埃格河岸边起，笔直地前伸，逐渐往上爬去，越过塞里昂丘陵。这条大道漫长而单调乏味，但却在一座强大的古罗马要塞的保护之下，该要塞很久之后变成了著名的古堡。

这是阿格里帕修筑的大道之一段，它把马赛和维恩连接起来。这条具有两千年历史之久的宽阔纽带始终车水马龙，来往繁忙。我们在那儿已看不见古罗马军团的那些身着褐色战袍的步兵了；我们今天在那儿看见的是那些赶着羊群和不听话的小猪崽前往市集的农民。在我看来，这样反倒更好。

让我们把这枚满是铜绿的苏翻转过来。我们可以看见它的背面有“尼姆的移民地”的字样。文字说明的旁边有一条锁在一棵棕榈树上的鳄鱼，棕榈树上挂着一顶王冠。这是埃及被移民地的“开国元勋们”征服的一个象征。尼罗河的鳄鱼在这棵棕榈树下咬牙切齿。它向我们讲述了酒色之徒安东尼（公元前82—前30，古罗马统帅，后成为克娄巴特拉的丈夫）；它跟我们叙述了克娄巴特拉（公元前69—前30，埃及艳后。先为恺撒情妇，后与安东尼成婚，后勾引屋大维未遂，自杀身亡）的故事，说如果她是塌鼻子的话，本来是会把世界面貌改变的。这只背有鳞片的爬行动物——这条鳄鱼——引起的回忆，成为我们的一堂很绝妙的历史课。

这种金属古币学的高级课程多种多样而又不出我们村子附近一带，就这样长期延续着。但还另有一种古币学，更加高深但却花费不多，它用它的那些纪念章——化石——向我们讲述生命的历史。这就是石头的古币学。

我的窗户边缘这个古老岁月的知己独自在同我交谈一个消失了的世界。这是个地地道道的尸骨埋葬地，它的每一小块地方都留有逝去的生命的印迹。这堆石头已无生命。海胆的尖头、鱼类的牙齿和脊椎、贝类的残壳、石珊瑚的碎片在此形成了一个墓葬群。对我家宅子的砾石逐一观察研究，便知这座宅子是一只圣骨箱、一个古代活物的旧衣堆。

人们在这儿开采建筑材料的那个岩石层，用它那坚硬的甲壳覆盖附近这座高原的大部分。不知从多少个世纪之前开始，也许自从阿格里帕在此为奥朗日剧院的阶梯和面墙让人切割大青石的那个时期起，采石工就在那儿挖掘了。

铁镐每天都得从那儿挖出一些稀奇古怪的化石来。最引人注目的是一些牙齿，它们外表粗糙，里面光滑，简直棒极了，珐琅质像新牙一样光亮。此外，也可能见得到一些很不错的化石，呈三角形，边缘为轧齿状花边，几乎与手掌般大小。

瞧这张牙像耙子似的嘴，而且牙齿排成数列，一层一层的，直达喉咙，好大的一张嘴呀！这嘴里被利齿咬住，撕碎的是什么东西呀！你只要在脑子里复制一下这台可怕的杀人机器，就会浑身发颤的。这个全副武装的凶神恶煞属于角鲨族。古生物学称之为巨噬人鲨。看看今天那称之为海中霸王的鲨鱼，你就会有一个类似的概念了，正如看见侏儒你就知道巨人似的。

在这同一块石头中，还有不少其他的角鲨化石，全都是满嘴利齿。你可以看到利齿如尖刀的尖额鲨，下颚长着弯曲带齿的爪哇顶重器的半锯鳐，嘴里满是弯曲锐利、一面平一面凹的尖刀的鼠鲨，扁平牙齿上有发光锯齿的鳃鲨。

这座利齿武库是古代杀戮的有力证明，犹如尼姆的鳄鱼、马赛的黛安娜、维松的奔马一样的有价值。这座武库以其屠杀武器向我讲述着这种屠杀是如何在各个时代消灭泛滥成灾的生命的。它还告诉我说："就在你对着一片石块思索的那个地方，从前曾是一湾海水，水中住满了凶狠的嗜血者和温驯平和的被吞食者。一个长长的海湾曾经一直占据着后来成为罗讷河谷的那个地方。就在离你家不远的地方，曾经是一番波涛汹涌的景象。"

这儿海岸的悬崖峭壁确实保存完好，以至我在沉思默想时，会以为听见了隆隆的涛声。海胆、石蛏、海笋、住石蛤都在那儿的岩石上面留下了自己的印迹。这是一些半圆形的凹窝，可以放进一只拳头；这是一些洞口狭窄的圆形巢室，隐居者在其中接受不断更新且满载着食物的水流。有时候，有古代居民住在其中，已经矿化，直至其条痕和小鳞片这样的脆弱的饰物都完整地保存着；而更经常的则是，其中的古代居民溶解了，不见了踪影，屋子里为已变硬了的细海泥钙核所填满。

在这个宁静的小海湾里，漩涡把形状各异、大小不等的贝壳冲积在一起，并将它们淹没在日后变成泥灰岩的淤泥中。这是以一些小丘作为坟冢的软体动物的坟场。我曾挖到过一些长约半米、重两三公斤的牡蛎。用铁锹在这坟堆里翻动，就会见到扇贝、芋螺、骨螺、锥螺、笔螺以及其他各种各样的海洋生物。看到这么一个偏僻角落，竟然藏有从前的激情充斥的生命所能提供的这么一大堆的圣物，真让人惊叹愕然。

长有贝壳的埋葬虫还向我们证实，时间这个事物秩序的有耐心的革新者，不仅毁灭了早生早灭的单个生物，而且还毁灭了整个的物种。今天，毗邻的大海——地中海几乎已不再有任何与消失的海湾中的居民相同的东西了。要想找到现在与往昔之间的一些相类似的容貌，可能得到那些热带海洋去寻找了。

气候已经变冷了；太阳在慢慢地熄灭，物种在灭绝：我家窗户边缘的石头古币学就是这么告诉我的。

我们不要离开我那极不起眼、极其狭小但却极为丰富的观察场所，继续向石头讨教，但这一次是要讨教有关昆虫的问题。

在阿普特周围，一种奇特的岩石遍地皆是，它已风化得像书页了，类似于浅白色的硬纸板片。这种岩石用火点燃会冒出黑烟，有一股沥青味儿；它沉积在鳄鱼和巨龟经常出没的一些大湖的湖底。这些大湖人类从未亲眼见过，湖盆被山脊所替代；湖泥平静地沉积成一层层的薄地层，变成了又大又硬的礁石。

我们从这礁石上分离出一块石板来，然后再用刀尖把这块石板分成一些薄片，这工作十分容易，就像把重叠在一起的硬纸板一层层地剥开似的。我们这样做就像是在查阅从大山图书馆取出的一部书。我们在浏览一本配有精美插图的书。

这是一部大自然的手稿，比埃及那纸莎草纸手稿更加有趣得多。它几乎每一页都有一些插图，而且更妙的是，那是一些变成图像的现实。

在这一页上，展现的是随意聚集在一起的鱼类。你会以为那是用石油煎炸过的鱼。鱼刺、鱼鳍、脊椎架、鱼头小骨、已变成黑色小球的晶状眼球等全都印在上面，与生前的自然形态一模一样。唯一缺少的是：鱼肉。

这无伤大雅：鲟鱼这道菜让人大饱眼福，使人禁不住想要用指尖去刮擦刮擦，再尝上一口这种保存了数千年的鱼肉罐头。我们来发挥一下奇思异想：让我们放一点这种石油煎炸的矿物鱼在牙齿下面。

插图四周没有一点文字说明，思考代替了文字说明。思考在对我们说："这些鱼成群结队地在那儿平静的水里大量地生活过。湖水突然猛涨，夹带着厚厚的淤泥的浪涛把它们窒息而死。它们很快就被淤泥掩埋起来，因而逃过了暴风雨的毁灭性打击，从而穿越了时空，并将在裹尸布的庇护下永远地继续穿越这时空隧道。"

这突然暴涨的湖水还夹带来附近被雨水冲刷的泥土以及一大堆一大堆的植物或动物的残肢碎屑，因此这湖泊的沉积物也告诉了我们那些陆地生物的情况。这是当时的生命的总汇。

我们再翻过我们的石板或者说我们的画册的一页。里面有长着翅膀的种子、有着褐色印迹的叶子。石头植物集与专业植物集在比试着植物的清晰度。

这石头植物集在向我们重述贝壳已经告诉过我们的情况：世界在变化着，太阳的烈焰在减弱。现在的普罗旺斯的植物并非从前的那些植物；现在的普罗旺斯的植物中不再有棕榈树、散发出樟脑味的片桂树、带羽毛饰的南洋杉以及其他的许许多多现已属于热带植物的树木和灌木。

我们继续往下翻阅。现在看到的是昆虫。最常见的是双翅目昆虫，个头很小，常常是一些不起眼的小飞虫。大角鲨牙齿的粗糙石灰质外表的中间却十分细滑，让我们看了非常惊讶。对这些嵌于泥灰岩圣骨箱中而完好无损的娇小飞虫又该说些什么呢？我们用手去抓必定会使之粉身碎骨的这种娇小生命竟然在群山峻岭的重压之下躺在里面没有变形！

那六只细爪张开在石头上，形状、姿态完全处于休息之中，稍稍一碰，爪子肯定会断。爪子很完整，包括指头上的双爪也都在。两个翅膀是展开来的，用放大镜对双翅的纤细脉网进行研究，同用大头针把这只昆虫固定住加以研究是异曲同工的。触角的羽毛饰丝毫未失其纤巧美丽；腹部的体节可以数清，有一排微粒围着，这些微粒也就是它的纤毛。

乳齿象的骨架在其沙床上躺着，年深日久而不损毁，这就够让我们惊讶不已的了；一只娇弱小巧的飞虫竟然完好无损地保存于厚厚的岩石中，这简直是让我们瞠目结舌。

当然，蚊虫并非来自远方，不是由上涨的湖水卷带而来的。在大水到来之前，涓涓细流本来就会将它化为已极其接近的乌有状态的。它在湖边结束了生命。它被一个早晨的欢乐杀死了，因为一个早晨对于蚊虫来说就已算是长命百岁了。它从灯芯草顶端掉下来淹死了，而这个溺水者即刻便消失在淤泥坟地之中。

其他的那些虫子，那些粗短的，长着坚硬的凸状鞘翅的虫子，那些数量仅次于双翅目昆虫的虫子，它们是些什么样的虫子呢？看看它们延伸成喇叭状的狭小的脑袋，我们就一清二楚了。它们是长鼻鞘翅目昆虫，是有吻类昆虫，说得稍许文雅点，就是象虫。细小的、中等个儿的、大个头的全都有，与它们今天同类的大小一样。

它们在石灰质岩片上的姿态没有蚊虫的姿态端正。爪子乱伸，喙或藏在胸下，或向前伸出。它们当中，有的露出喙的侧面，更多的是通过颈部的一绺浓毛把喙歪在一边。

这些肢体残缺不全、身体扭曲着的象虫不是突然地、平静地被埋葬的。虽然有许多象虫是在湖边植物丛中了却一生的，但大部分其他象虫则是来自周围地区，被雨水冲带来的，在途中遇到细枝碎石，把肢体给弄得残缺不全。它们虽然身有铠甲，使身子完好无损，但肢爪上细小的关节却被弄弯弄残，而污泥这块裹尸布把它们在途中被弄成什么样儿就什么样儿地裹起来。

这些外来的象虫也许来自远方，它们向我们提供了宝贵的资料。它们告诉我们，如果说湖边昆虫类的最主要代表是蚊子的话，那么树林中昆虫类的代表则是象虫。

除了吻管科昆虫而外，我的那些岩石书页特别是在鞘翅目昆虫方面的确没再向我展示什么。那么，其他的那些陆地昆虫族，如步甲虫、食粪虫、圣金龟等被雨水不分彼此地把它们像象虫一样地带到湖中来的那些昆虫现在都在哪儿呢？这些今天繁荣昌盛的昆虫族类没有留下一点点蛛丝马迹。

水龟虫、豉虫、龙虱这些水中居民都在何处？关于这些湖泊昆虫，很可能在我们发现它们时，它们已在两块泥灰岩中间变成了木乃伊了。如果当时有这种昆虫存在的话，那它们就生活在湖泊中，而湖中的淤泥就很可能把这些带角的昆虫比小鱼，尤其是比双翅目昆虫更加完整地保存下来的。喏，关于这些水生鞘翅目昆虫，也没有留下任何的踪迹。

这些地质圣骨箱中找不到的昆虫，它们究竟在哪里呢？荆棘丛中的、草丛中的、被虫蛀蚀的树干中的这些昆虫——会钻木的天牛、滚粪球的金龟子、对猎物开膛破肚的步甲虫，它们都在哪里呢？它们全都处于正在变化中的未成形者。在当时还没有它们：未来在等待着它们。如果我相信我闲暇时查阅的那些简单的档案资料的话，象虫就可能是鞘翅目昆虫中的长者。

在其初始阶段，生命制造出一些可能与现今和谐状态中的情景相去甚远的奇特的东西。当生命创造蜥蜴类动物的时候，它一开始热衷于一些长达十五至二十米的怪兽。它让它们鼻子上、眼睛上长上角，让它们的背部披上鳞片，让它们脖颈凹成有刺的袋子，脑袋可以像是戴风帽似的缩到里面去。

生命甚至还试图让这些巨兽长上翅膀，但却未能遂愿。经过这些可怕的事情之后，生殖的激情平静下来，于是便出现了我们藩篱上的可爱的绿色蜥蜴。

当生命创造鸟的时候，它让鸟喙上长有爬行动物的尖利的牙齿，让鸟的臀部拖着饰有羽毛的尾巴。这些未定型的、丑陋不堪的生物是红喉雀和鸽子的远祖。

所有这些原始动物，头都很小，智力很差。远古的野兽没有别的，只是一部捕捉猎物的机器，一只消化食物的胃。智力当时尚无关紧要，那是后来的事。

象虫就在以自己的方式稍微在重复这类畸变。看看它小脑袋上的那个怪异的延伸部分。那上面这儿有又厚又短的吻，别处有很粗的圆形吻管或切削成四棱面的吻管。另外，这个延伸部分就像北美印第安人那奇模怪样的长烟袋，它极其纤细，长如身子，甚至超过身长。在这个奇特的工具末端，在末端口里，是上颚那把精巧的剪刀。其身体两侧为两根触角。

这个喙，这个嘴，这个怪模怪样的鼻子有什么用处呀？象虫是在哪儿找到这种器官的模型的？它哪儿也没找到过这种模型，它自己就是这种模型的创造者，它拥有这种模型的专利。除了它这一种族而外，其他任何鞘翅目昆虫都没有这种奇形怪状的嘴。

我们还要注意它脑袋之狭小异常。那是在鼻子底部膨胀起来的一个球球。那球里面会有什么呢？一个可怜的神经工具，那是极其有限的本能的标志。在看到这些小脑袋的家伙干活之前，没人注意它们智力方面的事。它们被归入木讷迟钝、没有本领的昆虫之列。这种看法以后并未遭到否定。

虽然象虫科昆虫在才能方面没人恭维，但并不能因此就对它们不屑一顾。正如湖中岩片书页告诉我们的那样，它们是位居长鞘翅的昆虫之前列的。它们早就在预防突发事件方面领先于在孵育方面最为灵巧的昆虫。它们向我们展示了一些原始昆虫形态，有时是极其怪异的形态。它们在自己那小小的世界中就如同长着齿形大颚的猛禽和长着有角的眉毛的蜥蝎在它们那高级世界中的情况一样。

它们一直繁荣昌盛，繁衍至今，但特征未变。它们今天的形态就是它们在各大陆的古老年代的形态。这一点由石灰岩书页高度地证明了。我敢于把其属，有时甚至是其种的名称标注在岩片书页的那些图像下面。

本能的不变性应该是伴随着形态的恒久性的。通过查阅现代象虫科昆虫的资料，我们将就它们祖先的生物单方面写出与其实际情况较接近的一个章节。在它们祖先的那个时代，我们的普罗旺斯还有棕榈树在遮蔽着鳄鱼出没的辽阔的湖泊哩。讲述现代的历史将向我们叙述往昔的历史。

纳尔仓那狼蛛

纳尔仓那狼蛛又称黑腹舞蛛。它们选择咖里哥宇群落为其定居点。那儿土地荒芜，遍地卵石，是百里香所喜爱的环境。这种狼蛛的居所酷似堡垒，深约一拃（zhǎ，张开大拇指和中指或小指量长度）的地穴，直径只有瓶颈那么宽。在当地土质条件下，如不遇障碍物，所挖掘的洞穴是垂直的，如果遇到一颗小砾石，倒是可以弄出洞外；但是，如果遇到一些较大的卵石，无法挪动，就只好改道、拐弯；如果多次遇到障碍，那它挖出的地下住所就会成为带有石拱门的地下堡垒，弯来绕去，阡陌（qiānmò，田地间交错相通的小路）纵横，大街小巷相连。

如果地下居室的主人能够凭着长期养成的习惯，知道哪儿是拐角，有多少层，这种不规则也就无伤大雅了。如果屋外有动静、有引起屋主注意的响声，它就会从蜿蜒（wānyán，弯弯曲曲地延伸的样子）曲折的洞里爬出来，犹如爬出垂直竖井一样的身手敏捷。甚至可以说，当狼蛛需要把尚具有反抗能力的猎物生拉硬扯地拉入地下进行杀害时，这个曲里拐弯的洞穴反而更显现出其优越性来。

通常，洞穴底部较宽大，成为一间厢房（正房前面两旁的房屋。厢，xiāng），是狼蛛沉思默想的处所，也是它酒足饭饱之余享乐清闲的地方：

为了防止风化散松的泥土掉落到洞里，洞壁上被涂抹了一层丝浆，但狼蛛很会精打细算，不事铺张，因为它不像纺织娘那样盛产丝，所以它必须厉行节约，巧于安排。这层防止松土掉落，并使凹凸不平处平滑的丝浆，主要是抹在与出口处相邻的洞穴顶部。白日里，周围十分安静时，狼蛛喜欢待在门口，晒晒太阳（这是它的一大乐趣），或者窥伺经过自家门前的猎物。必要时，它可以在洞口一待就是几小时，或沐浴在温暖的阳光中，或突然跃起，捕捉猎物。纵横交错地布于洞壁上的防护丝网，使它的小爪子能在任何地方找到依托。在洞口四周，有一圈护栏，忽高忽低，是用细石子、碎木片以及周围禾本植物的干树叶纤维垒砌起来的，由丝加以固定。

狼蛛进入成年后，一旦定居下来，就很少外出。我观察研究狼蛛已有三年。我把它安放在我工作室窗台上的一个大罐子里，每天都可以看到它；我很少见到它爬到外面来，它在离洞口不远的地方时，只要一有响动，便立即钻入洞中。由此可以断定，在野外时，狼蛛也不会跑到老远的地方去寻找建筑材料，整修护栏，而是就地取材，就在家门口寻找。因此，洞口附近的砾石很快就会告罄（指财物用完或货物售完。罄，qìng），狼蛛不得不停工待料。

我想观察一下，如果狼蛛能够不断地得到建材的供应的话，它可以把护栏修到多高。我可以利用被我囚禁着的狼蛛，亲自担任它的供货商。这件事很好办，没有什么困难。

我把一个一拃深的大罐子装满含有大量碎石子的黏性红土；这种黏性红土与狼蛛经常出没的地带的土质相仿。我把黏性红土加上适量的水，和成泥团，然后，一层一层地放在一根直径与狼蛛洞穴一样宽的芦苇周围。当罐子完全装满之后，我便把芦苇拔出来，泥土里就留下了一口竖井。一个用来代替野外洞穴的居所就算是大功告成了。然后，我便在附近用小铲子把一只狼蛛从它的住所里挖了出来，把它移到我刚为之建成的新居中来。一到新居，它便迷恋上了，乐不思蜀（泛指乐而忘返。蜀，shǔ），不再出门，也不再去别的地方寻找更好的住所了。我把罐子用金属纱网罩好，以防它逃逸。不过，我这也纯属多此一举，因为对自己的新居心满意足的这个囚徒，对原先的天然居所没有丝毫眷恋（深切地留恋。眷，juàn）的表现，根本就没有逃出牢笼的企图。但得补充一句，每个罐子里只能留住一只狼蛛。狼蛛极具排他性，在它的眼里，邻居即猎物，当它认为自己强于对方时，它会毫不客气地把对方吃掉。尤其到了交配期，这种排他性表现得尤为突出。我曾经亲眼看见过在同一个罩子下生活的狼蛛那相互残杀的残忍。

现在，让我们来看看那些独居单处的狼蛛。它们并没有对我用芦苇建造的居所加以改造，顶多也就是不时地从洞里扔出一些土来，那也许是想在洞底为自己扩建一间休息室。被扔出的这些小土块，渐渐地堆积在洞口周围，形成了一个土石井栏。

我为这些独居的狼蛛提供了不少它们非常偏爱的材料，比它们自己寻找到的材料要好得多。在我所提供的材料里，有打地基用的光溜的小石子，其中有大苦杏仁，而且我还往砾石堆里掺了一些酒椰短纤维，这种纤维很柔软，很容易折弯。它可以代替狼蛛通常所用的细胚茎和禾本植物的枯叶。最后，我还为它们准备了一些一寸长的粗毛线，这可是它们从未使用过，而且也从未听说过的好东西。

我在想，狼蛛那豆大的明亮的眼睛，能不能辨别色彩？它们对某种颜色是否情有独钟？因此，我把不同颜色的毛线混在一起，红、黄、绿、白都有。如果它们对颜色有所偏爱，那它们会从中加以选择的。

狼蛛总是在夜间工作，这对我的观察十分不利。我只能从结果去加以判断。即使我掌灯前往它们的工地进行观察，也无法获得更多的信息。狼蛛见到亮光，会一下子躲进洞穴中去，我非但观察不到它的劳动情况，反而白白地搭上了自己的睡眠时间。再者，狼蛛工作劲头并不大，很爱磨蹭，一个晚上也只能用掉两三束毛线或酒椰纤维。

两个月过去了，材料的消耗大大地超过了我的预期。那些被我认为只会利用就近找到的材料的狼蛛，用其家族从未使用过的方法为自己建造起了堡垒来。洞穴周围，稍微有点倾斜的斜坡上，光溜的石子被断断续续地铺成了石板路，即使是那些最大的，对搬动它们的狼蛛来说显得巨大的石头，也都同其他光溜的小石子一样被用掉了不少。

砾石堆上立起了一座塔，是一座用酒椰纤维和随手拾到的毛线垒成的塔，红、黄、绿、白杂乱无章地混杂在一起。由此可见，狼蛛对颜色并没有什么偏好。

建筑物成形后的样子就像是一个套筒，高约两寸。纺丝器吐出的丝把一块一块的散料黏合在一起，整个儿看来，像是一块粗布。这虽说算不上是一件完美的作品，有些不好处理的材料不很服帖（妥当、平妥），露在外面，但它仍旧具有其长处，比鸟儿筑的巢搭的窝要漂亮得多。别人来参观时，见到罐子里那一座座别致的彩色建筑，还以为是我自己搭建的呢。当我把实情告诉他们时，他们全都感到惊讶，没有想到狼蛛竟然是建筑行业的高手。

当然，自由的狼蛛在贫瘠的咖里哥宇群落时，根本就造不出这么豪华的建筑来。个中原因我已经说过了，因为它们不太喜爱外出，所以不会心甘情愿地去寻找建筑材料，只能利用身边仅有的那么一点点资源。因此，它们所能够使用的材料，也只是小土块呀、碎石子呀、细枝条呀、干枯的禾本植物呀什么的，建起的建筑物当然也就相当的简陋（lòu），只能是个引不起人们注意的石井栏而已。

我囚禁的那些狼蛛告诉我们，只要有足够好的材料，特别是拥有可以防止坍（tān）塌的纺织材料，它们是喜欢建高塔豪宅的。它们了解建塔的方法，一有机会就会建起高塔来。

这种艺术与另一种艺术不无关系，它似乎是从另一种艺术衍生（演变而产生）出来的。太阳光过于强烈时，或者雨水威胁着洞穴的安全时，狼蛛就会用丝网把洞口封住。丝网上挂着各种各样的材料，有时还挂着吃剩下的猎物的残渣。古代的盖耳人（苏格兰人的一部分，克尔特人的后裔，公元前1000年，居住在苏格兰北部和西部山地里，以牧业为主）把俘虏的头颅钉在茅屋门扉（fēi）上，野蛮凶残的蜘蛛同样也把被它残杀的猎物的头盖骨嵌于洞顶盖上。

猎物的头盖骨镶嵌在圆屋顶上颇为合适，但别因此就认为这是好战者的战利品，狼蛛根本就不了解我们人类的那种野蛮的虚荣心，它只不过是利用自己洞口边所能找到的建筑材料而已。（作者在以人类的心灵感受、认识昆虫时，也时时注意不要代入过多人类的观念在动物身上。）诸如蝗虫的残骸、植物的残渣，特别是小土块，它对材料的使用完全是不经意的，信手拈来（随手拿来。拈，niān）。一个被太阳晒干了的蜻蜓脑袋，对狼蛛来说，就相当于一个石头子儿，大小正好合适。

狼蛛用丝和其他任何细小物质建造其住宅出口处的顶盖。我不明白它们为什么这么谨慎小心地把自己围在居所里，再说，它们的住所还是临时性的，隐居于此的时间长短又大不相同。有一个狼蛛家族在我对它们的家庭分布情况进行研究之后，仍有许多成员居住在这个围墙之中。这个家族在这一方面为我提供了一些确切的资料，我以后会加以介绍的。

8 月来临，炎热酷暑，我发现有些狼蛛不时地爬到洞口去垒砌一个很深的凸面，但与周围地面又很难区别开来。垒砌这个凸面干什么用呢？是为了遮挡毒日头吗？这不太可能，因为过了没几天，尽管太阳仍旧很毒，但那块天花板却被挖掉了，狼蛛又出现在洞口，任由强烈的阳光照射着自己。

很快便进入了10月，雨天多了，狼蛛的那个屋顶尚可遮风避雨，似乎它们未雨绸缪，早有所防备似的。但是，这也不尽然，有好几次，恰逢天阴下雨，狼蛛却硬是把屋顶给捅破了，让住所大门洞开。也许是家里有重大事情出现，特别是母狼蛛产卵之时，需要把洞口关上。我的确也看到有一些尚未成为母亲的年轻雌狼蛛把自己关在洞穴中，过了一段时间，出现在洞口时，身后便已吊着一个卵袋了。这么说，它们之所以把门关起来，是为了在编织卵袋时，有个安静的环境，不受外界干扰，可是，这似乎又跟大多数狼蛛那无忧无虑的性格不太相符。我看见过狼蛛在洞中产卵时不关门的，我还看见过狼蛛拥有自己的住所之前在露天地里编织丝袋，并把卵装了进去的。总之，这似乎与天气无关，无论天冷天热，天晴天阴，狼蛛都会关闭洞口的，个中原委，我尚不清楚，

不管怎么说，反正洞口封盖还是时而打开时而关闭，有时甚至一天内多次地在关关开开的。封盖上是泥土，但封盖底下就是丝网。因此，封盖是软的，一顶就可以把它顶开来，而且还不会顶塌。顶盖上的泥土被顶开时会向外翻倒在洞口边缘。由于一次次地被顶翻，洞口边上的碎土碎石便越聚越多，形成一道石井栏，狼蛛便利用闲暇时间一点一点地把它加高。洞口上方的堡垒最初就是源于这个临时封盖，捅破的天花板，渐渐地变成了小塔楼。

这个小塔楼有何作用呢？我的那些大罐子会给大家以答案的。狼蛛在拥有固定住所之前；热衷于围猎，一旦定居下来，便宁可守株待兔（比喻不主动地努力，而存万一的侥幸心理。株，zhū），等待猎物送上门来。我每天都能看到它们不畏酷暑，从地下爬出洞外，趴在羊毛筑成的小城堡的碉（diāo）楼上，表情严肃，姿态优美。它们的身子藏于洞中，只是脑袋露在外面，呆滞的目光死死地盯着前方，爪子收拢着，随时准备蹿（cuān）起来。它们就如此这般地死守着，一小时又一小时，任随烈日的暴晒。

只要一看到一只合乎其口味的猎物经过，我们的窥伺者便立即冲出塔楼，其势如离弦之箭。它先对我所提供的蝗虫、蜻蜓或其他猎物的脖子上来一刀，然后把猎物掐死，随即把猎物拖回堡垒，速度之快，令人叹服。

只要是猎物进入它的伏击圈内，距离适当，它是很少有失手的时候的。如果猎物离它较远，譬如说是在金属罩的网纱上，狼蛛就不予理睬。它不屑于追击，任随猎物游荡，该下手时才下手。它是凭着智慧、计谋获取猎物的。它隐蔽着、窥伺着，然后，以出其不意的方法，把猎物捕获到手，万无一失。无论猎物是会飞的还是会跑的，只要进入它的埋伏圈，飞也飞不掉，跑也跑不脱。

这种伺机突击是对耐心的一种考验。洞穴里并没有什么可以作为诱饵，来勾引猎物的，顶多也就是那个作为栖息地的凸出的城堡也许还能引来少许疲劳不堪、寻觅歇息处的过往路人。不过，今天等不到猎物，明天、后天或以后几天，总会有的，因为在咖里哥宇群落，欢蹦乱跳的蝗虫可不少，它们总会冒冒失失地跳到狼蛛窝边来的。狼蛛必须时刻警惕着，坚持到这一美好时刻的到来。

狼蛛并不害怕等待，因为它的胃很听话，有得吃的时候，可以吃个撑破肚皮，没得吃时，空着肚子也能熬上多日。有时，我故意一连几周不向它们提供食物，它们并未因此就脑袋耷拉，浑身无力，体力不支。狼蛛节食一段时间之后，遇到食物便暴饮暴食。今天的大吃大喝，是为明天的缺食挨饿做好准备。

狼蛛年纪轻轻尚无洞穴时，谋生手段则与此不同。它跟成年狼蛛一样身着灰衣服，但没穿黑丝绒围裙，要等达到生育年龄才会穿上这种围裙。（拟人手法，生动地写出了狼蛛外貌的变化。）它在青草稀疏的草地上到处流浪，它这是在真正地进行追猎。当它发现合适的猎物时，便立刻追了过去，把猎物从藏身之处驱赶出来，穷追不舍，待猎物爬上高处，准备起飞时，它猛地一纵身，把对方扑落在地。

我看见我的那些今年刚出生的小狼蛛，见我所提供的双翅目昆虫逃到两寸高的草地上，立刻扑了上去，比猫捉老鼠的动作都要来得敏捷迅猛。当然，这只是年轻狼蛛所特有的不凡身手，它们身轻体健，当它们挺着满装着卵和丝的大肚子时，就玩不了这种漂亮的体操动作了。这时候，它们就只能是替自己建造一个固定居所，一个捕猎的隐蔽处，在它的小城堡顶上守株待兔。

狼蛛是在何时，又是如何获得地下居所，由流浪者变为隐居者，在洞中度过漫长的一生的呢？是在天气由炎热转为凉爽的秋季。田野上的蟋蟀也是如此，只要天气晴朗，夜间又不太凉，蟋蟀们就会在休耕的田间游荡，不为住所发愁，遇到阴天下雨，找片树叶藏身，也就挺过去了。直到寒冬将至，它们才会把那永久居所建好。

狼蛛在这一点上倒是与蟋蟀习性相同。它们同蟋蟀一样，喜欢自由自在的流浪生活。将近 9 月时，狼蛛身上的那种婚配年龄的标记——黑丝绒围裙——才会出现。夜幕降临时，在皎（jiǎo）洁的月光下，它们频频约会，彼此调情，待过了洞房花烛夜之后，柔情蜜意顿失，彼此凶相毕露，相互残杀。白天，它们漂泊四方，在草丛中追猎，享受温暖阳光的沐浴，这比孤单单地藏于阴暗的洞穴之中要惬意得多。因此，腆着大肚子，甚至是拖家带口的年轻母亲尚无居所的情况并非少见。

到了 10 月，安家的时候来临，这时，我们可以观察到两类洞穴，直径互不相同，最大的有瓶颈那么粗，是老媪（ǎo，*老年妇女*）们居住的，它们拥有这种居所至少在两年以上；最小的直径只有粗杆铅笔那么粗，屋主系当年生的年轻母亲。年轻母亲们的居所经过不断加工修缮，深度和宽度都有所增加，变得与前辈们的豪宅一样的宽敞。这两类住宅的女主人都有孩子，有的已经出生，有的则仍在那个丝袋中。

我没发现狼蛛有挖土所必需的工具，我猜想，它们也许是在利用一些现成的洞穴，比如蝉或蚯蚓的洞穴，但我猜错了，狼蛛的洞穴完全是凭借自己的劳动挖掘而成的。

那么，它的挖掘工具究竟藏在哪儿呢？我首先想到的是它的腿和爪子。可是，转而一想，我又觉得不妥，这么长的工具在这么狭小的空间如何施展得开呢？这种洞穴需要用矿工们所使用的那种便于敲击硬物的短柄镐头，镐头深入土里，往上一撬（qiào），就能挖出一块土来。那就只有狼蛛的螯牙了。这两个锋利弯曲的螯牙闲着的时候，像弯着的手指似的藏在两根大柱子后面，那两根柱子垂直地立在面前，里面有控制锋利的爪子的肌肉。

我无法到地下去观察它如何进行挖掘，只好耐心地等待它们把土屑弄到地面上来。挖掘工程基本上是在夜晚进行的，中间自然是干干歇歇的，如果我坚持不懈（xiè）地一大清早起来观察它们，最终总会碰上它们负着重物从地下爬到地面上来的。

可是，与我期盼的恰恰相反（正好相反。恰，qià），它的爪子根本就没有参与载物，而是用它的嘴巴起着独轮车的作用。它的螯牙咬着一个小泥团，底下有用来进食的短手臂似的触须托着。它小心谨慎地走下堡垒，走出一段距离之后才把重物卸下来，随即便又返回洞中，继续把剩下的废物运到地面上来。

这一下我明白了，狼蛛的螯牙不怕黏土和砾石，它们把挖掘出来的泥土揉成团，然后咬在嘴里，运到洞穴外面来。它是在用自己的螯牙敲击、挖掘、运土。这就说明它的螯牙既锋利又坚硬，不怕磨不怕碰，既能掘土，又能刺杀敌人。

由于地下挖掘工程干干歇歇，拖得较长，地面的石井栏自然是隔相当长一段时间才会加高一点，而住所的加深加宽拖的时间就更长了，通常，这地下庄园好几个季度一直保持着原样。到了冬末，尤其是 3 月份，狼蛛看起来比在其他任何季节都更想扩大自己的住所。

我把一只当天从野地里捕捉到的狼蛛放到用纱罩罩住的洞穴里，我事先已替它准备好了合适的泥土。如果我先用一根芦苇弄一个洞穴，与它原来在野外的洞穴基本上一样，它被放进洞中之后，就立刻对新居表示满意。它丝毫不做任何修改，就在其中安顿下来。随着日子一天一天地过去，唯一可见到的变化就是洞口建起了一座堡垒，洞穴顶部也用丝给加固了一下。住在这个人工建造的地下住宅的狼蛛的行为举止，仍旧与在自然状态下生活时一样。

但是，如果我们事先不为它挖好洞穴，就把它放在泥土表面，它会如何行事呢？它大概会为自己建造一个小屋，它完全具有这种能力，它充满着活力。而且，我为它准备的土质也同它老家的土质相同，没有两样。我企盼着看到它很快就会以它自己的方式把它安顿到一口竖井里去。

可是，我的希望落了空。都好几个星期了，它什么都没有干，它因无处埋伏而沮丧（jǔsàng，灰心失望）气馁（失掉信心与勇气。馁，něi），几乎对我提供的猎物不予理睬。它在绝食，在苦恼，慢慢地在消耗自己，最后死去了。

它为什么会这样呢？因为过去的挖掘技艺已经忘记了，因为年纪大了，无法持之以恒地坚持挖掘了，因为它的智商有限，记忆力欠佳，以前做过的事，重做一遍，非它力所能及。它看上去一副深沉的模样，却解决不了重整家园的问题。

现在，让我们来观察一下比较年轻的、正值挖掘能力旺盛的狼蛛的情况，看看是怎么回事。大约在2月底的时候，我挖到了六只年轻的狼蛛，个头只有老狼蛛的一半大。它们的洞穴只有一个小指头那么粗，井口四周抛撒着一些新鲜泥土，说明是新近挖掘出来的。

我给它们中的几只提供的只是一口刚开始挖掘的竖井，只挖了一寸深。有了这个地基，这些年轻狼蛛就可以毫不迟疑地继续它们刚才正在田野里进行的而又被我给打断了的工作。入夜，它们便开始勤奋地挖掘起来。我是从它们抛撒在洞外的一大堆泥土看出来的。最后，它们终于建好一座新住宅，洞口同样立着一个堡垒。

而另外几只则完全相反。我没有向它们提供用铅笔做模子、按照自然洞穴的特点建造的竖井，它们就坚决拒绝干活。尽管我向它们提供了丰富的食物，它们最终还是死了。

前面的那几只狼蛛，在我趁它们正在野外建造住宅时把它们抓住的时候，我便立刻让它们在我的实验器里继续干活。它们被我刚开始挖了一点的小井给蒙骗了，沿着我埋下的铅笔留下的印记往深处挖去，还以为是在继续建造那野外的住宅呢。它们这不是重新挖掘，而是继续未竟的事业。

后面的那几只狼蛛没有这种圈套，没有可以当作类似于自己的作品的洞穴，因此拒绝开工，宁可死去。这是因为它们得回到先前的一系列工序上去，要重新用镐头挖。重新开始就需要重新思考，这就超出了它们的能力范围。

对于昆虫而言，做完了的事就算完了，绝不会再去重复的。这种特点，我们在许多昆虫身上都发现了。手表的指针不会自己倒转，昆虫的行为方式也有点大同小异。（用生动形象的比喻，使昆虫不做重复事的特点变得易于理解。）它的行为牵着它朝一个方向走，总是向前而不许后退，即使出现意外，也不返工。

狼蛛的情况向我们证明了这一点。当第一个家园被毁坏后，由于无力重新再建一个家园，它将会到处流浪，四处漂泊，它会闯进邻居的家中；如果它不是最强大者，就会被强过它的昆虫吃掉。即使如此，它也不准备再重建一个家园。

现在，就让我们来观察一番纳尔仓那狼蛛的家吧。狼蛛得把它那吊在纺丝器上的卵袋拖带着有三周多。母亲受如此拖累，却乐此不疲，其母爱令人不禁为之惊叹。

无论是从井下爬到井口晒太阳，还是遇有危险立即返回地下，或者安家之前四处流浪，它始终没有把它那碍手碍脚，妨碍它行走、攀登、跳跃的东西扔掉。万一意外造成卵袋脱落，它会惊慌不已地扑上去，紧紧地搂抱住，并且准备去咬任何敢于夺取自己宝贝的敌人。（拟人手法，刻画出狼蛛妈妈对卵深刻的爱和悉心的保护。）

通常，狼蛛在洞口晒太阳时，只是为了自己，它趴在堡垒上，上半身伸出洞口，下半身藏于井内；一旦有了卵袋，情况就不同了，上半身藏在井里，下半身露出井外，用其后足支撑着卵袋，并轻轻地转动它，让它每一面都能晒到太阳。只要气温高，这种姿势可以保持半天。这种日光浴会在三四周内反复进行。9 月初，封闭了一段时间的卵已经成熟，即将出壳。一窝小狼蛛一下子全部从卵袋中钻了出来，立即爬到母亲的背上，而那个空卵袋则被弃之于洞穴，无人理会。母亲将日夜不歇地驮着自己的孩子们长达七个月之久。小家伙们倒也乖巧，在母亲背上也不乱折腾，彼此也不争斗，相互交错，构成了一块完整的帷幔，一件粗布衣服，把下面的母亲完全给遮掩住了。

母亲饿了，只管自顾自地大吃大喝，不管背上的孩子们是否肚子饿。而孩子们在母亲的背上却显得十分平静，不吃不喝，这表明它们的胃不需要食物。那么，在漫长的七个月的时间里，它们靠什么维持生命呢？有人会以为它们靠吮吸母亲体内的分泌物质发育成长，将母亲身上的营养吸食殆（dài，几乎；差不多）尽，榨干自己的母亲。其实不然，我从未看见它们把嘴贴在母亲的乳房上，而且，狼蛛母亲也没被吸干，体态依然十分丰满，与往日同样大腹便便，不但没瘦反而胖了，并为下一次生育吸够了营养，等到来年夏天，又将生下一大堆宝宝来。

我们还是来观察一下小狼蛛吧。它们自出生之日起直到脱离监护的这段时间里，根本就没有长大。我看见过一些小狼蛛，出生都七个月了，仍然如刚出生时一样大。小狼蛛在漫长的七个月里，没有吃任何东西，而且有时还在运动中消耗能量。它们为了恢复肌肉的肌理（皮肤的纹理），直接依靠光和热来恢复体力。当卵袋还挂在母狼蛛腹部末端的时候，母狼蛛就趁白天太阳最好的时候，把卵袋暴露在太阳下，让它充分地接触阳光。它用两只后足把小卵袋托出洞口，轻轻地转动它，使之每一面都受到日光的照射。这种唤醒了生命萌芽的日光浴，现在仍在继续维持着稚嫩的新生儿的生命活力。

只要天气晴朗，母狼蛛每天必然会背着孩子爬出洞穴，趴在洞口边，一连晒上数小时。只见小狼蛛在母亲的背上，又打哈欠又伸懒腰的，获得了充足的热量，储存了动力，充满了活力。（拟人手法，将不易观察的小狼蛛的情态拟人化，拉近读者与被描述对象之间的距离。）

它们在母亲背上待着，一动不动，但我只要朝它们吹上一口气，它们便待不稳了，纷纷落到地上，但是，不一会儿，它们又迅速地聚集到母亲背上去了。这足以证明，这些小家伙，尽管没有消耗食物，但在迫不得已的情况之下，仍然能够像机器一样，照常运转。待到天色渐晚，母亲才带上吸足了阳光的孩子们回到地下家园里去。即使在冬天，只要天气晴朗，有太阳的日子，它们也要爬出洞来，天天如此，直到小狼蛛结束监护期，能够自己用餐进食为止。

3 月份过去了，4 月来临，在一个晴朗的正午，太阳高照，小狼蛛们开始出发。母狼蛛从洞中爬出来，趴在洞口的石井栏上，似乎对眼前的事无动于衷，既不鼓励孩子们走，也不挽留它们，没有任何的离情别绪，一切顺其自然，想走就走，想留就留。

小狼蛛一旦开始讨厌阳光的时候，便会一伙一伙地离开母亲，一批又一批地离去。它们穿过网纱，爬到高处。它们一定是看到了纱罩顶上的那个垂直的环，以为那儿是健身房，全都纷纷向那高处攀爬着。它们在圆环的空当儿里拉了几条丝线，又从那儿往四周拉出几条丝线。这就成了它们的钢丝绳，它们在上面练习走钢丝的技巧，不停地走来走去，腿不断地伸开，似乎想要往更高更远的地方爬去。我把一根树杈架在网罩上，高度比原先增加了一倍。只见小狼蛛拼命地往上挤，一直爬到树杈的最高点，然后立即拉上几根悬丝，丝的另一端系在周围的物体上，这样，一座座吊桥便出现了。小家伙们又纷纷地往吊桥上爬去，在桥上来回地走动着，似乎还想往高处去。

为了满足它们的愿望，我拿了一根三米长的芦苇，把它接到小树杈上。这根芦苇垂直竖在纱罩上，小狼蛛们一见，便向上面爬去，一直爬到芦苇顶端。从那儿又拉下来更长的丝，有的荡在半空中，有的则把另一头系在周围的支撑物上，变成了桥。走钢丝的小演员们站在桥上，形成了一个花环，微风吹来，花环轻摇慢晃着。（兼用比喻、拟人手法。）当丝线桥没有暴露在光线下时，是看不出来的，这么一来，你就会发现，这些小家伙像是在空中跳芭蕾舞似的。

突然间，一阵风吹来，丝线固定的一端脱落，丝线荡在空中，悬于其上的杂技演员们就要出发了。如果是顺风，它们会到很远很远的地方去着陆。在一两周内，根据气温与日照的变化，它们组成大小不等的一个个小组，陆续出发。如果遇到阴天下雨，谁都不想起程，因为起程的小狼蛛需要得到给予它们以生机与活力的阳光的抚慰（安慰）。

最后，孩子们全都走了，被索道车带走了，只剩下母亲孤身一人，形单影只，但是，它并未因孩子们的离去而忧伤。它依然光鲜亮丽，体态丰满，这说明作为母亲，它并未经受太多的煎熬苦痛。我甚至还发现，它捕捉食物的热情更高了。身背一大群孩子时，它真的是非常的节俭（jiǎn），在攻击猎物时，它非常的谨慎。这也许是因为寒冷季节不易得到丰盛的食物所致，也许是背着孩子，碍手碍脚、施展不开使然。

现在，孩子们走了，它一身轻快，天气晴朗加上行动自如，致使它的活力得到了恢复。当我在洞口让它所喜食的猎物发出响声时，它就会从洞中爬上来，从我手中叼走猎物。只要我时间允许，能够照顾它，我每天这么做，它每天就出洞叼食。经过一个冬天的节衣缩食，也该轮到母亲大快朵颐了。

母亲的胃口大开，说明死期尚未到来。如果死期将至，它的食欲就会减退，不会大吃大喝的。我所喂养的狼蛛已经进入了第四个年头。冬天里，我见到过一些带着孩子的母亲和另一些个头小一半的母亲，它们是三世同堂。

孩子们离去后，在我的罐子里的老母亲还活着，仍和从前一样地健壮、硬朗（多指老人身体健壮）。种种迹象表明，尽管已当上了祖母，但仍旧保持着生育能力。事实也证实了我的这种推断。秋季到来时，我的这些囚徒又拖上了卵袋，大小与头年一样。母狼蛛每天都爬到洞口边来晒它的卵袋，即使其他的卵已经孵化几周了，它仍坚持这么做了很久。它这么坚持不懈并未见成效，没有小生命再从卵袋中爬出来。卵袋里无任何动静。这是怎么回事呀？这是因为囚禁在纱罩中的卵没有父亲。母狼蛛等待得太久，已经厌烦了，并且也意识到剩下的卵是无法孵化的，所以便把卵袋推放到洞外，弃之不顾了。春暖花开，春意浓浓，老狼蛛死了。它的那些孩子如果出生了的话，此时已经该长大了，该独立生活了。与其邻居圣甲虫相比，咖里哥宇群落里的狼蛛们，算是很幸福的了，它们至少活了五年，够长寿的了，该满足了。

我们回过头来再讲述一下母狼蛛的孩子们吧。注定先要生活在矮草丛中，然后长期居住在地下的狼蛛们，一开始却喜欢要杂技，攀高枝。在入地之前，它们需要攀登，越高越好。我所提供的那根三米长的芦苇秆儿，比较粗糙，便于攀登，但这并不是它们攀登高峰的极限。攀登至顶端的小狼蛛，正在用爪子摸摸探探的，试探着是否还有高枝可攀。小狼蛛到了该迁徙（迁移。徙，xǐ）的时候，一种本能会突然地在它们的身上表现出来，但几小时过后，这种本能就会消失，不再出现。成年狼蛛丧失了攀登的本能，并且很快地就被小狼蛛们忘却，成为无家可归的流浪者，注定要在地上长期地四处漂泊。

无论成年狼蛛也好，还是年轻狼蛛也好，它们都不会冒冒失失地爬到禾本植物的顶端去的。成年狼蛛潜伏在塔楼里，发现猎物就立刻蹿上去捕杀；年轻狼蛛则在草地上追捕猎物。这两种捕猎方法都用不着织网，所以无须高高的黏结点。这么一来，登高的必要性也不复存在了。

但小狼蛛在离开母亲的城堡，去远方旅行时，却需要登高远望。这种情况我前面已经叙述过了。它们的目的我似乎可以明白，因为登到高处，可以看到辽阔的空间，可以让随风飘荡的丝线带着自己荡悠。我们人类可借助热气球飞行，狼蛛也有它们自己的飞行器具。旅行结束之后，这种绝技也就没有用处了，渐渐地也就丧失殆尽。登高的本能会在需要时突然出现，也会在不需要时突然丧失。

拓展阅读 昆虫积累卡

狼蛛

类别：节肢动物门蛛形纲蜘蛛目狼蛛科动物。

外形：背上长着像狼毫一样的毛，八个黑色的眼睛排成三列，步足粗壮且多刺；卵为袋球形或者扁球形；幼蛛的形状和成蛛相似。

习性：住所为洞穴，出入路径曲折，建筑洞穴时善于就地取材，利用螯牙挖掘洞穴，吐丝把散乱的材料粘贴在一起；当阳光强烈或者遇到雨水威胁时，会用丝把洞口封住；拥有固定住所前，善于围猎，拥有固定住所后，则喜欢守株待兔；等待猎物时，极有耐心；既可暴饮暴食，又可忍饥挨饿；一次产卵多枚，母蛛携带卵袋，幼蛛出生三天至七天后，离开母蛛独自生活。

朗格多克蝎

这种蝎子沉默不语，其习性蒙着神秘色彩，与之接触无趣味可言，因此除了通过解剖所得到的一些资料之外，对它的历史几乎一无所知。老师们的解剖刀向我揭示了它的机体结构，但是，据我所知，还没有任何一位观察者打定主意要持之以恒地研究它的隐秘习性。用酒精浸泡后开膛破肚的朗格多克蝎已清楚地为人所知，但是它在其本能范围内的活动情况却几乎鲜为人知，在节肢动物中，没有谁比它更应当就生物学方面详加介绍的了。世世代代以来，它都让平民百姓浮想联翩，竟成为黄道十二宫（古代把黄道带分为十二等份，称为黄道十二宫。每宫包括一个星座。这里指的是天蝎座）的标志中的一个。卢克莱修（约公元前98—前55，古罗马哲理诗人和抒情诗人）曾说："恐惧造就神明。"蝎子通过恐惧让人们给神化了，被尊为天上的一个星座，而且成为历书上10月的象征。我们试试让蝎子开口讲话。

在安排蝎子的住宿问题之前，我们先给它们做一个简单的体貌特征的描述。普通的黑蝎在南欧许多地方都有，大家都很熟悉。它经常出没于我们住处附近的阴暗角落。一到秋天阴天下雨的日子，它便钻进我们家中，有时候还钻进我们的被子里来。这可恶的昆虫给我们造成的不仅是疼痛，更是恐惧。尽管我现在的住宅中就有不少的黑蝎，但我观察时倒并没有什么意外伤害。这种恶名很大但又很可悲的昆虫更多的是让人厌恶而非危险。

朗格多克蝎生活在地中海沿岸各省，人们对它害怕有余而了解不足。它们并不骚扰我们的住处，而是躲得远远的，藏于荒僻（荒芜僻静。僻，pì）地区。与黑蝎相比，朗格多克蝎可谓一个巨人，发育完全时，身长可达八九厘米。其色泽呈干麦秸的那种金黄。

它的尾巴——实际上就是它的肚腹——系五节相连的状如酒桶的棱柱体，相互间由桶底板连接，形成粗细相同、错落有致的棱状条条，好似一串珍珠。

这同样的纹路还遮盖着那举着大钳的大小臂膀，并把臂膀分割成一些条形磨（mó）面。还有一些纹路弯弯曲曲地分布在脊背上，好似其护胸甲结合部的绲边，而且是轧花绲边。这些凸出的小颗粒透出了盔甲那粗野厚重的架势，那也是朗格多克蝎的性格特征。就好像这个昆虫是用闪闪刀光砍削（xiāo）出来的似的。

尾端还有一个第六节体，表面光滑，呈泡状，是制作并存储毒汁的小葫芦。蝎毒外表看上去好似水一般，但毒性极强。毒腔终端是一个弯弯的螯针，色暗，尖利。针尖不远处有一细小的孔，用放大镜方能隐约看见，毒汁从这细孔流出，渗进被尖头刺破的对方伤口。螯针既硬又尖，我用指头捏住螯针，让它扎一张硬纸片，它就像缝衣针扎衣服似的容易。

螯针弯曲度很大，当尾巴平放伸直时，针尖是冲下的。要使用这件兵器时，蝎子就必须把它抬起来，反转过来，从下往上刺出去。这其实是它一成不变的攻击术。蝎尾反卷在背部，突然伸直，攻击被钳子夹住的对手。另外，蝎子平时几乎总是这种姿态，无论是在走动还是在歇息，尾巴都卷贴在背上。尾巴平拖在地上的情况十分罕见。

蝎钳从口中伸出。宛如螯针的大钳子，既是战斗的武器，又是获取信息的器官。蝎子往前爬时，便将钳子前伸，钳上的双指张开着，以了解和对付所遇到的东西。如果必须刺杀对手的话，双钳便先镇住对方，让对方吓得动弹不了，然后螯针从背部伸出来攻击。最后，如果需要长时间地撕咬猎物的话，那对钳子便当作手来使用，把猎物抓送到嘴里。它们从未被当作行走、固定或挖掘的工具使用过。

双钳等于是起着真正的爪子的作用。它们好像是被突然截断的指头，指尖生出几只可以活动的弯爪尖，其对面还竖着一根细而短的爪尖尖，几乎可以起到拇指的作用。那张小脸上长着一圈粗糙的睫（jié）毛。身体各部件组合而成一个绝妙的攀缘器，这就充分说明蝎子为什么能够在我的钟形罩网纱上爬来爬去，能够久久地仰着身子长时间地停在罩顶上，能够拖着沉重而笨拙的身子沿着垂直的罩壁攀上爬下。

蝎子身下，紧随爪子之后的是像梳子似的东西，那是奇特的器官，是蝎子独有的采邑（古代卿大夫受国君封赐的作为世禄的田地。邑，yì）。梳子的名称源自其结构。它们是一长排的小薄片，相互紧密地排列着，犹如我们日常所用的梳子的排齿。解剖学者们怀疑它们是一部齿轮机，旨在雌雄交尾时双方紧连在一起。为了仔细观察它们亲热时的习俗，我把提到的朗格多克蝎关在有玻璃壁板的大笼子里，并放进一些大陶片块，让它们作为藏身之用。它们一共是十二对。

4月里，当燕子飞来，布谷鸟初鸣时，我的那些此前一直平静地生活着的蝎子掀起了一场革命。（作者在段首设置了悬念，吸引读者的兴趣，引出后文蝎子们中间的斗争。）在我的花园露天安置的昆虫小镇子里，不少的蝎子跑出去做夜间朝圣了，而且一去不复返。更加严重的是，在同一块砖头下面，我多次发现两只蝎子待在里面，一只在吞吃另一只。这是不是同类间打家劫舍的案子？美好季节开始了。生性好游荡的蝎子们冒失地闯进邻居家中，因为体弱而被对方吞食，丢了性命？几乎很像是这么个原因，因为闯入者被慢慢地吃了一整天，就像是被捉住的一个猎物似的。

那么，这就值得警惕了。被吃掉的，无一例外，全是中等个头的蝎子。它们体色更加金黄，肚腹稍小，证明是雄蝎，而且被吃的总是雄性。其他的那些蝎子体形要大，肚子滚圆，稍有点带暗色，它们的死并不像这么惨。那么，这儿发生的可能并不是邻里之间的斗殴，不是因为太喜欢独居而对任何来访者怀有敌意，随即把它吃掉，以此作为对任何冒失鬼（鲁莽、轻率的家伙）的彻底的解决办法，而是婚俗的成规使然，在交尾之后由女方残忍地把男方干掉完事。

春回大地，我已事先准备好了一个宽敞的玻璃笼子，放了二十五只蝎子，每只蝎子一片瓦。1月到4月中旬（一个月的11日至20日），每天晚上，夜幕降临之后，七点至九点之间，玻璃笼子中便闹腾开来。白天似乎像是荒漠，此刻却变成了欢乐的景象。刚一吃完晚饭，我们全家便奔向玻璃笼子。我们把一盏提灯挂在笼子前面，便可看见事件的全过程了。

我们经过一天的繁乱之后，现在有好的消遣（寻找感兴趣的事来度过空闲时间）了。眼前的是一场好戏。在这出由天真的演员表演的戏中，一招（zhāo）一势（shì）都极其有趣，以致刚把提灯点亮，我们全家老少全都在笼边就座了，连爱犬汤姆也前来观看。不过，汤姆对蝎子的事并不关心，坦然地躺在我们面前打盹儿，但只是一只眼睛闭着，另一只眼睛始终睁着，盯住它的朋友——我的孩子们。

让我设法给读者们描述一下所发生的事情。靠近玻璃壁板的提灯照得不太亮的那个区域，很快便聚集起不少的蝎子来。其他所有的地方，这儿那儿地游荡着一些孤独者，它们被亮光吸引，离开暗处，奔向光明的欢乐处。夜蛾子扑向灯火的场面也不如它们那么兴冲冲地。（这里使用了一个巧妙的比较，侧面描写蝎子聚向灯光的热闹急切。）后来者混入先前的那些蝎子中去了，而另一些因懒于争抢，退到暗处，歇息片刻，然后激情满怀地回到舞台上去。

这个纷乱狂热的可怕场面犹如一场狂欢舞会，颇为引人入胜。有一些从老远跑来，它们端庄严肃地从暗处爬出来，突然像滑行似的迅疾而轻快地冲向亮处的蝎子群。它们的灵活劲犹如碎步疾走的小耗子。蝎子们在相互寻找着，但指尖稍一接触便像是彼此都被烫着了似的赶紧逃走。另有一些与同伴稍稍抱滚在一起，又赶紧分开，茫然不知所措，跑到暗处稳一稳神儿，又卷土重来。

不时地会有一阵激烈的喧闹：爪子相互缠绕，钳子又抓又夹，尾巴你钩我击，不知是威吓还是爱抚，谁也弄不清楚。在混乱之中，找到一个合适的视觉，就可以发现一对对的小亮点，像红宝石似的在闪烁。你会以为那是闪闪发光的眼睛，实际上那是两个小棱面，像反光镜似的光亮，长在蝎子的头上。蝎子们无论大小胖瘦全都参加了混战，那就像是一场你死我活的战斗，一场大屠杀，然而那却是一场疯狂的嬉戏。那就像是小猫咪们扭缠在一起一样。不一会儿，大家四散开来，每一只蝎子都在向自己的方向窜去，没有丝毫的伤痕，没有一点伤筋动骨。

现在，四散而去的逃跑者们又聚集到灯光前面来。它们爬过来荡过去，离开了又回来，常常是头撞头脸碰脸的。最性急的常常从别人的背上爬过去，后者只是动动屁股算是在抗议。现在还没到大打出手的时候，顶多只是两人相遇，扇个小耳光罢了，也就是说用尾巴拍打一下而已。（作者用拟人的手法，写出蝎子们打斗时的情绪。）在蝎子群中，这种不使用毒针的敲敲打打是它们常见的拳击方式。

还有比爪子相缠、尾巴互击更精彩的。有的时候，会有一种极其新颖别致的打斗架势。两强相遇，头顶头，双钳回收，后身竖起，来个大倒立，以致胸脯上的八个呼吸小气囊全部展现。这时，它俩垂直竖立的尾巴相互磨蹭，上下滑动，而两个尾梢相互微微钩住，并多次反复地钩住，解开，解开，钩住。突然间，这友谊的金字塔坍塌了，双方便没有任何寒暄（hánxuān，见面时谈天气冷暖之类的应酬话）地急匆匆溜掉。

这两位摆出新颖别致的姿势意欲何为？是不是两个情敌在肉搏？看来不是，因为二人相遇时并非怒目而视。我从随后的观察中得知，它俩这是在眉目传情，私订终身。蝎子倒立起来是在倾吐自己的热情爱恋。

如果继续像我刚开始的那样，逐日观察并把逐日积累的材料汇集在一起，是会有益处的，而且叙述起来也比较快，但是，这么一来，那各有特色且难以融会贯通的一幕幕细节就省略掉了，叙述的趣味性也就丧失了。在介绍如此奇特而且又鲜为人知的昆虫习性时，什么都不应该忽略不提。最好是参照编年法（按照事情发生的年、月、日编排），并把观察到的新情况分段叙述出来，尽管这样做有重复累赘（拖累，麻烦。累，léi）之嫌。从这种无序必然产生有序，因为每天晚上的那些引人入胜的情况都能提供一种联系，对先前的情况予以验证与补充。我现在就进行抽样（从大量物品或材料中抽取少数做样品）叙述。

1904年4月25日

啊！那是怎么了？（用感叹句开头，情感强烈，首先打动读者再予以叙述。）我还从未曾见过。我一直没放松警惕，但这还是头一回让我亲眼看到了这番情景。两只蝎子面对面，钳子伸出，钳指互夹。这是友好的握手，而非搏杀的前奏，因为双方都以最平和友善的态度对待对方。这是一雌一雄的两只蝎子。一个肚子大，颜色发暗，是雌蝎；另一只相对瘦小，色泽苍白，是雄蝎。它俩都把长尾卷成漂亮的螺旋花形，步子有板有眼（形容言语行动有条理，富有节奏和章法）地在沿着玻璃墙边踱着步。雄蝎在前倒退着走，步伐平稳，根本不像是拖不动对方的样子。雌蝎被抓住爪尖，与雄蝎面对面，驯服地跟着走。

它们走走停停，但始终这么绞（jiǎo）在一起。它们歇歇停停，然后又走动起来，忽而从这儿走，忽而从那儿走，从围墙的一头转到另一头。看不出它们到底要走到哪里去。它们闲逛着，开始发情，眉来眼去的。此情此景让我想到在我们村镇，每个星期日晚祷之后，年轻人一对一对地手挽手、肩搂肩地沿着藩篱墙散步。

它们常常掉转回头。总是雄蝎在决定往哪个方向走。雄蝎没有松开对方的手，亲切地转个半圆，与雌蝎肩并着肩。这时候，雄蝎展开尾巴轻轻抚摩雌蝎片刻。雌蝎一动不动，声色不露。

我一直兴趣不减地观察着这没完没了的来去往返，足足有一个钟头。家中有人帮我一起观察这番奇情妙景，世上还没有人见过这种场面，至少是没有以善于观察的目光看过这种表演。尽管天色已晚，而我们又是习惯早睡的，但是我们始终注意力高度集中，一点重要情节都没有逃过我们的眼睛。

最后，十点钟光景，雌雄要有结果了。雄蝎爬到一片它觉得合适的瓦片上，松开雌蝎的一只手，只松了一只手，而另一只手却仍旧紧攥（zuàn，握）着不放。用松开的一只手扒一扒，用尾巴扫一扫，一个洞口张开来了。雄蝎钻了进去，然后，一点一点地，轻而又轻地把在耐心等待着的雌蝎拉进洞内。不一会儿，它们便不见了踪影。一块沙土垫子把洞门封上。这对情侣入了洞房（**新婚夫妇的房间**）。

打扰它俩的好事是愚蠢的。我如果想要马上看到洞内所发生的情况的话，那就可能操之过急，不合时宜，耳鬓厮磨（**两人的耳朵和鬓发互相接触，形容亲密相处。鬓，bìn；厮，sī**），准备入港（**交谈投机**）也许就要持续个大半夜，而我已年近八旬（**八十余岁**），熬长夜已开始让我力不能支。双腿酸痛，眼睛发涩，先去睡上一觉再说吧。

我整整一宿都梦见蝎子。我梦见它们钻进被窝，爬到我脸上，但我并没太惊恐不安，因为我脑子里满是蝎子的奇情异事。（**这个**

梦正显示出作者对观察蝎子的执着。对生命的爱战胜了对蝎子的恐惧。）第二天，天一亮，我便去揭开那块瓦片。只有雌蝎独自待在那儿。雄蝎没了踪影，那个洞里没有，附近也没见。这是我的第一个失望，后面的失望大概会一个接一个的。

5月10日

已是晚上将近七点钟的时候，天上乌云翻滚，大雨将至。在玻璃笼子的一块瓦片下面，有一对蝎子正脸朝脸，手指钩住手指，一动不动地待着。我小心翼翼地揭开瓦片，让这对居民暴露出来，我好随意观察它俩这种脸对脸后的一举一动。天渐渐地黑下来，我觉得不会有什么去搅扰那没了屋顶的住所的安宁的。倾盆大雨哗哗泻下，我只好抽身回屋避雨。蝎子们有玻璃笼子防护，无惧雨之袭击。它们的凹室被揭去华盖，就这么被弃之于一旁。它们欲干其好事，那它们将如何操作呢？

一小时过后，大雨停了，我又回到蝎子笼前。它俩走了。它俩选了旁边的一所有瓦顶的屋子住下了。雌蝎在外面等待着，而雄蝎则在里面布置新房，但指头仍旧钩着。家中人每十分钟替换一次，免得错过我觉得随时都会进行的交尾。但这么紧张一点儿用也没有。将近八点钟时，天已经完全黑透了，这对蝎子由于不满意所选的新房，开始踏上朝圣之路，仍旧是手钩着手，往别处寻觅去。雄蝎倒退着引导方向，选择自己合意的住所；雌蝎则跟随着，温驯服帖。这和我4月25日所看到的一模一样。

终于找到了它俩都中意的瓦屋。雄蝎先闯进去，但这一次它俩的手一会儿都没有松开自己的情侣。它用尾巴这么三扫两划拉，新房便准备停当。雌蝎被雄蝎轻柔和缓地拉着，随其向导之后也进了洞房。

两个钟头过去了，我满以为已经给了它俩足够的时间完成其准备，干成好事，便前去查看。我揭开瓦片。它俩就在里面，仍旧原先的姿势，脸对脸，手拉手。今天看上去是没再多的花样儿可看的了。

第二天，依然未见新鲜玩意儿。一个面对另一个，都若有所思的样子，爪子全都没有动弹，手指仍旧钩住，在瓦顶下继续那没完没了的脉脉（mòmò，默默地用眼神或行动表示情意的样子）含情。日影西斜，暮色已近，经过这么二十四个钟头的你我紧密相连之后，这对情侣总算分手了。雄蝎离开了瓦屋，雌蝎仍留在其中，好事未见一丝进展。

这场戏中有两个情况必须记住。其一，一对情侣相亲相爱地散步之后，必须有一个隐蔽而安静的住所。在露天地里，在熙熙攘攘的环境中，在众目睽睽（形容大家睁大眼睛注视着。睽，kuí）之下，这等好事是永远也做不成的。屋瓦揭去，无论白天还是黑夜，无论如何小心谨慎，情侣们似乎思考良久，还是离开原地，另觅新居。其二，在瓦屋中停留的时间是很长很长的，我们刚才已经看到，都等了二十四小时了，但仍未见到决定性的一幕。

5月12日

今晚这一幕将告诉我们些什么？天气闷热，无风，很适合于夜间的幽会发情。两只蝎子已经成双配对，但我并未看见它俩是怎么勾搭上的。这一次，雄蝎体形比肚大腰圆的雌蝎要小得多。但雄蝎却是雄风不减。像约定俗成似的，雄蝎倒退着，尾巴卷成喇叭状，领着胖雌蝎在玻璃墙边悠然散步。它们转了一圈又一圈，忽而向同一方向转圈，忽而回过去转圈。

它们常常停下歇息。停下时，二人头碰头，一个稍偏左，另一个稍偏右，仿佛是在交头接耳，窃窃私语。前头的小爪子磨蹭着，想轻抚对方。它俩在说些什么？那无言的海誓山盟怎么才能翻译出来？（这一句既是设问，又是拟人句，使文章生动活泼，又描绘了蝎子们约会的情态。）

我们全家都跑过来看这种奇特的勾搭景象，而且，我们的在场丝毫没有影响它们。那景象让人看着颇有情趣，这么说毫不夸张。在提灯的光亮下，它俩好像嵌在一块黄色琥珀之中的半透明的，光亮的物体，它们长臂前伸，长尾卷成可爱的螺旋形，动作轻柔，一步一步地开始长途跋涉了。

什么也没有打扰它们。如果有这么一个流浪汉晚间纳凉，正像它俩一样沿着墙边漫步，与它俩途中相遇，它知道它俩是准备干风流勾当，便会闪在一边，让它俩过去。最后，一处瓦片隐蔽所收留了它俩，于是，不言而喻，雄蝎首先倒退着走进去。时间已是晚上九点钟了。

随着这晚间的田园诗（**以农村景物和农民、牧人、渔夫生活为题材的诗，这里代指蝎子们的恋爱时光**）之后的是夜间惨不忍睹的悲剧。第二天早晨，雌蝎仍在头一天晚上的那片瓦屋内，而瘦小的雄蝎就在其身旁，但已被雌蝎吞食了一部分。它的头、一只钳子、一对爪子没有了。我把这具残尸放在瓦屋门口。整整一个白天，隐居的雌蝎没有动过它。夜色重又浓重时，雌蝎出来了，在门口遇上死者，把死者拖至远处，以便隆重安排葬礼，也就是说把死者吃个干净。

这个同类相食的情况与去年我在昆虫小镇上所看到的情景完全一致。当时，我随时都能发现一只胖乎乎的雌蝎在石块下面津津有味地像吃大餐似的把自己的夜间伴侣给吃掉。当时我就在猜想，雄蝎一旦干完好事之后不及时抽身的话，必定被雌蝎或全部或部分地吃掉，这要看雌蝎当时的食欲如何。现在，事实就摆在我的面前，我的猜想一语成谶（**一句话说中了。就是“不幸而言中”，多指不吉利的事情。谶，chèn**）。昨天我看见这对情侣在散步中充分准备之后双双入了洞房，可今天早晨，我跑去看时，在同一块瓦片下面，新娘正在消受自己的新郎呢。

毫无疑问，那不幸的雄蝎已经一命呜呼（**指死亡**）了。但是，由于种的繁衍之需要，雌蝎不会把雄蝎全吃掉的。昨天夜晚的这对情侣处事干净利落，可我还看见其他的一些情侣，时针都转了两圈了，可它们仍在耳鬓厮磨，卿卿我我（**形容男女相爱，非常亲昵。卿卿，qīngqīng**）的。一些无法确定的环境因素，诸如气压、气温、个体激情的差异等，会大大地加速或延缓交尾高潮的到来。而这也正是巨大困难之所在，使得一心想要了解至今仍未能为人所知的爪梳的作用的观察者，难以准确无误地捕捉时机。

5月14日

肯定不是饥饿每天晚上都在使我的蝎子们激动不已的。它们每晚狂欢劲舞（**用力地跳舞。劲，jìng**）与寻找食物毫不搭界。我刚往那些忙忙碌碌的蝎群扔进花色繁多的食物，都是从它们看样子很对胃口的食物中挑选的，其中有幼蝗虫的嫩肉段、比一般蝗虫肉厚肥美的小飞蝗、截去翅膀的尺蛾。天渐渐暖和时，我还捉一些蜻蜓来喂它们，那是蝎子极爱吃的食物，我还把同样受它们欢迎的蚁蛉也捉来喂它们，以前我曾在蝎子窝里发现过蚁蛉的残渣、翅膀。

对这么多高级野味，蝎子却不为所动，谁都对之不屑一顾。在混乱的笼子里，小飞蝗在蹦跳，尺蛾以残翅拍打地面，蜻蜓在瑟瑟发抖，但蝎子们从这些野味身旁走过时却并不注意它们。蝎子们踩踏它们，撞倒它们，用尾巴把它们扒拉开，总而言之，蝎子们不需要它们，绝对的不需要。它们有别的事情要去忙。

几乎所有的蝎子都在沿着玻璃墙行走。有一些固执者试着在往高处爬，它们用尾巴支撑身子，一滑便倒下来，然后又在别处试着往上爬。它们伸出拳头击打玻璃墙，它们拼死拼活地非要抢在前头。不过，这个玻璃公园挺宽敞的，人人都有地方待着；小径一条又一条，足可供大家久久地散步。这它们不管，它们要往远处去游荡。如果它们获得自由，它们会散布在四面八方。去年，也是这个季节，笼中的蝎子离开了昆虫小镇，我也就再没有见到过它们。

春天交配期要求它们出游。此前一直形单影只地生活着的它们现在要抛开自己的囚牢，去完成爱情朝圣，它们不在乎吃喝，一心只想着去寻找自己的同胞。在它们领地的砖石堆里，大概也会有一些可以幽会、可以聚集的优选之地。如果我不担心夜间在它们的乱石冈上摔折腿的话，我还真想去看看它们在自由的温馨甜蜜之中的男欢女爱呢。它们在光秃的山坡上干些什么？看上去与在玻璃笼子内干的没什么不同。雄蝎选好一位新娘之后，便手牵手地领着新娘穿行于薰衣草丛中，悠然漫步。如果说它们在那儿享受不到我昏暗小灯的暗光的话，它们却有月光那无可比拟（nǐ）的提灯为之照亮。

5月20日

并不是每天晚上都能看到雄蝎邀请雌蝎散步的开头情景的。许多蝎子从各自的瓦屋下出来时都已经成双成对的了。它们就这么手牵着手地度过整个的白昼，一动不动，面面相对，沉思默想。夜晚来临，它们仍不分开，沿着玻璃笼子边重又开始头天晚上，甚至更早就开始的散步。我不知道它们是何时和怎样结合在一起的。有一些是在偏僻小道上偶然相遇的，而我们又很难观察到这一点。当我隐约发现它们时，为时已晚，它们已结伴而行了。

今天，我的运气来了。在我的眼前，提灯照得最亮的地方，一对情侣已结合成了。一只喜形于色、生龙活虎的雄蝎在蝎群中横冲直撞，一下子便同一个它中意的过路雌蝎面对面了。后者没有拒绝，好事也就成了。

它俩头碰头，钳子撑着地，尾巴在大幅度地摆动着，然后，尾巴竖直，尾梢相互钩住，温柔亲切地相互抚摸。这对情侣在拿大顶（倒立），其方法我们前面已经叙述过了。不一会儿，竖起的尾巴架拆散了，它们的钳指仍旧钩着，没翻其他花样，就这么上路了。金字塔形姿势完全是双双出行的前奏曲。这种姿势说实在的并非罕见，两只同性蝎子相遇也会如此，但同性间的这种姿势没有异性间的正规，特别是不那么郑重其事。同性搭建金字塔时动作急躁，并非友爱的撩拨，其两尾是在互相击打而非彼此抚爱。

我们稍稍跟踪一番那只雄蝎。它在急匆匆地往后退，对征服了对方充满着扬扬得意。它遇到其他的一些雌蝎，它们都好奇地，也许是嫉妒地列于两旁，看着这对情侣走过。其中有一只雌蝎猛地扑向被牵拉着的新娘，用爪子箍（gū）紧它，想竭力地拆散这对鸳鸯。那雄蝎拼命地抵抗那个进攻者的巨大拖拽力，它使劲地摇晃，拼命地拉拽，但都未能奏效。它终于放弃了，对这个意外事件并不感到遗憾。旁边就有一只雌蝎等着。这一次，它随便商谈几句，三下五除二地就把事情办妥了，它拉住这个新雌蝎的手，邀它一同散步。后者不干，挣脱开来，逃之夭夭。

那队雌蝎中，又有一只被这只雄蝎相中了，于是它又采取了同样的开门见山的方法。这只雌蝎答应了，但是这并不能说明半路上它就不会逃离这个雄性勾引者。对于年轻的雄蝎来说这有什么大不了的！走了一个，还有许多其他的在等着。那它到底要什么样的呢？要第一个投入怀抱的。

这第一个投入怀抱者，它找到了，它正领着它的被征服者散步呢。雄蝎走到了明亮区域。如果对方拒绝往前走，它就拼命地又摇又拉；如果对方温驯服帖，它就温文尔雅（**态度温和，举止文雅**）。它常常停下歇息，有时候歇息得还挺长。

这时，雄性在进行一些奇怪的操练。它把双钳——更好地说是双臂——收回，然后又直伸出去，强迫雌蝎也交替地做这种动作。它俩变成了一个节肢拉杆机械，形成不断启合的状态。这种灵活性训练结束之后，机械拉杆便静止不动，僵持住了。

现在，它俩额头相触，两张嘴相互贴在一起，耳鬓厮磨。这种抚摸亲昵就是我们的接吻和拥抱。只是我不敢这么说而已，因为它们没有头、脸、嘴唇、面颊。仿佛被截枝剪一刀剪去了似的，蝎子甚至都没有鼻子尖。在应该是面庞的部位，它们长得却都是一些丑陋的颌骨（**构成口腔上部和下部的骨头和肌肉组织。颌，hé**）平板。

但此时此刻却是蝎子最美好的时刻！它用自己那比其他爪子更

敏感、更娇嫩的前爪轻拍着雌蝎的丑脸，在雄蝎眼里，那可是最美丽最甜润的面庞（páng）。（**作者在观察蝎子时，放下了人类的审美判断，以蝎子的视角体会它们的默默温情。**）它心痒难熬地轻轻咬着，用下颌搔弄对方那同样奇丑无比的嘴。这是温情与天真的最高境界。据说鸽子发明了亲吻，可我却知道早于鸽子的发明者：蝎子。

雌蝎任随雄蝎轻薄，它完全是被动的，心里暗藏着伺机逃跑的计划。可是如何才能溜掉呢？这很简单？雌蝎以尾做棒，朝着忘乎所以的雄蝎腕子猛然一击，后者立即松开了手。于是，两蝎分开。第二天，气消之后，好事又会开始的。

5月25日

这猛然一棒告诉我们，最初观察所见的温驯的雌蝎伴侣有自己的小性子，会固执地拒绝对方，说翻脸就翻脸。我们来举一个例子。

这天晚上，一对俊男美女、雌雄二蝎正在散步。它俩发现一片瓦甚为合意。雄蝎于是便松开一只钳子，仅松开一只，以便活动自如点。它用爪子和尾巴开始扫清入口。然后，它钻了进去。随着洞穴逐渐加宽加深，雌蝎便也跟着钻了进去，看上去是自觉自愿的。

不一会儿，也许是住宅和时间不合其意，雌蝎出现在洞口，半截身子退至洞外。它在努力挣脱雄蝎。后者身在洞内，拼命地在往里拉拽雌蝎。争斗十分激烈，一个在里面拼命拽，另一个在外面使劲挣。双方有进有退，不分胜负。最后，雌蝎猛一用力，反把雄蝎给拽了出来。

这两人没有分开，但已到了室外，又开始散起步来。足足一个钟头里，它俩沿着玻璃笼子墙根走过来走过去，最后又回到了刚才那片瓦前。穴道本已开通，雄蝎立即钻了进去，然后便疯狂地拉拽雌蝎。后者身在洞外，奋力地抗争着。它挺直足爪，踩住地面，拱起尾巴，顶住屋门，就是不肯进去。我觉得它的反抗并不让人扫兴。如果没有前奏曲进行铺垫，那交尾还有什么劲呢？

这时，瓦片内的雄蝎勾引者一再坚持，要尽花招，雌蝎终于顺从了，进入洞内。钟刚敲十点。我哪怕熬上一整夜，也非要看到剧终不可。我将在合适的时机揭开瓦片，看看下面发生了什么。好机会十分罕见。突然，机会来了，我不敢怠慢。我会看到什么呢？

什么也没看到。刚过不到半个钟头，雌蝎反抗成功，挣脱束缚，爬出洞外，落荒而逃。雄蝎随即从瓦片下深处追了出来，到了门口，左顾右盼。美人儿逃出了它的手心。它只好灰溜溜地回到瓦片下。它上当受骗了。我同它一样也被骗了。

6 月开始到来。由于担心光线太强会引起蝎子的惶恐不安，我此前一直都是把提灯挂在玻璃笼子外面，与之保持一定的距离。由于光线不足，我无法看清在散步的蝎子情侣你牵我拽的某些细节。它们彼此手拉手时是否十分主动积极？它们的钳指是否相互咬合着？或者只有一个采取主动？那么是哪一个呢？这一点很重要，必须弄清楚。

我把提灯放在玻璃笼子的正中间。笼子内四处都照得亮堂堂的。蝎子们非但不害怕亮光，而且还乐在其中。它们围着提灯跑来转去，有的甚至还试图爬上提灯好离光源更近一些。它们借助玻璃灯罩倒是爬上去了。它们抓住铁片的边缘，坚韧不拔，不怕滑落，终于爬到了顶上。它们待在上面一动不动，肚子部分贴在玻璃罩上，部分贴在金属框架上，整个夜晚都在看个没完，为这灯的辉煌而叹服。它们让我想起了以前的那些大孔雀蝶在灯罩上的得意忘形劲来。

在灯下的一片光亮处，一对情侣正抓紧在拿大顶。它俩用尾巴温情地撩拨一番，然后便往前走去。只有雄蝎在采取主动。它用每把钳子的双指夹住雌蝎与之相对应的双指。只有雄蝎在努力，在夹紧；只有雄蝎想解套就解套，双钳一松，套就解开了。雌蝎则无法这样；雌蝎是俘虏，勾引者已经为它戴上了拇指铐。

在一些较为罕见的情况中，我们还可以看得更清楚一些。我曾偶然发现过雄蝎抓住其美人儿的两只前臂往前拉拽。我还见过雄蝎抓住雌蝎的尾巴和一只后爪生拉硬扯。雌蝎先是拼命推开雄蝎伸出的爪子，而毫不惜力的雄蝎猛地把美人儿掀翻，顺势伸爪抓住对方。事情是明摆着的：这是货真价实的劫持，是暴力拐带，如同罗慕鲁斯王的部下抢掠萨宾妇女一样。（根据传说，罗慕鲁斯系罗马城的创建者和第一位古罗马国王。萨宾人则是意大利境内的古代民族。）

拓展阅读 昆虫积累卡

朗格多克蝎

类别：节肢动物门蛛形纲蝎目钳蝎科动物。

外形：身体可长达八九厘米，颜色金黄，腹部和肢体的颜色较浅，两只蝎钳从口中伸出，尾巴分段且带有毒刺，尾部末端有一个表面光滑的六节体，和终端的尖利的螯针相连，雌雄异体。

习性：蝎尾平时翻卷在背部，可突然伸直，发出攻击；爬行时，蝎钳前伸，钳上两指张开；交尾前，雄蝎会和雌蝎一起散步，在散步过程中，雄蝎的两只钳紧紧抓住雌蝎，尾巴紧紧连在一起，接着一起找窝，找到窝后，雌蝎和雄蝎一起进入，交尾后，雌蝎将雄蝎吃掉。

读后感

探索大自然隐藏的秘密

——读《昆虫记》有感

原本这个世界在我眼中是没有隐藏的秘密的，你看大雁秋天南飞、春天飞回是因为季节的改变，蜜蜂飞来飞去是在忙着采蜜，蚂蚁忙忙碌碌地搬家是天快下雨了……直到我读了《昆虫记》，才发现这绚丽多彩的世界背后还隐藏着许多秘密。《昆虫记》就揭示了昆虫世界的秘密。

阅读《昆虫记》，我感觉到了昆虫世界的神奇：大自然中，那大嗓门的、从早到晚一直唱个不停的“歌唱家”——蝉，经过法布尔的探查，竟然是一个“聋子”，而且，它的幼虫竟然要在地下生活四年之久；那体形优雅，被一些人当作温柔的“祈祷者”的螳螂，在攻击敌人时，竟然是那样动作迅速，以迅雷不及掩耳之势擒住对方，在交配完成后，雄螳螂竟然心甘情愿地让雌螳螂吃掉；那些在微风习习的夜晚提着灯笼飞翔的萤火虫，给读者带来美好的想象，竟然是食肉者，它们在食用蜗牛前，还会温柔地给它打一针，它们发光的原因是氧化作用；那些看起来肮脏至极的绿蝇，整天在肮脏的环境中飞舞，竟然是大自然垃圾的清理者……

法布尔的《昆虫记》，让我不再觉得万物本应如此，让我张开了好奇的眼睛，去关注那些隐藏在大自然之中的秘密。例如，“蜻蜓为什么飞翔时会在水面上点几下？”以前我只会觉得那样飞翔也许是为了美丽，现在我通过查资料知道那是蜻蜓在产卵。对于“午后两点钟是一天之中温度最高的时间”，以前我总认为那是理所当然的，而现在才知道了是积温的作用。诸如此类的秘密，我通过阅读教科书和一些科普读物解开了。

我相信在《昆虫记》的启发、感召下，会有更多的人点燃他们的好奇心，走近大自然，探索大自然。

目录

CONTENTS

作者简介……1

创作背景……2

内容简介……3

艺术特色……5

作品影响……8

专题探究……9

读后感……14

基础训练……16

中考真题……20

模拟训练……31

参考答案……41

作者简介

法布尔（1823—1915），法国著名昆虫学家、动物行为学家、作家，全名让·亨利·卡西米尔·法布尔，被达尔文称为“无法效仿的观察家”。

1823年12月，法布尔出生于法国南部韦赞镇圣·莱昂乡的一个普通农家。父亲安东奥尼文化程度不高，母亲出身于小职员家庭。十四岁时，全家搬迁到图卢兹，法布尔进入厄斯岩尔神学校学习，后又搬迁到蒙彼利埃城。不久父亲破产，法布尔只能独自谋生。他刻苦自学，后报考阿维尼翁的沃克吕兹师范学校的官费生并获得第一名。在学校里，他除了专业书籍外，还专心阅读博物学的相关书籍。

1842年，十九岁的法布尔到卡庞特腊斯公学的附属小学担任教师。在教学期间，他刻苦自学，先后取得了两个硕士学位，并获得了教授物理和数学的证书，后来到科西嘉岛的中学担任教师。在担任教师期间，一直保持着对昆虫的浓厚兴趣，进行了深入的研究。1853年，法布尔回到法国大陆，在阿维尼翁的一所学校任教。

1857年，《自然科学年鉴》发表了他的《节腹泥蜂习性观察记》，这篇论文是对莱昂·杜福尔错误观点的修正，法布尔因此被法兰西研究院授予实验生理学奖。后在迪律伊的委托下，他在巴黎的圣马谢尔古教堂开设夜校，主讲物理和博物。后来，为了专心研究昆虫，他提前退休，隐居于奥朗治。

1878年，法布尔写出了《昆虫记》第一卷，获得了好评。1910年4月3日，《昆虫记》第十卷出版。他的科学成就逐渐受到法国和国际科学界的肯定，获得了诺贝尔奖的提名。1915年10月11日下午，法布尔逝世，享年九十二岁，葬于隆里尼墓园。

除了《昆虫记》，法布尔还出版了《天空》《大地》《植物》以及《保尔大叔谈害虫》等作品，有些比《昆虫记》还要畅销。

创作背景

法布尔从小就对昆虫和植物十分感兴趣。上中学后，诗人维吉尔的作品对他产生了极大的影响。在读师范学校的时候，他开始专心研读博物学的相关书籍，而且经常跑到乡下观察动植物，采集标本。在之后的教师生涯中，法布尔仍然坚持研究昆虫。科西嘉岛风光秀丽，生长着许多独特的动物和植物。1849 年，他在此地任教师的时候，沉迷于研究动植物。1851 年，著名生物学家摩根-唐东来到了科西嘉岛并住到了法布尔家，法布尔帮这位学者采集了许多珍稀植物。摩根-唐东劝说法布尔放弃数学，专心研究动物和植物，法布尔听从了他的劝告。

1853 年法布尔调到阿维尼翁公学担任物理教师，在此地住了三十多年，他多次迁居，为了研究动植物，一直选择带有花园的住宅居住。为了丰富自己园林的植物种类，他专门从科西嘉岛移栽了各种植物。在此地生活期间，他还和著名的植物学家德拉古尔成了好朋友。有时为了观察昆虫的活动，他长时间保持一动不动，甚至因此被认为中了邪。

后来，为了专心研究昆虫，法布尔提前退休了，1870 年定居于奥朗治。他把孩子当成自己观察昆虫的助手。为了确定一个结论，他在不同的动物身上反复试验。1878 年，法布尔写出了《昆虫记》第一卷。在他的儿子朱尔突然去世后，他在《昆虫记》第二卷的卷首为朱尔写了献词。

1879 年，法布尔在析里尼安买下了一块荒地，打算将其建设成昆虫实验场。在朋友的帮助和自己以及家人的努力下，终于建成了，命名为“阿尔玛斯”，中文译名为“荒石园”。从此，法布尔在此专心观察昆虫，进行写作。他陆续出版了《昆虫记》的其他卷，1910 年 4 月 3 日，《昆虫记》第十卷出版。

内容简介

《昆虫记》总计十卷，直译为《昆虫学回忆录》。周作人是我国最早的翻译者，将其译为《昆虫记》，之后一直沿用。副标题为《对昆虫本能和习性的研究》。这是因为在法布尔之前的昆虫学家，对昆虫研究的大部分精力集中在搜集和分类工作上，他们用放大镜观察昆虫的各个部分，来确定昆虫的类别，极少注意到昆虫的习性。而法布尔则不同，他认为要到大自然中去观察活生生的昆虫。他说："研究活昆虫，就是去研究它们在活着时的活动，它们的本能和习性，它们的才能和感情。""在对某个事物说'是'以前，我要观察、触摸，而且不是一次，是两三次，甚至没完没了，直到我的疑心在如山的铁证下归顺听从为止。"

《昆虫记》真实地记录了昆虫的习性、生活等各方面的情况，"没有言之无物的公式、一知半解的瞎扯，而是准确地描述观察到的事实，一点儿不多，一点儿不少"。

法布尔详细地记录了昆虫的体貌特征，如"一对叶子的叶柄被如同手笼那样的圆柱体形物体包裹着。该物体长三毫米，宽四五毫米，外表如丝一般柔软光滑，白中略显橙黄色，覆盖着鳞片。鳞片像屋瓦似的叠盖着，排列虽然较为整齐，但却不呈几何秩序，外观上看着犹如榛树未曾开花的柔荑花序一般。鳞片几近椭圆、白色、半透明，底部略呈褐色，另一端则呈橙黄色。鳞片下端又短又尖，较为细小、散乱，上端则较宽大，像是被截去一段似的紧固在松针上。无论是风吹还是用刷子反复地刷，都无法让鳞片脱落。从下往上轻轻地扫拂这如同手笼似的圆柱体，那鳞片就会像是受到反向摩擦的浓毛一般竖立起来，并一直保持着这种竖立状；如果再朝相反方向摩擦，它们就立即恢复原状。另外，轻轻触摸鳞片的话，它们有如丝绒一般的柔软。它们一丝不乱一片一片地互相黏附着，形成一个保护虫卵的保护层。一滴雨水、一颗露珠都无法渗透进这个‘瓦片’保护层”。这段话详尽地描写了松毛虫的虫卵，将虫卵的外形生动形象地展现在读者面前，使读者印象深刻。

法布尔详细地观察并记录了昆虫的习性，如“这位母亲用一片片从尾部脱离的鳞片来为卵制作‘屋顶’，真的是非常有趣的事情。卵并不是呈纵列产下的，而是呈圆形、环状产下的，这一点是显而易见的。这些‘环’叠合在一起，让卵粒交替地排列着。产卵是从下面，从接近松树复叶的下端开始的，在上面宣告结束。最早产下的是最下面的圆环的卵，最后产下的则是最上面的那个圆形的卵。鳞片全是纵向排列，而且被朝向树叶的那一端固定住。鳞片的安排布置不会有任何的差异”。这段话将松毛虫产卵的习性描写了出来，层次清晰。

法布尔还详细地描写了昆虫的生长过程，总结了它们的生长规律，如“它们一出生就开始吃食了，幼小的毛虫在摇篮似的鳞片中间漫无目的地爬动一段时间之后，其中的大部分都往摇篮里的松针上爬去。这些松针是它们出生的那个圆柱体的轴心，并且向外伸出去。另外的一些小毛虫便向邻近的松针上爬。它们在松针上啃噬，形成一道道被叶脉所限定的细小的凹陷的条纹。三四条吃饱了的小毛虫，排成一条线，一起在爬行，但很快便又各自分开，各逛各的。我们只要稍微地打扰它们一下，它们便会轻轻地晃动身体的上半部，脑袋一冲一冲地轻轻晃动着，如同被一点儿一点儿放松的弹簧似的”。这段话将幼小毛虫出生后吃食的情况描绘得栩栩如生。

艺术特色

一、语言准确、严谨

法布尔在撰写《昆虫记》时，秉承着“准确记述观察到的事实，既不添加什么，也不忽略什么”的原则，对昆虫生活一心一意地进行观察和实验，并进行科学的说明，所用语言极为准确、严谨。

首先，对于不同的情况进行准确说明。可以确定的，法布尔使用了肯定的语言进行描述，如在《松毛虫》一节中，法布尔对鳞片进行了细致的观察，对鳞片的形状极为确定，所以他这样说：“鳞片下端又短又尖，较为细小、散乱，上端则较宽大，像是被截去一段似的紧固在松针上。”对于推测得到的，就用不确定的语言，如“雌松毛虫似乎是用这些鳞片来覆盖住自己的虫卵。这是我自己的推断，因为它们并没有告诉我它们是不是用这些鳞片来覆盖自己的虫卵，也没有告诉我其尾部的这个鳞片堆是派什么用场的。不过，可以肯定的是，它们的这个鳞片堆绝不是毫无用处、只是个装饰，而是有其用途的”，就用“似乎”一词表明是自己的推测。对于没有弄清楚的，也明确地说明自己还没有弄清楚，如在对松毛虫的食物进行叙述时，“在我的荒石园昆虫实验室里，生长着各种松树代用品：冷杉、紫杉、侧柏、刺柏和柏树。可是，尽管这些树也含有树脂的香气，但松毛虫却不去啃噬。只有一种针叶树——雪松例外。我的这些寄宿者在吃雪松树叶时，并没显露出丝毫厌恶的感觉。为什么雪松可以，其他的就不能充作替代品呢？这我还不清楚。松毛虫的胃同人的胃一样谨小慎微，这其中必定有什么奥秘”，对于松毛虫为什么钟爱雪松树叶，法布尔没有找到原因，所以说自己并不清楚。

其次，选择使用准确修饰限制性词语。如“这些细小微弱的创造物只有一毫米长。它们呈淡黄色，满身纤毛。其纤毛有短有长，短的呈黑色，而长的则呈白色。它们的脑袋黑黑亮亮的，直径是身子的两倍。下颚一开始就很有劲，能咬很硬的食物，与它的大脑袋相得益彰。脑袋大，有硬腭，这就是松毛虫新生幼虫的主要特征”，这一句中“淡黄色、黑色、白色”等词语就将初生的松毛虫的颜色栩栩如生地展现在读者面前。

二、语言生动，富有文学性

法布尔崇拜维吉尔，因此他的《昆虫记》也是用散文一样的语言进行记录，《昆虫记》因此被称为“科学与诗的完美结合”。在描述时，法布尔多采用拟人的手法，如“上午十点光景，松毛虫爬出晚上居住的居室，来到灿烂阳光照射着的平台上。平台就在由松针梢支撑着的游廊下面。松针梢之间有一段距离的间隔。松毛虫每天上午都爬到平台上，互相挤在一起睡觉，互相焐着，舒适惬意，还不时地懒洋洋、美滋滋地摇晃一下脑袋，以表示心满意足。晚上六七点钟，它们休息够了，活动一下身子，彼此分手，各自回到自己的居室里去”，就将松毛虫休息时的状态描绘得惟妙惟肖。作者还采用了比喻、反问、设问等修辞手法，使文章妙趣横生。

三、以人性关照虫性

法布尔以人性关照虫性，在对昆虫日常生活的描述中，表露着他对人事的独特认识。

如在对松毛虫的爬行进行描述时，“松毛虫则并非因为愚蠢荒谬，而是出于需要，它们比绵羊更加地盲从，第一条松毛虫爬到哪儿，其他的松毛虫全都排成整整齐齐的行进行列，像朝觐者似的，整齐肃穆地往前爬去，中间绝不会出现空当。它们的行进行列犹如一条连绵不断的细带子。每一条虫子都与自己身前身后的两条松毛虫首尾相接。领头的松毛虫随心所欲地游游荡荡，爬出一条复杂多变的曲线来，其他的松毛虫则一丝不苟地沿着它那弯来绕去的线路爬行。可以说，古希腊前往埃略西斯城去朝拜墨忒耳神庙的朝觐者的宗教仪式行列，与之相比，也略逊一筹”，法布尔将其与朝觐者相比，对于人的盲从不乏幽默调侃之意。

四、《昆虫记》中渗透着对大自然生命的热爱之情

法布尔描写昆虫的目的是让人们喜爱它们，探究生命。所以，在《昆虫记》中，处处可见法布尔对生命的尊重，如“白边飞蝗泥蜂在我屋门槛前的瓦砾堆里做窝，为了踏进家门，我不得不特别小心，否则，一不留神，就会把它的窝给踩坏，正在忙活的‘矿工们’将会遭灭顶之灾”，法布尔是多么小心呀。在对昆虫进行观察时，他满怀喜爱之情，如“没有人住的这座荒石园，成了动物的天堂，没有人会伤害它们了，它们也就占据了这儿的角角落落。黄莺在丁香树丛中筑巢搭窝；翠鸟在柏树那繁茂的枝叶间落户安家；麻雀把碎布头和稻草麦秆衔到屋瓦下；南方的金丝雀在它们那建在梧桐树梢的没有半个黄杏大的小安乐窝里鸣叫；红角鹗习惯了这儿的环境，晚间飞来唱它那单调歌曲，声似笛音；被人称为雅典娜鸟的猫头鹰也飞临此地，发出它那刺耳的咕咕声响”，字里行间洋溢着作者的喜悦之情。

正因为法布尔用准确、严谨、生动、富有文学性的语言描述昆虫世界，而且始终把自己对昆虫的爱、对生命的尊重渗透在文字中，所以，他才被称为“昆虫界的荷马”“昆虫界的维吉尔”，《昆虫记》也因此被世人称道。

作品影响

1910年《昆虫记》全十卷完成出版。百余年来，这部科普著作不仅得到了众多文坛名家的推崇，而且被哈佛大学数位教授推荐为最有影响的书，同时还被誉为“永远解不尽的书”“值得传给下一代的书”。

法国作家雨果认为:《昆虫记》不愧为“昆虫的史诗”。

我国现代思想家、文学家、革命家鲁迅这样评价：“他的著作还有两种缺点：一是嗤笑解剖学家，二是用人类道德于昆虫界。但倘无解剖，就不能有他那样精到的观察，因为观察的基础，也还是解剖学；农学家根据对于人类的利害，分昆虫为益虫和害虫，是有理可说的，但凭了当时的人类的道德和法律，定昆虫为善虫或坏虫，却是多余了。有些严正的科学者，对于法布尔颇有微词，实也并非无故。但倘若对这两点先加警戒，那么，他的大著作《昆虫记》十卷，读起来也还是一部很有趣，也很有益的书。”

著名作家巴金认为:“它融作者毕生的研究成果和人生感悟于一炉，以人性观察虫性，将昆虫世界化作供人类获取知识、趣味、美感和思想的美文。”

著名翻译家、法国文学专家罗大冈认为：“在法国18、19世纪，热衷于把自己的科学研究成果写成文学式著作的生物学家，多到不可胜数，何止法布尔一人。可是只有法布尔的《昆虫记》流传最久最广，这绝非偶然。原因就在于他怀着对渺小生命的尊重与热爱去描写甚至歌颂微不足道的昆虫。这就是《昆虫记》充满人情味的理由。《昆虫记》充满对昆虫的爱，对微小生命的爱，所以使广大读者深受感动。”

截至目前，《昆虫记》先后被翻译成五十多种文字，被我国确定为初中生必读课外书目之一。《昆虫记》中的部分文章，如《绿色蝈蝈》《蝉和蚁》《蟋蟀的住宅》等被选入我国的语文教材。

专题一

精读法布尔观察昆虫的段落，根据实例总结法布尔观察的经验。

跟法布尔学观察

读法布尔的《昆虫记》，可以看出法布尔的观察方法。我们可以从他对松毛虫的观察过程中看出来。

一方面，法布尔为了观察松毛虫，寻找到了大量的松毛虫作为观察对象，这样就避免了因观察对象的单一而使观察结果产生误差。他"把三十来个松毛虫的窝安放在离我家大门几步远的地方。如果这些窝仍不够用，附近的松树仍可向我提供必要的补充"，观察数量之大，让人叹为观止，也让法布尔观察得到的结果更加可信，更加具有说服力。

另一方面，法布尔观察时非常注意持续观察。比如他对松毛虫的观察，在观察幼小的松毛虫时，从太阳初升一直到晚上六七点钟。"当阳光照到那喂养幼虫的窗户时，这个小小家庭的成员们在体力得到充分的恢复以后，便退往其出生的双叶基地，乱糟糟地聚集在一起，开始吐丝作茧。我们沿着经脉把这居室剪开来观察。首先给人留下深刻印象的是，被圈于其中的松针未被触动，仍然在茁壮地生长着。幼小的松毛虫在它们的临时住所里啃噬被丝套罩住的松针，直至枯萎。……上午十点光景，松毛虫爬出晚上居住的居室，来到灿烂阳光照射着的平台上。平台就在由松针梢支撑着的游廊下面。松针梢之间有一段距离的间隔。松毛虫每天上午都爬到平台上，互相挤在一起睡觉，互相焐着，舒适惬意，还不时地懒洋洋、美滋滋地摇晃一下脑袋，以表示心满意足。晚上六七点钟，它们休息够了，活动一下身子，彼此分手，各自回到自己的居室里去。”这里的“当阳光照到那喂养幼虫的窗户时”“上午十点光景”“晚上六七点钟”一系列时间词，一方面表明了法布尔观察持续的时间之长，另一方面也是松毛虫活动变化的时间点，法布尔抓住这些时间点进行观察记录，准确形象地描绘了松毛虫的生活习性，给读者深刻印象。

专题二

研读法布尔探究的若干个案例，总结他的探究经验。

跟法布尔学探究

我们读法布尔的《昆虫记》，不知不觉间会被法布尔对昆虫生活的真切描绘而吸引，沉浸其中。我们可以从中了解昆虫的生活，其实我们更应该学习的是其中渗透的法布尔的探究精神。

一方面，我们应该学习的是法布尔在研究昆虫的过程中敢于提出疑问，并进行试验以寻求真理的探究精神。法布尔并不满足于对昆虫习性的记录，而是在观察昆虫的外形、习性时提出了疑问，并试图解决这个问题。比如，他在研究松毛虫时，对松毛虫跟随队伍前进时的吐丝行为产生了疑惑。“这是一项与大家息息相关的工程，每条松毛虫都为之献出了自己宝贵的丝。那么，它们为什么这么浪费自己的丝呢？”法布尔在观察松毛虫行走时，发现了松毛虫的吐丝行为，他在之前的观察中发现丝在松毛虫的日常生活中发挥着巨大的作用，如加固建筑物、制作遮挡阳光的网、增加居室的厚度、弥补裂缝……可以说，丝对于松毛虫来说是十分珍贵的，可是行走在路上时，松毛虫也在吐丝，法布尔对此产生了疑问，接下来他进行了研究。“我从它们前进的方式悟出了两个理由。松毛虫是在夜间去啃噬松针的。”松毛虫爬行的距离相对来说是比较远的，“靠视觉认路根本就不可能。松毛虫头的两侧有五个视觉点。在放大镜下面，它们都显得极其细小，难以辨认，所以这些视觉点是看不远的。再说，夜里黑漆漆的，它们的这种近视透镜又能起什么作用？”法布尔首先排除了视觉，接着又排除了嗅觉，接着提出了结论：“那么，视觉和嗅觉全都被排除了，还剩下什么在引导松毛虫回到自己的窝里去呢？那就只有它们沿路吐丝所织成的那条丝带了”，这样，经过一步步探究，他的结论就非常真实可信了。

另一方面，在研究过程中，法布尔并不迷信传统的说法和权威，而是根据自己的观察和试验进行探究，大胆质疑。法国民间有利用蝉来医治水肿的说法：“你受肾衰之苦吗？你因水肿而走路晃晃悠悠吗？你需要治它的特效药吗？农村的偏方在对待这种病上有特效，那就是用蝉来治。把成虫的蝉在夏天里收集起来，穿成一串，在太阳下晒干，然后藏在衣橱角落里。如果一个家庭主妇7月里忘了把蝉穿起来晒干收藏，那她会觉得自己太粗心大意了。”法布尔就根据自己的观察结果提出了反对意见：“说此偏方可以利尿，纯属幼稚天真。我们这儿人人皆知，谁要想抓蝉，它就立即向谁脸上撒尿，然后飞走。因此，它告诉了我们其排尿的功能，以致迪约斯科里德及其同时代的人便以此为据，而我们普罗旺斯的农民至今仍这么认为。”在探究过程中，我们也应该具备这种“知之为知之，不知为不知”的精神。

专题三

从写作的角度精读《昆虫记》，摘抄若干精彩片段，进行鉴赏点评。

跟法布尔学写作

示例1：

有关动物的文章，比较好些，因为只要你观察了，注意到了这种动物的外形、习性等特征，一篇基本合格的文章就出来了。只是，要想把这种文章写得精彩就难得了，不但要有文采，还要有感情，一篇干巴巴的文章是任何人都不想读的。法布尔描写昆虫的文章不仅有文采，而且有感情。读他的文章，我们可以从中感受到他对昆虫的喜爱之情。现在就以他的《松毛虫》为例进行一下分析。

松毛虫身上的毛是有毒的，普通人见了，恐怕会心生厌恶，可是法布尔却对松毛虫充满了爱意。他在观察松毛虫的虫卵时，用镊子夹“真的夹到了一些有鳞片的浓毛”，“真的”一词，充满了意想不到的感觉，让读者感受到了法布尔的惊喜之情。“一个松毛虫蛾母亲拥有一个多大的家庭啊！”他认为松毛虫蛾拥有的是一个“家庭”，这是将松毛虫蛾当作人，其中渗透着法布尔的惊叹之情。而且，法布尔在描写卵的排列时，认为“看上去，犹如用珍珠制作的工艺品，小巧玲珑，巧夺天工，令人惊叹”“但其排列的几何图形更加优美、漂亮”，将松毛虫的卵当作晶莹剔透的珍珠，让人一看就心生喜爱之情，对其排列的图形也认为是“优美、漂亮”，这一系列赞美的词语说明法布尔对松毛虫的无比喜爱。法布尔在看松毛虫产卵的场面时也是充满着欣赏和赞美之情的，所以，他认为“观赏松毛虫蛾母亲制作这种如此齐整美观的杰作”“我们眼前这座漂亮的‘建筑物’吧。无论年老年少，无论有才无才，人人见了这个娇小玲珑的松毛虫蛾穗子，都会啧啧称赞的”。可以说，法布尔对松毛虫是赞不绝口的。

爱，才会全神贯注地进行观察；爱，才会注意其中的细节；爱，才会让自己的文字充满感情——正因为法布尔描写昆虫的文章中充满了爱，我们才会如此赞赏他的文章，让他的文章广为流传。所以，我们在描写动物时，也一定要对所描写的动物充满感情，要把自己的感情用文字表述出来，让读者真切地感受到，这样我们的文章才会是一篇精彩的文章。

示例 2：

读圣甲虫堆粪球，好像在欣赏一部文艺大片。

你看，在法布尔笔下，那奔向粪堆的圣甲虫就像一位稍微有些笨拙的大汉，它是多么焦急呀，“它那长长的爪子僵硬笨拙地倒腾着，仿佛其肚腹下面有一个机械在推动着似的；它的那对棕红色小触角大张开来，透着垂涎欲滴的焦急不安”，法布尔运用拟人和比喻的修辞，抓住了圣甲虫的动作，将爪子和触角的细微状态描写出来，将一个急于得到粪球的圣甲虫形象地展现在读者面前。法布尔还设置了小小的意外事件，让它因急切而撞倒了其他的圣甲虫，它该是多么着急呀。在堆粪球时，圣甲虫又是多么细致呀。法布尔在这里将圣甲虫堆粪球的行为分为两种进行描述：一种是概述堆自己食物的动作，法布尔使用了“拱一拱、挑一挑、就得了”等词语，表现了圣甲虫对自己食物的漫不经心；另一种是用大量笔墨详细描绘了圣甲虫为自己孩子准备食物时的“严格挑选，一丝不苟”。首先介绍了前腿的作用，接着介绍了后面四只爪子尤其是最后一对的作用，每种作用的介绍都是针对堆粪球的。接着运用动作描写，用“耙、挤压、摇动”等动词，中间穿插粪球的形状变化，将圣甲虫加工粪球的过程呈现了出来。而且，法布尔为了表现圣甲虫的一丝不苟，还将圣甲虫对粪球最后加工的场景描绘了出来，“用宽大的拍子轻轻拍打粪球”，将圣甲虫的小心翼翼表现了出来。

整体来说，法布尔精心选择了圣甲虫堆粪球的场景，将这个过程用一个个分镜头（奔向粪球，堆粪球，收尾）的形式展现出来，综合运用多种修辞手法（设问、拟人、比喻）和多种描写手法（动作描写、细节描写）使圣甲虫的形象完美呈现，值得我们学习。

学习法布尔的求真精神

为了记录昆虫的生活，法布尔几十年如一日地观察昆虫，最终写出了十卷本的《昆虫记》。读《昆虫记》，我们不仅可以感受到法布尔对昆虫的热爱，还可以感受到法布尔那种求真求实的探究精神，他的这种精神是值得我们学习的。

法布尔研究昆虫的目的和其他博物学家不同，其他博物学家是为了将昆虫分类，而法布尔研究的是昆虫的本能、习性和生活方式等，彻底了解并掌握昆虫，这就决定了法布尔在研究昆虫的过程中自始至终保持着求真务实的探究精神。

法布尔建立了荒石园，四十年如一日观察和记录昆虫的生活。在研究昆虫的过程中，他善于提出问题并通过试验来解决问题。物理学家爱因斯坦说："提出问题比解决问题更重要。"法布尔对昆虫的装死行为产生了疑惑，就设置了多种试验来进行验证，最终证实那是昆虫自我保护的一种行为。法布尔对朗格多克蝎的自杀说法产生了疑问，就通过试验来验证，最终证明这种说法是错误的。

其实，在我们的日常生活尤其是学习中，也需要这种求真的探究精神。在上初一的时候，我的数学成绩很不好，这是因为我害怕数学，尤其是一遇到难题就更加焦急不安，有时更是干脆放弃。就这样，数学上的难题越堆越多，我的成绩因此受到了很大影响。后来，数学老师知道了我的这种心理，就开导我，不要害怕数学，要有求真的精神，认真地上好每一节数学课，认真地去钻研数学。我听从了老师的建议，课上认真听讲，课下认真地做了大量习题，终于，数学在我的心里不再是拦路虎了，我的成绩也逐步上升了。后来，我发现不仅数学是这样，其他学科的学习也是这样。我坚持用这种求真的精神去学习其他学科，也获得了成功。

读《昆虫记》，我不仅了解了昆虫，而且拥有了法布尔求真的精神，感谢法布尔。

读《昆虫记》有感

我喜欢看书，尤其是爱看童话，像《安徒生童话》《格林童话》《一千零一夜》等，就是不爱看科普类的书，只要一拿起那类书，我的眼皮就直打架。可是，前一段时间老师却要求我们读《昆虫记》，没有办法，我只好带着无可奈何的心情打开了《昆虫记》，可是没有想到，我竟然被这本书吸引住了。

《昆虫记》不愧是法国杰出昆虫学家法布尔的杰作，他把小小的昆虫世界描绘得让人如同身临其境。印象最深的一段是法布尔对“螳螂捕食”的描写：“鞘翅随即张开，斜掩在两侧；双翼整个儿展开来，似两张平行的船帆立着，宛如脊背上竖起阔大的鸡冠；腹端蜷成曲棍状，先翘起来，然后放下，再突然一抖，放松下来，随即发出“噗、噗”的声响，宛如火鸡展屏时发出的声音一般。也像是突然受惊的游蛇吐芯时的声响。”你看，法布尔的描写是多么细致生动啊，螳螂的鞘翅是如何张开的，双翼是什么状态，腹部状态的改变，法布尔都通过一系列动词形象地展现了出来。读了这段话，我的眼前好像有一只螳螂在扑向蝗虫。

读了《昆虫记》，我思绪万千，科普书不是不好读，是我一直没有读呀。原先只喜欢读童话的习惯限制了我获得知识的途径，让我错失了多少知识呀！今后，我一定多读书，不仅要读科普方面的书，还要读历史、地理等方面的书。我相信，只要坚持下去，一定能够读书破万卷，成为有知识的人。

基础训练

一、填空题

1.《昆虫记》是一部__________。

2. 会装死的昆虫是______。

3. 蟋蟀差不多和______一样有名。

4. 蟋蟀之所以如此名声在外，主要是因为它的______，还有它出色的__________。

5. 蝉的幼虫需要在地下生活______之久。

6. 作者在《昆虫记》里向我们介绍了________、________、________、________等昆虫。

7. 萤火虫得名的原因是____。

8. 在南方有一种昆虫，与______一样，能引起人的兴趣。但不怎么出名，因为它不能______，它是______。

9. 螳螂专食______的动物。

10. 螳螂外表______而______，______的体色，__________的长翼，颈部______，______可以向任何方向自由______。

11.______这种稀奇的小动物的______上像挂了一盏______似的。

12. 萤火虫生长着______短短的______，当雄萤发育成熟，会生出______，像______一样。

13. 圣甲虫为后代准备的粪球形状是______。

14. 法布尔的荒石园中生长着很多植物，其中最多的是______。

15. 研究昆虫的习性，就必须______，在它生活的区域进行长期的观察，因为它只在自己的生活环境中才能尽显其天性。

16. 除了______，松毛虫不会啃食其他松树的树叶。

17. 法布尔用来验证昆虫装死行为的昆虫是____________。

18. 大头黑步甲装死时的静止状态保持得很长，有时竟然长达______。

19. 烟黑吉丁在光线暗淡的地方会____________。

20. 法布尔认为______是一种怯懦的行为。

21. 法布尔的一个愿望，是希望在自家附近能拥有一个______。

22. 一只死动物刚放进罐子里还没有两个钟头，________就赶来了。

23. 经常光顾法布尔那些吊着的沙罐的是三种绿蝇：__________、__________、__________。

24. 绿蝇产下的卵是______色的。

25. 绿蝇幼虫喜欢______食物。

26. 螳螂的拉丁文名为________。

27. 螳螂的食物是______、蚱蜢或其他更厉害的昆虫。

28. 天牛的幼虫就像是一段蠕动着的________。

29. 天牛幼虫在树干里大约要生活______时间。

30. 天牛的______是天牛用来挖掘通道的有力工具。

二、选择题

1.《昆虫记》共有（　　）。

A. 八卷　　B. 九卷　　C. 十卷　　D. 十一卷

2. 法布尔被誉为（　　）。

A. 昆虫界的荷马　　B. 昆虫界的圣人

C. 昆虫至圣　　D. 昆虫界的托尔斯泰

3.《昆虫记》是一部（　　）。

A. 文学巨著、科学百科　　B. 文学巨著

C. 科学百科　　D. 优秀小说

4. 法布尔为写《昆虫记》（　　）。

A. 调查了许多资料　　B. 翻阅了许多百科全书

C. 养了许多虫子　　D. 一生都在观察虫子

5. 法布尔的《昆虫记》曾获得（　　）。

A. 普利策奖　　B. 诺贝尔奖提名

C. 安徒生奖　　D. 诺贝尔奖

6.《昆虫记》是（　　）国昆虫学家（　　）的杰作，记录了他对昆虫的观察和回忆。

A. 法国　法布尔　　B. 法国　儒勒·凡尔纳

C. 英国　笛福　　D. 丹麦　安徒生

7. 法布尔曾担任（　　）。

A. 皇家科学院会员　　B. 植物学教授

C. 物理教师　　D. 探测员

8. 法布尔在《荒石园》中说，他坚持了（　　）年观察昆虫。

A. 十年　B. 二十年　C. 三十年　D. 四十年

9. 法布尔的生活十分（　　）。

A. 贫穷　B. 富裕　C. 忙碌　D. 悠闲

11.《昆虫记》透过昆虫世界折射出（　　）。

A. 历史　B. 社会机制　C. 社会人生　D. 自己生活

10. 蟋蟀的住宅是（　　）修建的。

A. 蝉　B. 蟋蟀　C. 蝈蝈　D. 黑步甲

12. 螳螂捕食前喜欢（　　）。

A. 威吓其他昆虫　　B. 直接扑上去

C. 突然袭击　　D. 默默不动

13. 夏天阳光下的歌唱家是（　　）。

A. 蝉　B. 蟋蟀　C. 蝈蝈　D. 黑步甲

14. 关于萤火虫以下说法错误的是（　　）。

A. 萤火虫的卵在雌萤火虫肚子里时就是发光的

B. 两条发光的宽带是雌萤发育成熟的标志

C. 雌萤的光带在交尾期如果受到强烈的惊吓，发光会受到影响

D. 无论是雌萤还是雄萤从生下来到死去都发着光

15. 黑步甲擅长（　　）。

A. 装死　　B. 耍伎俩　　C. 奔跑　　D. 吃食物

三、判断题

1.《昆虫记》是法国杰出昆虫学家法布尔的传世佳作，也是一部不朽的著作，不仅是一部文学巨著，也是一部科学百科。(　　)

2. 蝉是聋子，听不到任何声音。(　　)

3. 松毛虫能预测天气，它是小小气象预报员。(　　)

4. 蝉通常在干干的细树上产卵。(　　)

5. 蝉拥有电报线。(　　)

6. 螳螂只捕食其他昆虫。(　　)

7. 萤有两个最有意思的特点：一是获取食物的方法，另一个是它尾巴上有灯。(　　)

8. 萤火虫的俘虏对象主要是蜗牛，捕捉俘虏时，马上把它刺死。(　　)

9. 萤火虫吃蜗牛时，先把蜗牛分割成一块一块，再咀嚼品味。(　　)

10. 雌性萤火虫和雄性萤火虫发光的器官生长在同一位置。(　　)

11. 四年黑暗的苦工，一月日光中的享乐，这就是蝉的生活。(　　)

12. 母狼蛛背着小蛛们活动，至少要经过几个星期。(　　)

13. 背着小蛛的七个月里，母蛛要随时喂它们吃东西。(　　)

中考真题

一、选择题

1.【2019·浙江杭州】下列文学、文化常识，分类恰当的一项是（　　）。

A. 谦辞：家君、在下、愚见、寒舍

B. 法国：莫泊桑、普希金、法布尔、都德

C. 小说：《儒林外史》《水浒传》《朝花夕拾》《骆驼祥子》

D. 律诗：《游山西村》《春望》《木兰诗》《钱塘湖春行》

2.【2019·湖北鄂州】下列有关文学常识和名著阅读的表述，正确的一项是（　　）。

A. “是日更定矣”中的“更定”，指晚上八时左右。更，古代夜间的计时单位，一夜分为五更，每更约两小时。

B.《钢铁是怎样炼成的》《红星照耀中国》《昆虫记》的作者分别是苏联作家尼古拉·奥斯特洛夫斯基、英国记者埃德加·斯诺、法国昆虫学家法布尔。

C. 唐僧师徒四人去西天取经，路遇火焰山受阻。为过火焰山，孙悟空变作牛魔王的模样从铁扇公主手中骗来芭蕉扇。牛魔王知道真相后，采用相同的办法，变成沙僧的样子，又从孙悟空手中骗回了扇子。

D. 除夕是农历旧年的最后一夜，又叫“团圆夜”，有吃团圆饭、吃饺子、守岁等习俗；春节是农历新年的第一天，俗称“过年”，有贴春联、拜年、吃元宵等习俗。

3.【2019·湖北孝感】选出下列对作家作品的解读不正确的一项（　　）。

A. 法国作家凡尔纳自幼热爱海洋，向往远航探险。正是由于凡尔纳无限的好奇心和丰富的想象力，《海底两万里》才得以呈现在读者

面前。

B.《儒林外史》中作者吴敬梓把王冕的故事作为全书的“楔子”，是以王冕为例，揭示功名利禄对读书人灵魂的毒害，表达对封建科举制度的批判。

C. 当我们读到《艾青诗选》中“当黎明穿上了白衣的时候，田野是多么新鲜”这样鲜活的诗句时，我们不仅惊叹其非凡的想象力，还从内心激起了对“黎明”和“希望”的巨大渴望。

D. 法布尔的《昆虫记》为我们展示了许多昆虫的另一面：勤劳的蚂蚁竟然是残暴的掠夺者；看似笨拙的圣甲虫，竟是个能工巧匠；看似恶毒的朗格多克蝎，却对自己的孩子关爱有加……

4.【2019 • 内蒙古赤峰】下列有关名著内容表述有误的一项是（　　）。

A.《大堰河——我的保姆》选自《艾青诗选》，该诗是艾青的成名作。作者在该诗中抒发了对抚养他的保姆大堰河深深的挚爱与无尽的怀念之情。

B.《儒林外史》被鲁迅称为“中国古代最优秀的讽刺小说”，科举制度成为该书揭露和讽刺的主要对象，在作者笔下，这个制度已经极度腐朽。

C. 祥子是老舍的小说《骆驼祥子》中的重要人物，在二十二岁那年，他买了一辆刚打好的车，从此再也不用为“车份儿”着急了，可惜好景不长，为了埋葬虎妞，他只好把这辆车卖了。

D.《昆虫记》是法国昆虫学家法布尔写的一部科普巨著，揭示了昆虫世界一个又一个的生活奥秘。该书行文活泼，仿佛把读者带入了一场探索与发现之旅，读来情趣盎然。

5.【2019 • 重庆市 B 卷】下列说法有误的项是（　　）。

A.《无常》里讲到作者在故乡看大戏，戏里的无常颇具人情味。阿嫂死了儿子，十分悲伤，无常同情阿嫂，放其儿子还阳半刻，结果被阎王捆打四十。

B.“这是一个高大身材，长头发，眼球白多黑少的人，看人总像在藐视。”这是鲁迅第一次在日本的同乡会看到的范爱农，当时两个人因志趣相投，结为好友。

C.《昆虫记》书中，法布尔用生动活泼、轻松诙谐的笔调，让笔下的虫子充满了盎然的情趣，体现了作者对自然的热爱尊重。

D.《昆虫记》中法布尔没采用解剖法，而是采取观察与实验的方法，实地记录昆虫的生活现象、本能和习性，带给我们不一样的昆虫世界。

6.【2019 • 黑龙江绥化】下列各句表述错误的一项是（　　）。

A.《海底两万里》是凡尔纳的一部科幻小说，赞扬了尼摩船长等反抗压迫的战士形象。

B.《五猖会》中父亲让“我”背的书是《千字文》。

C.《昆虫记》被鲁迅认为是科学著作注入了灵魂和生气，使之成为“一部很有趣，也很有益的书”。

D. 保尔因往神父的面团里撒烟灰，被学校开除，当时的他只有12岁。

7.【2017 • 四川乐山】下列与推荐阅读名著相关的说法，正确的一项是（　　）。

A. 冰心的《繁星》和《春水》兼采中国古典诗词和泰戈尔哲理小诗之长，善于捕捉刹那间的灵感，以千言万语书写内心的感受和思考，充分展现对母爱与童真的回味，对大自然的崇拜和叹服，对人生的感悟和赞美。

B.“感之不深，自然爱之不切了；爱之不切，弹出来当然也不够味儿；而越是不够味儿，越是引不起你兴趣。”出自《傅雷家书》，这本书是傅雷翻译法国批判现实主义作家巴尔扎克《人间喜剧》中的某些章节汇编成册的。

C.《海底两万里》是凡尔纳三部曲的第一部。凡尔纳的小说之所以拥有广大读者，原因就在于构思巧妙，情节惊险，是科学与幻想巧妙结合的成果，同时还具有社会责任感和崇高的人文主义精神。

D.《名人传》中，贝多芬在生命的末日写出了不朽的《欢乐颂》；米开朗琪罗直到临终前几天还整天站着塑像，终于留下传世的杰作；托尔斯泰在生命的最后一刻，下定了摆脱贵族生活的决心。

8.【2017 • 四川南充】下列对名著的介绍，不正确的一项是（　　）。

A.《伊索寓言》包含的内容十分丰富，书中不少内容是影射当时社会现实的。如《农夫和蛇》的故事就告诫人们，做好事要看对象，以免上当受骗。

B. 法布尔的《昆虫记》既是优秀的科普著作，也是公认的文学经典，它行文生动活泼，语调轻松诙谐。作者除了真实地记录昆虫的生活，还透过昆虫世界折射社会人生。

C. 高尔基《童年》中的外祖母慈祥善良，聪明能干，热爱生活，对谁都很忍让。她的爱照亮了阿廖沙敏感而孤独的心。

D.《水浒传》中的武松崇尚忠义，有仇必复，有恩必报，他是下层英雄好汉中最富有血性和传奇色彩的人物。

9.【2016 • 山东淄博】下列说法有误的一项是（　　）。

A. 诗歌偏重于抒情言志，诗歌的情感往往寄托在鲜明独特的意象上，通过意象营造出生动感人的意境。

B. 杨绛先生于今年 5 月 25 日辞世。她在叙事散文《老王》中记叙了与老王的交往经历，表达了她对老王深切的愧怍之情，也表现了一个知识分子可贵的自省精神。

C. 古代跟年龄相关的称谓很多。如“垂髫”，指小孩；“花甲”，指六十岁的老人；“加冠”，指年已二十的成年男子。

D. 法国博物学家布封的《昆虫记》，既是优秀的科普著作，也是公认的文学经典。课文《马》即选自其中。

二、填空题

1.【2019·天津】经典名著是一个时代留给我们的精神食粮。读《水浒传》，我们结识了景阳冈打虎的________，在他身上我们看到了草莽英雄的血性与气概；读《西游记》，我们认识了火眼金睛，会七十二变的________，被他桀骜不驯、爱憎分明的性格所吸引；读《__________》，我们和尼摩船长一起航行，领略了海底的奇妙与美丽；读《昆虫记》，我们了解昆虫生活的奥秘，也被________积极探索、求真务实的精神所感动……徜徉书海，我们的心灵得到滋养，我们的思想变得深刻。

2.【2019·四川广安】名著之所以“著名”，不仅因文字，更因情怀。《傅雷家书》是一部书信集，凝聚着傅雷先生对祖国、对儿子________（填人名）深厚的爱；《昆虫记》在真实记录和描写昆虫生活的同时，还渗透着________（填作者）对人类的思考。

3.【2018·四川凉山】有这样一只不知危险、无所畏惧的灰颜色的虫，朝着那只螳螂迎面跳了过去。后者，也就是那只螳螂，立刻表现出异常愤怒的态度。接着，反应十分迅速地做出了一种让人感到特别诧异的姿势，使得那只本来什么也不怕的小蝗虫，此时此刻也充满了恐惧感。

以上文字节选自________（国籍）________（人名）的《________》，该书被誉为“____________”。

4.【2017·浙江台州】阅读名著能让我们看到高处的光，远处的爱和深处的智慧。读奥斯特洛夫斯基《钢铁是怎样炼成的》，可以看到________（填主人公）为理想献身的崇高精神；读________（填作者）的《骆驼祥子》，可以看到作者对旧北京人力车夫的深切同情；读法布尔的《________》（填作品），可以看到作品中蕴含的睿智哲思。

三、阅读理解

1.【2019•山东聊城】名著阅读。

作品名称	名著片段
《__①__》	意大利蟋蟀没有黑色礼服，也没有整个蟋蟀类所特有的臃肿外表。相反，它纤长，娇弱，体色很浅，近乎白色，这与它夜间活动的习性十分适合。
《水浒传》	__②__寻思道："俺只指望痛打这厮一顿，不想三拳真个打死了他。洒家须吃官司，又没人送饭，不如及早撒开。"拔步便走，回头指着郑屠尸道："你诈死，洒家和你慢慢理会。"一头骂一头大踏步去了。
③《骆驼祥子》	祥子的手哆嗦得更厉害了，揣起保单，拉起车，几乎要哭出来。拉到个僻静地方，细细端详自己的车，在漆板上试着照照自己的脸！越看越可爱，就是那不尽合自己的理想的地方也都可以原谅了，因为已经是自己的车了。把车看得似乎暂时可以休息会儿了，他坐在了水簸箕的新脚垫儿上，看着车把上的发亮的黄铜喇叭。他忽然想起来，今年是二十二岁。因为父母死得早，他忘了生日是在哪一天。自从到城里来，他没过一次生日。好吧，今天买上了新车，就算是生日吧，人的也是车的……

（1）①处应填入的作品名是《________》；②处应填入的人物名是______________。

（2）高阳同学在片段③处批注了“如愿以偿”一词，结合作品内容说说你的理解。

____

2.【2017·新疆】阅读名著选段，请回答问题。

【甲】当那个可怜的蝗虫移动到螳螂刚好可以碰到它的地方时，螳螂就毫不客气，一点儿也不留情地立刻动用它的武器，用它那有力的“掌”重重地击打那个可怜虫，再用那两条锯子用力地把它压紧。于是，那个小俘虏无论怎样顽强抵抗，也无济于事了。

【乙】他拉上了个买卖，把车拉起来，他才晓得天气的厉害已经到了不允许任何人工作的程度。一跑，便喘不过气来，而且嘴唇发焦，明知心里不渴，也见水就要喝。不跑呢，那毒花花的太阳把手和脊背都要晒裂。好歹地拉到了地方，他的裤褂全裹在了身上。

【甲】段文字选自名著《_______》，作者是_______，他为我们展现了大自然的小生灵们鲜为人知的生活和习性。

【乙】段出自名著《_________》，作者是_________，这里所写的是__________（写出人名）在烈日下拉车的情景，细腻逼真，令人感同身受。

3.【2019·江苏连云港】阅读《昆虫记》节选，完成下列各题。

①蝉是非常喜欢唱歌的。它翼后的空腔里带有一种像钹一样的乐器。它还不满足，还要在胸部安置一种响板，以增加声音的强度。因为有这种巨大的响板，使得生命器官都无处安置，只得把它们压紧到身体最小的角落里。当然了，要热心委身于音乐，那么只有缩小内部的器官，来安置乐器了。

②但是不幸得很，它这样喜欢音乐，对于别人，却完全不能引起兴趣。就是我也还没有发现它唱歌的目的。通常的猜想以为它是在

叫喊同伴，然而事实明显，这个意见是错误的。

③蝉与我比邻相守，到现在已有十五年了，每个夏天差不多有两个月之久，它们总不离我的视线，而歌声也不离我的耳畔。我通常都看见它们在梧桐树的柔枝上，排成一列，歌唱者和它的伴侣比肩而坐。吸管插到树皮里，动也不动地狂饮，夕阳西下，它们就沿着树枝用慢而且稳的脚步，寻找温暖的地方。无论在饮水或行动时，它们从未停止过歌唱。

④所以这样看起来，它们并不是叫喊同伴，你想想看，如果你的同伴在你面前，你大概不会费掉整月的功夫叫喊他们吧！

⑤其实，照我想，便是蝉自己也听不见所唱的歌曲。不过是想用这种强硬的方法，强迫他人去听而已。

⑥它有非常清晰的视觉，只要看到有谁跑来，它会立刻停止歌唱，悄然飞去。然而喧哗却不足以惊扰它。你尽管站在它的背后讲话，吹哨子、拍手、撞石子，这镇静的蝉却仍然继续发声，好像没事儿人一样。

⑦有一回，我借来两支乡下人办喜事用的土铳，里面装满火药，将它放在门外的梧桐树下我们很小心地把窗打开，以防玻璃被震破。

⑧我们六个人等在下面，热心倾听头顶上的“乐队”会受到什么影响。“砰！”枪放出去，声如霹雷。

⑨一点儿没有受到影响，它仍然继续歌唱。它既没有表现出一点儿惊慌扰乱之状，声音的质与量也没有一点儿轻微的改变。第二枪和第一枪一样，也没有发生影响。

⑩我想，经过这次试验，我们可以确定，蝉是听不见的，好像一个极聋的聋子，它对自己所发的声音是一点儿也感觉不到的！

（节选自法布尔《昆虫记·蝉》，有删改）

（1）蝉的歌唱源于它怎样的身体构造？

____

____

（2）第③段画线句子语言有什么特色，请略作分析。

（3）第⑦至⑩自然段，写了什么事？从中可以看出作者具有怎样的治学态度？

（4）“垂緌饮清露，流响出疏桐。居高声自远，非是藉秋风。”虞世南的《蝉》和法布尔的《蝉》都写了蝉鸣，其用意有何不同？

4.【2019·湖北宜昌】

神秘池塘

法布尔

①这个停滞不动的池塘，虽然它的直径不超过几尺，可是在阳光的孕育下，它却犹如一个辽阔神秘而又丰富多彩的世界。不知道会有多少忙碌的小生命生生不息。它多能打动和引发一个孩子的好奇心啊！让我来告诉你，我记忆中的第一个池塘怎样深深地吸引了我并激发起我的好奇心。

②小时候，家里养了一群小鸭，我是放鸭的牧童。

③小鸭们一到池塘就飞奔过去寻找食物，吃饱喝足后，就到水里去洗澡，它们常常把身体倒竖起来，尾巴指向空中，仿佛在跳水中芭蕾。我美滋滋地欣赏着小鸭们优美的动作，看累了，就看看水中别的景物。

④那是什么？在泥土上，我看到有几段互相缠绕着的绳子又粗又

松，黑沉沉的，像重满了烟灰，我走过去，想拾一段放到手掌里仔细观察，没想到这玩意儿又黏又滑，一下子就从我的手指缝里滑走了。我花费了好大的劲儿，才认出它们是蝌蚪。

⑤接着我的注意力又被别的东西吸引住了．我看着泉水流到小潭，汇成小溪，突发奇想，如果把溪水看作一个小小的瀑布，定能去推动一个水磨，于是，我用草做成轴，用两个小石块支着它，成功地做了一个磨子，可惜只有几只小鸭来欣赏我的杰作。

⑥接着，我在石头的窟座里发现了一些灿烂而美丽的东西．它使我想起神龙传奇的故事。难道它们就是神龙赐给我的珍宝吗？要给我数不清的金子吗？为了纪念我发现的“宝藏”，再加上好奇心的驱使，我把石头装进口袋里，塞得满满的。

⑦在回去的路上，我尽情地想着我的蓝衣甲虫——像蜗牛一样的甲虫，还有那些神龙所赐的宝物、可是一踏进家门，父母的反应令我一下子大失所望。

⑧“赶紧把这些东西扔出去！”父亲冲着我吼道。

⑨“小鬼，准是什么东西把你迷住了！”那是大自然的魔力。可怜的母亲，她说得不错，的确有一种东西把我迷住了。半年后，我知道了那个池塘边的“钻石”，其实就是岩石的品体；所谓的“金粒”，也不过是云母而已，它们并不是什么神龙赐给我的宝物，尽管如此，对于我，那个池塘始终保持着它的诱惑力，因为它充满了神秘，那些东西在我看来，其魅力远胜于钻石和黄金。

（1）法布尔记忆中的第一个池塘里，有哪些具体的事物激发了他的好奇心？

____

（2）仔细揣摩文中的关键词句，说说法布尔具有哪些优良的学习品质。

____

（3）从法布尔后来的成就看，“那些东西”的魅力为什么远胜于“钻石和黄金”？

______

（4）请准确列举出法布尔《昆虫记》目录中出现过的四种昆虫名称。

______

（5）积累链接：请默写出宋代诗人杨万里《小池》中的后两句。

______

四、探究

1.【2019·江西】班级拟开展“走进名著，与作者对话”综合性学习活动，请从下面“专题探究”中选择一个专题，以“一位忠实的读者”的名义，给作者写一封信，交流你的探究成果，字数200左右。

[专题探究]

专题一：孙悟空的“不变”《西游记》

专题二：跟法布尔学观察《昆虫记》

专题三：探讨诗歌的意象《艾青诗选》

______

______

______

______

2.【2019·湖南郴州】语文课上，李老师建议大家组成读书小组对《昆虫记》和《水浒传》进行专题探究，请你根据示例为这两部名著各设计一个探究专题。

（1）《昆虫记》探究专题示例：探究法布尔的观察方法。

你设计的专题：______。

（2）《水浒传》探究专题示例：探究《水浒传》中的情节。

你设计的专题：______。

模拟训练

一、判断题

1. 法布尔引用雷沃米尔大师的话，是为了批评前人的研究。(　　)

2. 为了准确掌握观察对象的情况，法布尔通常会准备多个观察对象。(　　)

3. 松毛虫有跟着领头的松毛虫爬行的习惯。(　　)

4. 松毛虫的视觉和嗅觉很灵敏。(　　)

5. 大头黑步甲装死是因为它很弱小。(　　)

6. 光滑黑步甲也会装死。(　　)

7. 烟黑吉丁喜欢阳光。(　　)

8. 对碰撞震动和降低温度比较敏感的昆虫，同样对乙醚所产生的作用也很敏感。(　　)

9. 格斗失败的蝎子会被胜利者吃掉。(　　)

10. 蝎子被一圈火炭围住，它便会用螯针蜇自己，最后，以自愿死亡来结束这失常的状态。这种说法经过法布尔的验证是正确的。(　　)

11. 法布尔在研究绿蝇时，让孩子们帮助自己。(　　)

12. 绿蝇会分好几次产卵，一次产卵多粒。(　　)

13. 绿蝇产的卵孵化时间是二十四小时之内。(　　)

14. 夏至时分，在人来人往、被太阳暴晒、被踩踏瓷实的一条条小路上，张开着一些能伸进大拇指、与地面持平的圆孔洞，这些孔洞是蝉的幼虫爬出的洞口。(　　)

15. 阿那扎巴的老医生迪约斯科里德说：“蝉，干嚼吃下，能治膀胱痛。”这种说法是正确的。(　　)

16. 雌性螳螂经常吃掉雄性螳螂。(　　)

17. 雌性螳螂比雄性螳螂个头大。(　　)

18. 肯迪拉克认为天牛具有很强的嗅觉，法布尔同意他的看法。(　　)

19. 天牛的上颚是天牛用来挖掘通道的有力工具。(　　)

二、阅读理解

片段一：

①狼蛛在拥有固定住所之前，热衷于围猎，一旦定居下来，便宁可守株待兔，等待猎物送上门来。我每天都能看到它们不畏酷暑，从地下爬出洞外，趴在羊毛筑成的小城堡的碉楼上，表情严肃，姿态优美。它们的身子藏于洞中，只是脑袋露在外面，呆滞的目光死死地盯着前方，爪子收拢着，随时准备蹿起来。它们就如此这般地死守着，一小时又一小时，任随烈日的暴晒。

②只要一看到一只合乎其口味的猎物经过，我们的窥伺者便立即冲出塔楼，其势如离弦之箭。它先对我所提供的蝗虫、蜻蜓或其他猎物的脖子上来一刀，然后把猎物掐死，随即把猎物拖回堡垒，速度之快，令人叹服。

③只要是猎物进入它的伏击圈内，距离适当，它是很少有失手的时候的。____A____猎物离它较远，譬如说是在金属罩的网纱上，狼蛛____B____不予理睬。它不屑于追击，任随猎物游荡，该下手时才下手。它是凭着智慧、计谋获取猎物的。它隐蔽着、窥伺着，然后，以出其不意的方法，把猎物捕获到手，万无一失。无论猎物是会飞的还是会跑的，只要进入它的埋伏圈，飞也飞不掉，跑也跑不脱。

④这种伺机突击是对耐心的一种考验。洞穴里并没有什么可以作为诱饵来勾引猎物的，顶多也就是那个作为栖息地的凸出的城堡也许还能引来少许疲劳不堪、寻觅歇息处的过往“路人”。不过，今天等不到猎物，明天、后天或以后几天，总会有的，因为在咖里哥宇群落，欢蹦乱跳的蝗虫可不少，它们总会冒冒失失地跳到狼蛛窝边来的。狼蛛必须时刻警惕着，坚持到这一美好时刻的到来。

⑤狼蛛并不害怕等待，因为它的胃很听话，有的吃的时候，可以吃个撑破肚皮，没的吃时，空着肚子也能熬上多日。有时，我故意一

连几周不向它们提供食物，它们并未因此就脑袋耷拉，浑身无力，体力不支。狼蛛节食一段时间之后，遇到食物便暴饮暴食。今天的大吃大喝，是为明天的缺食挨饿做好的准备。

⑥狼蛛年纪轻轻尚无洞穴时，谋生手段则与此不同。它跟成年狼蛛一样身着灰衣服，但没穿黑丝绒围裙，要等达到生育年龄才会穿上这种围裙。它在青草稀疏的草地上到处流浪，它这是在真正地进行追猎。当它发现合适的猎物时，便立刻追过去，把猎物从藏身之处驱赶出来，穷追不舍，待猎物爬上高处，准备起飞时，它猛地一纵身，把对方扑落在地。

⑦我看见我的那些今年刚出生的小狼蛛，见我所提供的双翅目昆虫逃到两寸高的草地上，立刻扑了上去，比猫捉老鼠的动作都要来得敏捷迅猛。当然，这只是年轻狼蛛所特有的不凡身手，它们身轻体健，当它们挺着满装着卵和丝的大肚子时，就玩不了这种漂亮的体操动作了。这时候，它们就只能是替自己建造一个固定居所，一个捕猎的隐蔽处，在它的小城堡顶上守株待兔。

1. 根据意思，在选文第③段的 A、B 两处填上合适的关联词语。

2. 指出第①⑥段中画线句子运用的说明方法，并说明其作用。

____

____

3. 第⑦段中“所特有的不凡身手”中的“特有”一词能否去掉？为什么？

____

____

4. 结合文章，说说狼蛛的哪些特点“像狼一样”？

____

____

片段二：

我家花园的一条甬道由一堵朝南的墙反射阳光，照得如同到了塞内加尔一样，那儿有许多的蝉出洞时留下的圆洞口。6月的最后几天，我检查了这些刚被遗弃的井坑。地面土很硬，我得用镐来刨。

地洞口是圆的，直径约两厘米五十。在这些洞口的周围，没有一点儿浮土，没有一点儿推出洞外的土形成的小丘。事情十分清楚：蝉的洞不像粪金龟这帮挖掘工的洞，上面堆着一个小土堆。这种差异是二者的工作程序所决定的。食粪虫是从地面往地下掘进；它是先挖洞口，然后往下挖去，随即把浮土推到地面上来，堆成小丘。而蝉的幼虫则相反，它是从地下转到地上，最后才钻开洞口，而洞口是最后的一道工序，一打开就不可能用来清理浮土了。食粪虫是挖土进洞，所以在洞口留下了一个鼹鼠丘；而蝉的幼虫是从洞中出来，无法在尚未做成的洞口边堆积任何东西。

蝉洞约深四分米。洞是圆柱形，因地势的关系而有点儿弯曲，但始终要靠近垂直线，这样路程是最短的。洞的上下完全畅通无阻。想在洞中找到挖掘时留下的浮土那是徒劳的，哪儿都见不着浮土。洞底是个死胡同，成为一间稍微宽敞些的小屋，四壁光洁，没有任何与延伸的什么通道相连的迹象。

根据洞的长度和直径来看，挖出的土有将近两百立方厘米。挖出的土都跑哪儿去了呢？在干燥易碎的土中挖洞，洞坑和洞底小屋的四壁应该是粉末状的，容易塌方，如果只是钻孔而未做任何其他加工的话。可我却惊奇地发现洞壁表面被粉刷过，涂了一层泥浆。洞壁实际上并不是十分光洁，差得远了，但是，粗糙的表面被一层涂料盖住了。洞壁那易碎的土料浸上黏合剂，便被黏住不脱落了。

蝉的幼虫可以在地洞中来来回回，爬到靠近地面的地方，再下到洞底小屋，而带钩的爪子却未刮擦下土来，否则会堵塞通道，上去很难，回去不能。矿工用支柱和横梁支撑坑道四壁；地铁的建设者用钢筋水泥加固隧道；蝉的幼虫这个毫不逊色的工程师用泥浆涂抹四壁，让地洞长期使用而不堵塞。

如果我惊动了从洞中出来爬到近旁的一根树枝上去，在上面蜕变成蝉的幼虫的话，它会立即谨慎地爬下树枝，毫无阻碍地爬回洞底小屋里去，这就说明即使此洞就要永远被丢弃了，洞也不会被浮土堵塞起来。

5.“矿工用支柱和横梁支撑坑道四壁；地铁的建设者用钢筋水泥加固隧道；蝉的幼虫这个毫不逊色的工程师用泥浆涂抹四壁，让地洞长期使用而不堵塞。”用了什么说明方法，作用是什么?

____

____

6. 理解文中划线词语的含义。

（1）可我却惊奇地发现洞壁表面被粉刷过，涂了一层泥浆。

____

____

（2）蝉的幼虫这个毫不逊色的工程师用泥浆涂抹四壁。

____

____

7.“根据洞的长度和直径来看，挖出的土有将近两百立方厘米。挖出的土都跑哪儿去了呢？”这句话在文中有什么作用？

____

____

8. 本文是一篇科学小品，语言上有什么特点？

____

____

片段三：

①谁想观看蟋蟀产卵都用不着做什么准备工作，只要有点儿耐心就行。布封说，耐心是一种天赋，我却谦虚地称之为观察者的优秀品质。4月份，最迟5月份，我们给它们配对，单独放在花盆里，放一层土，压实。食物只是一片莴苣叶，要常常换上新鲜的。花盆上盖上一块玻璃，以防它们跳出来跑掉。

②这种装置简单有效，必要时还可以加一个金属网罩，那就更加高级了，这样我们就可以获得一些极其有趣的资料了。我们以后再谈这些。眼下，我们要盯着看它产卵，必须时刻警惕着，不让有利时机溜掉。

③我持之以恒的观察有了初步满意的结果是在6月的第一个星期。我突然发现母蟋蟀一动不动，输卵管垂直地插入土层里。它并不在意我这个冒失的观察者，久久地待在那同一个点上。最后，它拔出输卵管，漫不经心地把那小孔洞的痕迹给抹掉，歇息片刻，溜达了一会儿，随即便在其花盆内它的地界里继续产卵。它像白额螽斯一样重复干着，但动作要慢得多。二十四小时之后，产卵似乎结束了。为了保险起见，我又继续观察了两天。

④于是，我翻动花盆的土。卵呈淡黄色，两端圆圆的，长约三毫米。卵一个一个地垂直排列于土里，每次产卵的数目不等，有多有少，相互靠紧在一起。我在整个花盆的两厘米深的土里都发现有卵。我用放大镜勉为其难地尽量数清土里的卵，我估计一只母蟋蟀一次产卵有五六百个。这么多的卵肯定不久就会被大大地淘汰的。

⑤蟋蟀卵真像是个绝妙的小机械。孵出后，卵壳似一只不透明的白筒子，顶端有一个十分规则的圆孔，圆孔边缘是一个圆帽，作为孔盖用。圆帽并非由新生儿随意顶开或钻破的，而是中间有一条特别线条，闭合不紧，可自动启开。看卵孵出会挺有趣的。

⑥卵产下之后大约半个月，前端出现两个又大又圆的黑黄点，那是蟋蟀的眼睛。在这两个圆点稍高处，在圆筒子的顶端，出现一条细小的环状肉。卵壳将从这儿裂开。很快，半透明的卵就能让我们看到婴儿那孵化中的小样儿。这时候就必须倍加小心，增加观察次数，尤其是早晨。

⑦幸运垂青耐心的人，我的孜孜不倦终于有了报偿。稍稍隆起的肉在不停地变化着，出现了一拱就破的一条细线。卵的顶端被其中的婴儿的额头顶着，顺着那条细肉线抻着，像小香水瓶一样微微启开，分落两旁。蟋蟀便像小魔鬼似的从这个魔盒中钻出来了。

9. 文章按照________顺序说明蟋蟀出世的过程。

10. 细读文章③⑥⑦三段，将蟋蟀出世的过程补充完整。

母蟋蟀产卵点播→卵壳前端出现一对视觉器官的黑黄点→________________→______________→____________→小生命顶起卵盖，破卵而出

11. 文章第②段“眼下，我们要盯着看它产卵，必须时刻警惕着，不让有利时机溜掉”一句中，作者为什么用“盯着”而不用“察看”？请说说你的理解。

____

____

12. 请从说明方法的角度，简要说明第⑦段中画线句的表达效果。

____

____

片段四：

我用镊子轻轻一夹，真的夹到了一些有鳞片的浓毛。蛾卵显现出来，像一些白色珐琅质小珠珠似的。它们紧紧地挤贴在一起，形成九个纵向列队。我数了数其中的一个列队，共有三十五个蛾卵。这几排蛾卵几乎一模一样。圆柱体上卵的总数在三百个左右。一个松毛虫蛾母亲拥有一个多大的家庭啊！

一个纵向列队的卵与相邻的两个纵向列队的卵精确无误地交叉贴靠着，不留一点儿空隙。看上去，犹如用珍珠制作的工艺品，小巧玲珑，巧夺天工，令人惊叹！不过，把它比作排列整齐的玉米更为确切。它就像一个微缩玉米棒，但其排列的几何图形更加优美、漂亮。松毛虫蛾的“穗儿”上的颗粒略呈六角形，是虫卵相互挤压造成的。它们彼此牢牢地黏合在一起，无法分隔开来。如果卵块遭受破坏，它就一片片、一块块地从松针上脱落下来。这些小块全都是由好多的蛾卵组成的，而产卵时产下的珠状物便由一种如漆一样的黏性物质给黏结起来。保护性鳞片那宽阔的基部就固定在这片“漆”上。

天气晴朗，风和日丽时，观赏松毛虫蛾母亲制作这种如此齐整美

观的杰作，观赏卵刚刚产下，这位母亲用一片片从尾部脱离的鳞片来为卵制作“屋顶”，真的是非常有趣的事情。卵并不是呈纵列产下的，而是呈圆形、环状产下的，这一点是显而易见的。这些“环”叠合在一起，让卵粒交替地排列着。产卵是从下面，从接近松树复叶的下端开始的，在上面宣告结束。最早产下的是最下面的圆环的卵，最后产下的则是最上面的那个圆形的卵。鳞片全是纵向排列，而且被朝向树叶的那一端固定住。鳞片的安排布置不会有任何的差异。

让我们仔细欣赏一番我们眼前这座漂亮的“建筑物”吧。无论年老年少，无论有才无才，人人见了这个娇小玲珑的松毛虫蛾穗子，都会啧啧称赞的。让我们印象最深的，并非那像珐琅一般美丽的“珍珠”，而是它们那极其整齐划一、呈几何图形的组合排列。一只小小的松毛虫竟然也在遵循协调一致、和谐有序的规律。

13. 首段中的“真的”一词表现了法布尔什么感情？

____

14. 分析下列句子的说明方法及作用。

（1）圆柱体上卵的总数在 300 个左右。

____

（2）一个纵向列队的卵与相邻的两个纵向列队的卵精确无误地交叉贴靠着，不留一点空隙。看上去，犹如用珍珠制作的工艺品，小巧玲珑，巧夺天工，令人惊叹！

____

____

15. “产卵是从下面，从接近松树复叶的下端开始的，在上面宣告结束。最早产下的是最下面的圆环的卵，最后产下的则是最上面的那个圆形的卵。”此句中，哪些词语表现了法布尔认真观察的精神。

____

____

16. 阅读全文，结合相关内容说说你所体会到的法布尔的科学精神。

____

____

片段五：

那个生怕到得太晚而向着粪堆一溜儿小跑的是哪一位？它那长长的爪子僵硬笨拙地倒腾着，仿佛其肚腹下面有一个机械在推动着似的；它的那对棕红色小触角大张开来，透着垂涎欲滴的焦急不安。它在拼命地赶，它赶到了，还撞倒了几位食客。它就是圣甲虫，一身墨黑，是食粪虫中个头儿最大又最有名气的一种。古埃及对它尊崇备至，把它视作长生不老的象征。它已入席，与其同桌的食友并肩战斗，其食友们正在用自己宽大的前爪心轻轻地拍打粪球，进行最后的加工，或者再往粪球上加上最后一层，然后抽身而去，回家安安心心地享用自己的劳动成果。我们来看一看那有名的粪球的一道道制作工序。

圣甲虫头部边缘是个帽子，宽大扁平，上有六个细尖齿，排成半圆。这就是它的挖掘和切割工具，是它的叉耙，可以用来撬起和抛撒无养分的植物纤维，把好东西耙在一起积聚起来。挑选食物就是这样进行的，因为对于这些精细的行家来说，什么好什么差它们是十分清楚的。如果圣甲虫是为自己寻找食物的，它们选个差不离儿就行了，但如果是为了自己孩子考虑的，那它们则会严格挑选，一丝不苟。

为解决自己的食物问题，圣甲虫并不挑剔，粗略地选一选就行了。它用带齿的头盔拱一拱，挑一挑，去除不需要的，然后把其他的归拢一下就得了。两条前腿一起用力地忙乎。其前腿是扁平的，弯成弓形，上有粗壮的纹脉，外侧配备着五个硬齿。假如需要用力，推开障碍物，在粪堆中的最厚实的部分清出一条道来，圣甲虫便用肘力，也就是说用其带齿的前腿左扫右拨，再用齿耙用力一耙，便清出一个半圆形的空地来。场地清好之后，前腿还有另一种工作要做：把顶耙耙到的东西归拢在一起，弄到自己的肚腹下面的后面四只爪子之间去。这后面四只爪子是生就为了做旋工工作的。这些足爪，尤其是那最后的一对，又细又长，微微弯曲成弓形，顶端长有一个很锋利的尖爪。稍许看上一眼就会知道它们酷似圆规，在其弧形支脚之间，环成一种球形，可测量球面，加工球形。它们的功用确实是加工粪球的。

食物一耙一耙地被耙到肚腹下面的四条腿中间，后腿再稍一用力，就把粪球的雏形按腿部曲线给挤压成了。然后，这雏形粪球不时地被四条后腿形成的两副圆规摇动，挤压，逐渐变小变实，再由肚腹加工，粪球的形状臻于完善。如果粪球表面层太硬，有剥落的危险的话，如果某一部分纤维太多，无法旋的话，前腿就对不合适的地方进行再加工，它们用宽大的拍子轻轻拍打粪球，使得新添加的东西与原先的拍得很实地合二为一，并把那些不易粘贴的东西拍实在粪球上。

17. 法布尔将圣甲虫的同伴称为“食友”，将食用粪球的过程称作“享用自己的劳动成果”，表达了法布尔什么样的感情？

______

18. “古埃及对它尊崇备至，把它视作长生不老的象征。”所采用的说明方法是什么，作用是什么？

______

19. 总结一下圣甲虫整理粪球的过程。

______

______

______

______

20. “如果圣甲虫是为自己寻找食物的，它们选个差不离儿就行了，但如果是为了自己的孩子考虑的，那它们则会严格挑选，一丝不苟。”表现了圣甲虫的什么特点？

______

______

参考答案

基础训练

一、填空题

1. 世界昆虫史诗

2. 黑步甲

3. 蝉

4. 住所　歌唱才华

5. 四年

6. 蝗虫　天牛　蟋蟀　萤火虫

7. 这个稀奇的小动物的尾巴上像挂了一盏灯似的，用来表达它对快乐生活的美好祝愿

8. 蝉　唱歌　螳螂

9. 活

10. 纤细　优雅　淡绿色　轻薄如纱　柔软　头　转动

11. 萤火虫　尾巴　灯

12. 六只　腿　翅盖　甲虫

13. 梨状

14. 犬齿草

15. 就地进行

16. 雪松

17. 大头黑步甲

18. 五十分钟

19. 一动不动

20. 自杀

21. 水塘

22. 蚂蚁

23. 叉叶绿蝇　食尸绿蝇　居佩绿蝇

24. 白

25. 流质

26. 修女袍

27. 蝗虫

28. 小肠子

29. 三年

30. 上颚

二、选择题

1. C　2. A　3. A　4. D　5. B　6. A　7. C　8.D　9. A　10. C　11.C　12.A　13. A　14.D　15. A

三、判断题

1. √　2. √　3. √　4. √　5. ×　6. ×　7. √　8. ×　9. ×　10. ×　11. √　12. ×　13. ×

中考真题

一、选择题

1.A　2. A　3.B　4.C　5. B　6.B　7.D　8. A　9.D

二、填空题

1. 武松　孙悟空　海底两万里　法布尔

2. 傅聪　法布尔

3. 法国　法布尔　昆虫记　昆虫的史诗

4. 保尔•柯察金　老舍　昆虫记

三、阅读理解

1.（1）昆虫记　鲁达

（2）买车是祥子的梦想，经过三年的努力，他终于买了属于自己的车，内心充满幸福和希望。

2.《昆虫记》　法布尔　《骆驼祥子》 老舍（或舒庆春、舒舍予）　祥子

3.（1）它翼后的空腔里带有一种像钹一样的乐器；胸部安置一种响板，以增加声音的强度。

（2）行文生动活泼，语调轻松诙谐。用人格化的手法（拟人的修辞手法），通过比肩而坐、狂饮树汁、慢步行走等动作（细节），生动地描写了蝉的生活习性。

（3）作者用土铳的枪声对蝉的听觉进行测试，结果证明蝉是没有听觉的。作者勇于实践和探究，具有严谨的治学态度。

（4）虞世南的《蝉》，以蝉喻人，旨在借蝉抒怀：品格高洁者，不需借助外力，自能声名远播。法布尔的《蝉》旨在探究科学奥秘：观察探究蝉的身体构造和歌唱的特点，通过试验证明蝉是感受不到声音的。

4.（1）鸭、蝌蚪、小溪、岩石的晶体、云母等。

（2）观察力、想象力、好奇心、创造力等。

（3）那些东西虽然不是什么真正的“宝藏”，但它却激发了幼年法布尔心中的求知欲和创造力，是未来科学事业的起点和萌芽。所以，在他看来，那些东西的魅力远胜于钻石和黄金。（意近即可）

（4）参阅《昆虫记》目录。

（5）小荷才露尖尖角，早有蜻蜓立上头。

四、探究

1. 示例：

尊敬的法布尔先生：

您好！我是您的一位忠实读者，最近拜读了您的作品《昆虫记》，

收获良多！

我也喜欢昆虫，读完此书兴趣更浓，也从书中学到您的一些观察方法。在观察蚂蚁的时候，您伏在地上用放大镜观察了四小时；爬到树上观察螳螂活动，别人误解来抓时才惊醒过来！这样全神贯注，耐心细致，沉浸其中，才有了详尽真实的多彩记录。向您学习！

最后，感谢您为我们带来了这么优秀的作品，让我们看到您对生命的尊敬与热爱，也让我们学会如何去观察和热爱。

此致

敬礼

一位忠实的读者

2020 年 2 月 26 日

2.（1）示例一：探究“蜂”的多样性及生活习性；示例二：探究昆虫的捕食技艺。

（2）示例一：探究主要人物逼上梁山的原因；示例二：试比较武松、鲁达、林冲、李逵性格的异同。

模拟训练

一、判断题

1. × 2. √ 3. × 4. × 5. × 6. × 7. √ 8. √ 9. √ 10. × 11. √ 12. √ 13. √ 14. √ 15. × 16. √ 17. √ 18. √ 19. √

二、阅读理解

1. 如果　就

2. ①摹状貌。生动形象地说明了狼蛛捕食时的动作特征。⑥打比方。“黑丝绒围裙”的说法，形象风趣，增加说明的趣味性。

3. 不能去掉。“特有”一词从范围上加以限制，强调这是属于小狼蛛的特点，体现了说明文语言的准确性与科学性。

4. ①捕食动作敏捷；②对猎物蛮横凶狠；③饥饿时极其贪婪。

5. 用了做比较的说明方法，说明蝉的幼虫的工作可以和矿工相媲美。

6.（1）“惊奇”一词表达了法布尔的惊奇之情，说明了蝉的幼虫所在地洞洞壁的特殊。

（2）“毫不逊色”一词将蝉的幼虫的工作和矿工工作相比，表达了法布尔的赞美之情。

7. 承上启下的作用。

8. ①准确性。语言准确，明晰，平实。②生动性。语言生动活泼，形象风趣，饱含感情。③通俗性。语言口语化。

9. 时间

10. 在圆筒子的顶端出现细小的环状肉圈　半透明的卵壳内出现小动物身体　稍稍隆起的肉出现一条细线

11. “盯着”是严密紧张地注视蟋蟀产卵的全过程，而“察看”是细看，可以是偶尔的、短时间的。“盯着”比“察看”能更好地突出科学观察需要耐心、细致、高度警觉的特点，所以用“盯着”更为准确。

12. 示例：这句话运用了打比方的说明方法，生动形象地说明了蟋蟀破卵而出时的可爱情状，表达了作者看到蟋蟀出世时的欣喜之情。

13. “真的”一词带有意想不到的意思，表现了法布尔的惊喜之情。

14.（1）列数字，列出卵的数量，说明松毛虫蛾产卵的数量之多。

（2）打比方，将卵的排列比作珍珠制成的工艺品，充分说明卵的排列的精巧程度，带着法布尔的赞叹之情。

15. “下面、下端、最早、最后”等词语，说明法布尔观察了松毛虫产卵的全过程，说明他非常认真。

16.（1）善于观察，细心观察。如仔细观察松毛虫蛾母亲产卵的过程。

（2）亲自动手进行实验。如第一段中用镊子去夹。

（3）热爱自然，热爱动物。如“巧玲珑，巧夺天工，令人惊叹”“啧啧称赞”，喜爱之情，溢于言表。

17. 表达了法布尔对圣甲虫的喜爱之情。

18. 引用，充分说明了圣甲虫的名气之大。

19. 先用带齿的头盔拱一拱，去除不需要的，然后用带齿的前腿左扫右拨，用齿耙耙，清理出场地，接着用前腿把顶耙耙到的东西耙到肚腹下面的四条腿中间，接着后腿用力挤压，粪球的雏形形成，然后，四条后腿继续摇动、挤压，粪球逐渐变小变实，再由肚腹加工，粪球的形状逐渐完善。

20. 表现了圣甲虫对自己子女的爱。